"十四五"职业教育国家规划教材

"十三五"职业教育国家规划教材

应用型人才培养系列教材

教材+教案+授课资源+考试系统+题库+教学辅助案例

HTML5
移动Web开发（第3版）

黑马程序员 ◎ 编著

中国铁道出版社有限公司
CHINA RAILWAY PUBLISHING HOUSE CO., LTD.

内 容 简 介

本书是一本面向 Web 前端开发学习者的教材，以通俗易懂的语言、丰富实用的案例，详细讲解 HTML5 移动 Web 开发技术。

本书共 8 章。第 1~2 章主要讲解 HTML5 和 CSS3 的基础内容；第 3 章主要讲解 JavaScript 基础内容和 HTML5 新特性的使用；第 4 章主要讲解移动 Web 开发基础内容；第 5~7 章主要讲解 Bootstrap 的基础入门、常用样式和常用组件的相关内容；第 8 章主要讲解项目实战——图书商城，将所学知识应用于项目中。

本书附有配套资源，包括教学大纲、教学设计、源代码、习题等，为了帮助读者更好地学习本书中的内容，还提供在线答疑。

本书适合作为高等院校计算机及相关专业的教材，也可作为广大计算机编程爱好者的参考书。

图书在版编目（CIP）数据

HTML5移动Web开发 / 黑马程序员编著. -- 3版. --
北京 : 中国铁道出版社有限公司, 2025. 2. -- (应用型
人才培养系列教材). -- ISBN 978-7-113-31752-2
Ⅰ. TP312.8
中国国家版本馆CIP数据核字第20245SN510号

书　　　名：	HTML5 移动 Web 开发
作　　　者：	黑马程序员
策　　　划：	翟玉峰
责任编辑：	翟玉峰　许　璐
封面设计：	刘　颖
责任校对：	安海燕
责任印制：	赵星辰

编辑部电话：（010）51873135

出版发行：中国铁道出版社有限公司（100054，北京市西城区右安门西街 8 号）
网　　址：https://www.tdpress.com/51eds
印　　刷：北京盛通印刷股份有限公司
版　　次：2017 年 8 月第 1 版　2025 年 2 月第 3 版　2025 年 2 月第 1 次印刷
开　　本：787 mm×1 092 mm　1/16　印张：16.75　字数：398 千
书　　号：ISBN 978-7-113-31752-2
定　　价：49.80 元

版权所有　侵权必究

凡购买铁道版图书，如有印制质量问题，请与本社教材图书营销部联系调换。电话：（010）63550836
打击盗版举报电话：（010）63549461

前　言

《HTML5移动Web开发》第1版和第2版分别于2017年、2021年出版，并在2020年和2023年分别入选"十三五""十四五"职业教育国家规划教材。本书修订后的内容包括HTML5、CSS3、JavaScript等基础知识，重点讲解如何运用这些知识进行移动Web开发，适合想要从事Web前端开发相关工作的高等院校学生。

编写思路

本书作为第3版，在修订过程中，我们进行深入的调研，广泛听取了采用本系列教材的高校教师群体的反馈与建议。在内容修订上，我们全面优化了教材内容，旨在确保知识体系的难度与深度既契合职业教育的特色要求，又紧密跟随产业发展趋势，精准对接行业对人才的实际需求。同时，我们结合党的二十大精神进教材、进课堂、进头脑的要求，将知识教育与思想政治教育相结合，通过案例加深学生对知识的认识与理解，注重培养学生的创新精神、实践能力和社会责任感；在案例的甄选与设计上，我们力求贴近实战，从现实需求出发，激发学生的学习兴趣和动手思考的能力，充分发挥学生的主动性和积极性，增强学习信心和学习欲望。此外，我们在知识和案例中融入了素质教育的相关内容，引导学生树立正确的世界观、人生观和价值观，进一步提升学生的职业素养，落实德才兼备的高素质卓越工程师和高技能人才的培养要求。为了丰富学生的学习资源，编者还依据书中的内容提供了线上学习资源，这体现了现代信息技术与教育教学的深度融合，进一步推动了教育数字化的发展。

本书内容

本书共8章，具体内容如下：

- 第1~2章主要讲解HTML5和CSS3的基础内容，包括它们的优势、基本用法以及如何使用常用标签和样式来实现丰富多彩的页面效果。通过学习这些内容，读者可对HTML5和CSS3的基础知识有一定的了解，为后续课程奠定基础。
- 第3章主要讲解JavaScript基础内容和HTML5新特性的使用。由于视频和音频、Canvas绘图等操作通常依赖于JavaScript，因此需要先掌握JavaScript基础知识，例如JavaScript的引入方式、数据类型、运算符、函数、DOM操作和事件等。通过学习本章内容，读者可以进一步巩固理论知识。

- 第4章主要讲解移动Web开发基础内容，包括移动互联网的发展、移动端Web开发的主流方案、屏幕分辨率、设备像素比、视口、媒体查询、二倍图和Less等。通过本章的学习，读者能够具备移动Web开发的基本技能。

- 第5~7章主要讲解Bootstrap的基础入门、样式和组件的应用，包括Bootstrap的下载和引入、布局容器、栅格系统、工具类、常用样式、常用组件等。通过学习这些内容，读者能够具备Bootstrap开发的能力。

- 第8章主要讲解项目实战——图书商城。通过学习本章内容，读者能够独立完成项目的编写，并能够掌握项目的开发思路和关键代码，积累项目开发经验。

在学习过程中，读者一定要亲自动手实践本书中的案例。读者学习完一个知识点后，要及时测试练习，以巩固学习内容。如果在实践的过程中遇到问题，建议多思考，厘清思路，认真分析问题发生的原因，并在问题解决后总结经验。

本书配套服务

为了提升您的学习或教学体验，我们为本书精心配备了丰富的数字化资源和服务（请扫描左侧二维码获取），包括教学大纲、教学设计、源代码、习题等配套资源，并提供在线答疑。通过这些配套资源和服务，我们希望让您的学习或教学变得更加高效。

致谢

本书的编写和整理工作由江苏传智播客教育科技股份有限公司完成，全体参编人员在编写过程中付出了辛勤的汗水，除此之外还有很多试读人员参与了本书的试读工作并给出了宝贵的建议，在此向大家表示由衷的感谢。

尽管编者付出了很大的努力，但本书中难免会有疏漏不妥之处，欢迎各界专家和读者朋友提出宝贵意见。读者在阅读本书时，如发现任何问题或有不认同之处，可以通过电子邮箱与编者联系。请发送电子邮件至：itcast_book@vip.sina.com。

传智教育黑马程序员
2024年6月于北京

目 录

第1章 初识HTML 1
- 1.1 HTML概述 2
- 1.2 浏览器 2
- 1.3 Visual Studio Code编辑器 3
  - 1.3.1 Visual Studio Code编辑器概述 3
  - 1.3.2 下载和安装Visual Studio Code编辑器 4
  - 1.3.3 安装中文语言扩展 5
  - 1.3.4 安装Live Server扩展 6
  - 1.3.5 Visual Studio Code编辑器的简单使用 6
- 1.4 标签概述 8
  - 1.4.1 标签的分类 8
  - 1.4.2 标签的属性 9
  - 1.4.3 标签的关系 9
- 1.5 元素概述 9
- 1.6 常见的HTML标签 10
  - 1.6.1 容器标签 10
  - 1.6.2 页面格式化标签 11
  - 1.6.3 文本格式化标签 13
  - 1.6.4 图像标签 14
  - 1.6.5 超链接标签 15
  - 1.6.6 列表标签 16
  - 1.6.7 表格标签 21
  - 1.6.8 表单标签 24
- 1.7 HTML实体 30
- 1.8 阶段项目——招聘信息页面 31
- 本章小结 31
- 课后习题 31

第2章 初识CSS 32
- 2.1 CSS概述 33
- 2.2 CSS基本使用 33
  - 2.2.1 CSS样式规则 34
  - 2.2.2 CSS的引入方式 34
  - 2.2.3 CSS注释 35
- 2.3 CSS选择器 35
  - 2.3.1 基础选择器 36
  - 2.3.2 复合选择器 37
  - 2.3.3 伪类选择器 39
  - 2.3.4 伪元素选择器 41
- 2.4 CSS属性 42
  - 2.4.1 字体属性 42
  - 2.4.2 文本属性 44
  - 2.4.3 列表属性 49
  - 2.4.4 背景属性 50
  - 2.4.5 渐变属性 52
  - 2.4.6 显示属性 55
  - 2.4.7 浮动属性 56
  - 2.4.8 定位属性 61
  - 2.4.9 过渡属性 63
  - 2.4.10 变形属性 65
  - 2.4.11 动画属性 69
- 2.5 CSS变量 73
  - 2.5.1 定义CSS变量 73
  - 2.5.2 读取CSS变量 74
- 2.6 CSS标准盒模型 74
  - 2.6.1 标准盒模型的组成 75
  - 2.6.2 内边距属性 75
  - 2.6.3 外边距属性 76

2.6.4 边框属性......................76
2.6.5 box-sizing属性..............81
2.7 CSS的三大特性....................81
2.8 阶段项目——诗歌赏析页面......84
本章小结....................................84
课后习题....................................84

第3章 JavaScript基础与HTML5 新特性..........................85

3.1 初识JavaScript....................86
　3.1.1 JavaScript概述...............86
　3.1.2 JavaScript的引入方式......87
　3.1.3 JavaScript常用的输入和输出语句....................88
　3.1.4 JavaScript注释...............88
3.2 变量...................................89
　3.2.1 什么是变量....................89
　3.2.2 变量的声明与赋值..........90
3.3 数据类型.............................91
　3.3.1 数据类型分类................91
　3.3.2 数据类型转换................92
3.4 运算符................................94
　3.4.1 算术运算符...................94
　3.4.2 比较运算符...................95
　3.4.3 逻辑运算符...................96
　3.4.4 赋值运算符...................96
　3.4.5 三元运算符...................96
3.5 函数...................................97
　3.5.1 函数的定义与调用.........97
　3.5.2 函数的返回值................99
　3.5.3 函数表达式.................100
　3.5.4 匿名函数....................100
3.6 流程控制...........................101
　3.6.1 选择结构....................101
　3.6.2 循环结构....................104
3.7 数组.................................106

3.8 DOM操作.........................108
　3.8.1 DOM简介...................108
　3.8.2 获取元素....................109
　3.8.3 操作元素内容..............109
　3.8.4 操作元素样式..............111
3.9 事件.................................113
　3.9.1 事件概述....................113
　3.9.2 事件注册与事件移除....114
3.10 Web Storage...................116
　3.10.1 什么是Web Storage....116
　3.10.2 localStorage..............117
　3.10.3 sessionStorage...........120
3.11 视频与音频......................123
　3.11.1 <video>标签..............123
　3.11.2 <audio>标签..............124
　3.11.3 video对象和audio对象....125
3.12 地理定位.........................126
3.13 拖动操作.........................126
3.14 Canvas............................127
　3.14.1 认识画布...................127
　3.14.2 使用画布...................127
　3.14.3 绘制线条...................128
　3.14.4 线条的样式................129
　3.14.5 路径重置与闭合..........131
　3.14.6 填充路径...................132
　3.14.7 绘制文本...................133
　3.14.8 绘制圆.....................134
　3.14.9 绘制矩形...................134
3.15 阶段项目——视频播放器....135
本章小结..................................135
课后习题..................................135

第4章 移动Web开发基础..........136

4.1 移动互联网的发展..............137
4.2 移动Web开发概述.............138
4.3 移动Web开发的主流方案....138

4.3.1 单独制作移动端页面..........139
4.3.2 制作响应式页面..........139
4.4 屏幕分辨率和设备像素比..........141
4.4.1 屏幕分辨率..........141
4.4.2 设备像素比..........142
4.5 视口..........142
4.6 媒体查询..........144
4.7 二倍图..........147
4.8 Less..........149
4.8.1 什么是Less..........149
4.8.2 Less注释..........150
4.8.3 Less变量..........150
4.8.4 Less运算..........151
4.8.5 Less嵌套..........152
4.8.6 Less导入与导出..........153
4.9 移动端页面布局适配方案..........153
4.9.1 流式布局..........154
4.9.2 弹性盒布局..........155
4.9.3 rem布局..........159
4.9.4 vw和vh布局..........162
4.10 移动端touch事件..........163
4.11 阶段项目——线上问诊页面..........163
本章小结..........164
课后习题..........164

第5章 Bootstrap响应式Web开发.....165
5.1 初识Bootstrap..........165
5.1.1 Bootstrap概述..........166
5.1.2 Bootstrap特点..........166
5.1.3 Bootstrap组成..........167
5.2 Bootstrap下载和引入..........167
5.2.1 下载Bootstrap..........167
5.2.2 引入Bootstrap..........170
5.3 Bootstrap布局容器..........171
5.4 Bootstrap栅格系统..........177
5.5 Bootstrap工具类..........181

5.5.1 显示方式工具类..........181
5.5.2 边距工具类..........183
5.5.3 弹性盒布局工具类..........185
5.5.4 间距工具类..........186
5.6 阶段项目——旅行指南列表页面..........187
本章小结..........188
课后习题..........188

第6章 Bootstrap常用样式................189
6.1 标题样式..........190
6.1.1 使用<h1>到<h6>标签定义具有标题样式的标题..........190
6.1.2 使用.h1到.h6类设置标题样式..........190
6.1.3 使用.display-1到.display-6类设置标题样式..........191
6.2 文本样式..........192
6.2.1 文本颜色..........192
6.2.2 文本对齐..........194
6.2.3 文本变换..........196
6.2.4 文本换行..........197
6.2.5 文本字体..........198
6.2.6 文本装饰..........201
6.2.7 文本字号和行高..........202
6.3 背景颜色..........203
6.4 边框样式..........205
6.5 Bootstrap Icons字体图标样式....208
6.6 列表样式..........208
6.7 定位样式..........209
6.8 浮动样式..........210
6.9 图像样式..........211
6.10 阴影样式..........213
6.11 宽度和高度样式..........215
6.12 表单控件样式..........216
6.13 表单验证样式..........216

6.14　阶段项目——用户注册页面.....216
本章小结.....218
课后习题.....218

第7章　Bootstrap常用组件.....219

7.1　初识组件.....219
　7.1.1　什么是组件.....220
　7.1.2　Bootstrap组件的基本使用方法.....220
7.2　按钮组件.....222
　7.2.1　基础按钮.....222
　7.2.2　轮廓按钮.....224
　7.2.3　超链接按钮.....225
　7.2.4　组合按钮.....225
7.3　导航栏组件.....227
　7.3.1　基础导航栏.....227
　7.3.2　折叠式导航栏.....229
　7.3.3　侧边导航栏.....231
7.4　下拉菜单组件.....234
　7.4.1　下拉菜单按钮.....234
　7.4.2　下拉菜单导航栏.....236
7.5　轮播组件.....237
7.6　卡片组件.....240
　7.6.1　基础卡片.....240
　7.6.2　图文卡片.....241
　7.6.3　背景图卡片.....242
7.7　阶段项目——精品课程页面.....243
本章小结.....244
课后习题.....244

第8章　项目实战——图书商城.....245

8.1　项目介绍.....245
　8.1.1　项目展示.....246
　8.1.2　项目目录结构.....247
8.2　快捷导航模块.....247
　8.2.1　快捷导航栏模块效果展示.....247
　8.2.2　快捷导航模块代码实现.....248
8.3　导航栏模块.....248
　8.3.1　导航栏模块效果展示.....248
　8.3.2　导航栏模块代码实现.....249
8.4　轮播图模块.....249
　8.4.1　轮播图模块效果展示.....249
　8.4.2　轮播图模块代码实现.....250
8.5　服务模块.....250
　8.5.1　服务模块效果展示.....250
　8.5.2　服务模块代码实现.....250
8.6　热门分类模块.....250
　8.6.1　热门分类模块效果展示.....251
　8.6.2　热门分类模块代码实现.....252
8.7　推荐图书模块.....252
　8.7.1　推荐图书模块效果展示.....252
　8.7.2　推荐图书模块代码实现.....254
8.8　图书评论模块.....254
　8.8.1　图书评论模块效果展示.....255
　8.8.2　图书评论模块代码实现.....256
8.9　版权模块.....256
　8.9.1　版权模块效果展示.....256
　8.9.2　版权模块代码实现.....258
本章小结.....258

第 1 章

初识HTML

学习目标

知识目标：

◎ 熟悉 HTML，能够归纳 HTML 的概念和优势；
◎ 熟悉浏览器，能够归纳浏览器的概念和 Chrome 浏览器的优势；
◎ 了解标签，能够说出标签的分类、标签的属性和标签的关系；
◎ 了解元素，能够说出块元素、行内元素和行内块元素的区别；
◎ 熟悉 HTML 实体，能够归纳常用的 HTML 实体。

能力目标：

◎ 掌握 Visual Studio Code 编辑器，能够使用 Visual Studio Code 编辑器进行代码开发；
◎ 掌握容器标签的使用，能够使用 <div>、<span> 标签划分网页区域和定义特殊样式的文本；
◎ 掌握页面格式化标签的使用，能够灵活运用页面格式化标签将文本呈现在网页中；
◎ 掌握文本格式化标签的使用，能够实现文本加粗、斜体、下划线、删除线效果；
◎ 掌握图像标签的使用，能够灵活运用 <img> 标签定义图像；
◎ 掌握超链接标签的使用，能够灵活运用 <a> 标签来定义超链接；
◎ 掌握列表标签的使用，能够定义无序列表、有序列表和定义列表；
◎ 掌握表格标签的使用方法，能够使用表格标签定义表格；
◎ 掌握表单标签的使用方法，能够使用表单标签定义表单。

素质目标：

◎ 关注 Web 技术的最新动态，保持学习的热情和动力；
◎ 具备良好的自我驱动力和问题解决能力，面对技术难题时能够主动寻求解决方案，不断提升自己的专业技能；
◎ 培养坚韧不拔和勇于进取的精神，在学习过程中做到勤奋认真、不怕困难、敢于吃苦。

文档
自强不息——积极的人生态度

随着移动互联网的发展，人们可以通过手机、平板式计算机等移动设备来浏览网页，包括浏览新闻、观看图像和视频等。网页是人们获取信息的重要媒介，它可以展示文本、图像和视频等可视化内容。构建网页的基础技术包括 HTML、CSS

和 JavaScript。HTML 用于定义网页的结构和内容，CSS 用于控制网页的样式，JavaScript 用于增强网页的交互性和动态性，它们共同创建出多样化且功能丰富的网页，以满足用户的需求。本章将详细讲解 HTML。

1.1　HTML概述

HTML（hypertext markup language，超文本标记语言）是一种用于创建网页的标记语言，它通过使用一系列的标签来标记文本、图像和声音等，从而指定网页的结构和内容。这些标签告诉浏览器如何显示和渲染网页的内容。此外，HTML 还支持使用属性来进一步定义标签的特性和行为。

HTML 代码通常被保存在扩展名为 .html 的文件中，这样的文件通常被称为 HTML 文档。开发者可以使用诸如 Visual Studio Code、HBuilder 和 EditPlus 等编辑器来编写 HTML 代码。编写完成后，可以通过浏览器来打开 HTML 文档，以便查看 HTML 代码的实际效果。通过浏览器打开的 HTML 文档将以网页的形式呈现。

截至本书成稿时，HTML 的最新版本为 HTML5。因此，本书基于 HTML5 进行讲解。需要注意的是，HTML5 不仅仅是 HTML 的最新版本，它也代表了一系列 Web 相关技术的总称。一般广义而言的 HTML5 包含了 HTML、CSS 和 JavaScript 三个部分。相比于早期版本的 HTML，HTML5 的优势如下：

① 更好的兼容性：HTML5 提供了统一的标准，使同一份代码在不同的浏览器上都能良好地运行，并显示相似的效果。

② 增加语义化标签：HTML5 引入了一些新的语义化标签，使代码可读性更强，例如 <header> 标签用于定义 HTML 文档的头部区域、<footer> 标签用于定义 HTML 文档的底部区域等。

③ 支持视频和音频：HTML5 新增了 <video> 标签和 <audio> 标签，用于在网页上嵌入视频和音频。

④ 支持 Web 存储：HTML5 提供了 Web 存储功能，例如 localStorage 用于本地存储、sessionStorage 用于区域存储。

⑤ 支持 Canvas 绘图：HTML5 新增了 <canvas> 标签来创建画布，通过 JavaScript API 可以在画布上绘制图形。

⑥ 增强的表单控件：HTML5 引入了一些新的表单控件，例如 date（选取日、月、年）、week（选取周、年）、time（选取时间，包括小时和分钟）等。

1.2　浏　览　器

浏览器（browser）是一种用于检索、展示以及传递万维网信息资源的应用程序，它是互联网时代的产物，可以用来显示图像、影音及其他内容，以便于用户与网页进行交互。按照设备类型划分，浏览器主要分为 PC 端浏览器和移动端浏览器两类。PC 端浏览器是指在个人计算机上运行的浏览器,而移动端浏览器是在移动设备中运行的浏览器。

在移动互联网时代,用户使用的设备多样化,从个人计算机到移动设备,每种设备都需要一款可靠的浏览器。Chrome 浏览器不仅适用于 PC 端,还提供了开发者工具,通过该工具可以模拟移动设备,从而帮助开发者测试和调试网页在移动设备中的呈现效果。因此,本书推荐使用 Chrome 浏览器。

Chrome 浏览器的主要优势如下:

① 不易崩溃。Chrome 浏览器采用多进程架构,每个标签页和插件都在独立的进程中运行。一个标签页或插件崩溃,其他标签页和插件仍然可以正常工作,从而提高了浏览器的稳定性。

② 运行速度快。Chrome 浏览器采用了 V8 JavaScript 引擎,它是一款高性能的引擎,能够快速处理 JavaScript 代码,从而提高浏览器的加载和执行速度。

③ 安全性高。Chrome 浏览器具有强大的安全功能,包括自动更新机制、沙箱隔离、强密码管理等。此外,Chrome 还会警告用户潜在的恶意网站和不安全的下载文件,以确保用户的安全。

④ 跨平台同步。Chrome 浏览器支持跨平台同步,用户可以使用 Google 账号登录,在不同设备之间同步浏览器数据,这些数据包括书签、历史记录、扩展程序等。这使得用户可以在不同设备上无缝地访问和管理浏览器数据。

1.3　Visual Studio Code 编辑器

"工欲善其事,必先利其器。"在开发项目之前,选择一个合适的编辑器是很重要的。本书基于 Visual Studio Code(简称 VS Code)编辑器来编写代码和管理项目文件。为了帮助读者更好地了解 Visual Studio Code 编辑器,本节将对 Visual Studio Code 编辑器进行详细讲解。

1.3.1　Visual Studio Code 编辑器概述

VS Code 编辑器是由微软公司推出的一款免费的、开源的代码编辑器,一经推出便受到开发者的欢迎。对于开发者来说,一个强大的编辑器可以使开发变得简单、便捷、高效。

VS Code 编辑器具有如下特点:

① 轻巧极速。VS Code 编辑器占用系统资源较少,启动速度快,提供高效的开发环境。

② 功能强大。VS Code 编辑器具备智能代码补全、语法高亮显示、自定义快捷键和代码匹配等功能,帮助开发者提高编写代码的效率。

③ 支持跨平台。VS Code 编辑器可在 Windows、Linux 和 macOS 等平台上运行,满足不同开发者需求。

④ 界面设计人性化。VS Code 编辑器人性化的界面设计,使开发者可以快速查找文件并直接进行开发,可以通过分屏显示代码,可以自定义主题颜色,也可以快速查看打开的项目文件和查看项目文件结构,提升开发体验。

⑤ 扩展强大。VS Code 编辑器提供了丰富的第三方扩展,开发者可根据需要自行下载

和安装扩展，从而适应多种开发场景。

⑥ 多语言支持。VS Code 编辑器支持多种语言和文件格式的代码编写，如 HTML、CSS、JavaScript、JSON、TypeScript 等。

1.3.2 下载和安装Visual Studio Code编辑器

下载和安装 VS Code 编辑器，具体实现步骤如下：

① 打开浏览器，登录 VS Code 编辑器的官方网站，如图 1-1 所示。

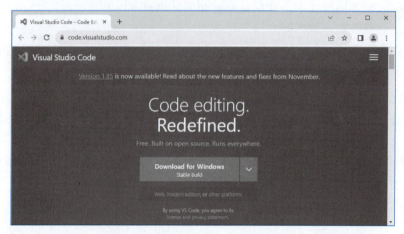

图 1-1　VS Code 编辑器的官方网站

② 在图 1-1 所示的页面中，单击"Download for Windows"按钮，跳转到一个新页面，该页面会自动识别当前的操作系统并下载相应的安装包。本书使用 Windows x64 操作系统的安装包。

如果需要下载其他操作系统的安装包，可以单击"Download for Windows"按钮右侧的小箭头""打开下拉菜单，即可看到其他操作系统下安装包的下载选项，如图 1-2 所示。

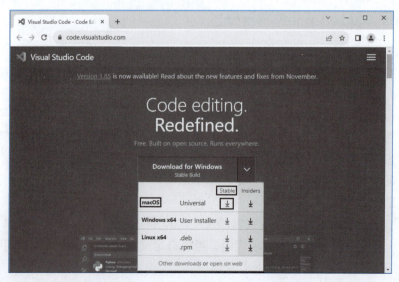

图 1-2　其他操作系统下安装包的下载选项

例如，单击图 1-2 中 macOS 操作系统对应的 Stable 版本下的"⬇"按钮即可下载 macOS 操作系统的 VS Code 编辑器的安装包。

③ 下载 VS Code 编辑器的安装包后，在下载目录中找到该安装包，如图 1-3 所示。

④ 双击图 1-3 所示的 VS Code 编辑器的安装包图标，启动安装程序，然后按照程序的安装向导提示进行操作，直到安装完成。

图 1-3　VS Code 编辑器的安装包

至此，已经成功完成了 VS Code 编辑器的下载和安装。

VS Code 编辑器安装成功后，启动该编辑器，即可进入 VS Code 编辑器的初始界面，如图 1-4 所示。

图 1-4　VS Code 编辑器的初始界面

1.3.3　安装中文语言扩展

VS Code 编辑器安装完成后，该编辑器的默认语言是英文。如果想要切换为中文，首先单击图 1-4 中左侧边栏中的"▦"图标按钮进入扩展界面，然后在搜索框中输入关键词 Chinese 找到中文语言扩展，单击"Install"按钮进行安装，如图 1-5 所示。

图 1-5　安装中文语言扩展

安装成功后，需要重新启动 VS Code 编辑器，中文语言扩展才可以生效。重新启动

VS Code 编辑器后，VS Code 编辑器的中文界面如图 1-6 所示。

图 1-6　VS Code 编辑器的中文界面

从图 1-6 可以看出，当前 VS Code 编辑器已经显示为中文界面。

1.3.4　安装 Live Server 扩展

Live Server 扩展用于搭建具有实时重新加载功能的本地服务器，可以实现保存代码后浏览器自动同步刷新，即时查看网页效果。如果想要安装 Live Server 扩展，首先单击图 1-6 中左侧边栏中的"■"图标按钮进入扩展界面，然后在搜索框中输入关键词 Live Server 找到 Live Server 扩展，单击"安装"按钮进行安装。安装 Live Server 扩展界面如图 1-7 所示。

图 1-7　安装 Live Server 扩展界面

安装 Live Server 扩展后，若要使用它，可在 VS Code 编辑器中打开一个编写好的 HTML 文档，在文档中右击，在弹出的快捷菜单中选择"Open with Live Server"命令，此时 Live Server 扩展会自动创建一个本地服务器，并调用浏览器打开 HTML 文档。

1.3.5　Visual Studio Code 编辑器的简单使用

VS Code 编辑器安装完成后，就可以使用 VS Code 编辑器进行代码编写。下面演示如何使用 VS Code 编辑器进行 HTML 代码的编写，具体步骤如下：

① 创建项目文件夹。在 D:\code 目录下创建一个项目文件夹 chapter01，该文件夹用于保存本项目所有的文件。

② 打开项目文件夹。在 VS Code 编辑器的菜单栏中选择"文件"→"打开文件夹"命令，然后选择 D:\code\chapter01 文件夹。打开文件夹后的页面效果如图 1-8 所示。

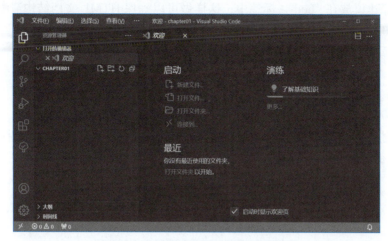

图 1-8　打开文件夹后的页面效果

在图 1-8 中，资源管理器用于显示项目的目录结构，当前打开的 chapter01 文件夹的名称会被显示为 CHAPTER01。该名称的右侧有四个快捷操作按钮："▣"按钮用于新建文件；"▣"按钮用于新建文件夹；"▣"按钮用于刷新资源管理器；"▣"按钮用于折叠文件夹。

③ 创建 HTML 文档。单击图 1-8 中的"▣"，输入要创建的文件名称，例如，index.html，即可创建 HTML 文档。此时创建的 index.html 文件是一个空白的文档。

④ 编写 HTML 文档。在空白的 index.html 文件中输入！（英文叹号），VS Code 编辑器会给出智能提示，然后按【Enter】键会自动生成一个 HTML 文档结构，示例代码如下：

```
1  <!DOCTYPE html>
2  <html lang="en">
3  <head>
4      <meta charset="UTF-8">
5      <meta name="viewport" content="width=device-width, initial-scale=1.0">
6      <title>Document</title>
7  </head>
8  <body>
9  
10 </body>
11 </html>
```

对上述示例代码的解释如下。

第 1 行代码是 HTML5 的文档类型声明，用于告诉浏览器该文档为 HTML5 文档。

第 2 行代码和第 11 行代码用于表示 HTML 文档的开始和结束。其中，第 2 行代码中的 <html> 标签表示 HTML 文档的开始，lang="en" 是一个属性，指定该页面的语言为英语；第 11 行代码中的 </html> 标签表示 HTML 文档的结束。<html> 标签和 </html> 标签之间包含了网页的头部内容和主体内容。

第 3～7 行代码用于定义网页的头部内容。其中，第 4 行代码用于指定文档使用的字符编码为 UTF-8，以确保正确显示 Unicode 字符；第 5 行代码用于设置视口；第 6 行代码用于定义 HTML 文档的标题，也就是在浏览器标签栏中显示的文本。

第 8～10 行代码用于定义网页的主体内容。在编写代码时，所有的文本、图像、视频、链接等内容都建议放在 <body> 标签中，这样做可以确保 HTML 文档结构清晰，并且方便开发者理解和维护代码。

⑤ 编写页面结构。在 <body> 标签中编写页面结构，具体代码如下：

```
1  <body>
2      Hello World!
3  </body>
```

保存上述代码，并在 index.html 文件中右击，在弹出的快捷菜单中选择 "Open with Live Server" 命令，在浏览器中打开 index.html 文件，该文件的运行效果如图 1-9 所示。

图 1-9　index.html 文件的运行效果

注意：

由于篇幅的限制，本书在后续的示例代码中省略 <!DOCTYPE html>、<html>、<head>、<meta>、<title> 等标签。请读者在练习时自行补充完整，以确保代码的正确运行。

1.4　标 签 概 述

在 HTML 文档中，<标签名> 形式的代码统一被称为标签，使用标签可以使代码格式更加清晰、规范。例如，<html>、<head> 和 <body> 等都是常用的标签。下面将从标签的分类、标签的属性、标签的关系这三个方面对标签进行详细讲解。

1.4.1　标签的分类

HTML 中的标签分为三类，分别是注释标签、单标签和双标签，下面分别进行讲解。

1. 注释标签

在编写 HTML 代码时，通常需要添加注释以说明关键代码块的功能。这样做可以提高代码的可读性，方便其他开发者理解代码的意图，并且便于查找和修改代码。在 HTML 中，可以使用注释标签来添加注释，注释标签的语法格式如下：

```
<!-- 注释内容 -->
```

在上述语法格式中，<!-- 和 --> 之间的内容为注释内容。注释可以是单行的，也可以跨多行的。注释是给开发者查看的，不会在最终的网页中显示出来。当用户在浏览器中查看网页源代码时，可以看到注释，因此，不应将机密数据写在注释中，以免泄露。在 VS Code 编辑器中，添加或取消注释的快捷键均为【Ctrl+/】。

2. 单标签

单标签也被称为空标签，它指的是只需要一个标签即可完整描述某个功能的标签，单标签有两种语法格式，第 1 种语法格式如下：

```
<标签名>
```

第 2 种语法格式如下：

```
<标签名 />
```

在上述语法格式中，第 2 种语法格式中的"标签名"和"/"之间建议保留一个空格。常见的单标签有水平线标签 <hr>、换行标签
、图像标签 <img> 等。

3. 双标签

双标签是指由开始标签和结束标签组成的标签。双标签的语法格式如下：

```
<标签名>内容</标签名>
```

在上述语法格式中，<标签名> 为开始标签，</标签名> 为结束标签。
常见的双标签有标题标签 <h1>～<h6>、段落标签 <p> 等。

1.4.2 标签的属性

为了给标签赋予更多功能，可以为标签添加属性。通过属性可以进一步定义标签的行为和特性。为单标签设置属性的语法格式如下：

```
<标签名 属性1="属性值1" 属性2="属性值2" …>
```

为双标签设置属性的语法格式如下：

```
<标签名 属性1="属性值1" 属性2="属性值2" …>内容</标签名>
```

在上述语法格式中，属性位于开始标签的标签名后面，标签名和属性之间使用空格分隔，多个属性的先后顺序没有影响。属性和属性值之间使用等号进行连接。属性值使用双引号标注。

1.4.3 标签的关系

HTML 中标签之间的关系主要分为以下两种：
① 父子关系（嵌套关系）。例如，<head> 标签内嵌套了 <title> 标签，两者为父子关系。
② 兄弟关系（并列关系）。例如，<head> 标签与 <body> 标签并列，两者为兄弟关系。

1.5 元素概述

在 HTML 中，对于双标签，元素是指由开始标签、结束标签和它们之间的内容组成的整体；对于单标签，元素是指单标签本身。常见的元素可以分为三类，即块元素、行内元素和行内块元素，具体介绍如下：

① 块元素。块元素在页面中以块的形式呈现，它会独占一行的空间，并且可以对其设置宽度、高度等属性。常见的块元素包括 h1～h6、p、div、ul、ol 等。块元素可以包含其他元素。

② 行内元素。行内元素被称为内联元素或内嵌元素，它不会独占一行的空间，高度和宽度取决于其内容的高度和宽度，相邻的行内元素会在同一行显示。同时行内元素只能包含行内元素或文本。常见的行内元素包括 a、strong、span 等。

③ 行内块元素。行内块元素不会独占一行的空间，并且可以设置高度和宽度属性。常见的行内块元素包括 button、textarea、select 等。

1.6 常见的HTML标签

HTML 标签的种类有很多，包括容器标签、页面格式化标签、文本格式化标签等，本节将对常见的 HTML 标签进行讲解。

1.6.1 容器标签

在 HTML 中，常见的容器标签包括 <div> 标签和 <span> 标签，下面分别进行讲解。

1. <div>标签

<div> 标签通常用于划分网页的区域，其英文全称为 division。<div> 标签内部可以嵌套多种 HTML 标签，如段落标签 <p>、图像标签 <img>、标题标签 <h1>～<h6> 等。同时，<div> 标签中也可以嵌套多层 <div> 标签，来划分更为复杂的网页结构，满足各种布局需求。

在网页中，每块区域代表着不同的内容，这种分区的设计有助于组织和展示网页的各个部分，使得页面结构更加清晰和有条理。每块区域通常由一个容器标签 <div> 来表示，通过将内容分配到不同的区域中，可以更好地组织和呈现不同类型的信息，如图 1-10 所示的教育类网页。

图 1-10　教育类网页

2. <span>标签

<span> 标签常用于定义网页中某些显示特殊样式的文本。它本身没有固定的格式表现，

只有应用CSS样式时才会产生视觉上的变化。例如，使用<span>标签设置文本样式如图1-11所示。

图 1-11 使用 <span> 标签设置文本样式

3. 语义化标签

HTML5 引入了一系列新的语义化标签，旨在更好地描述网页内容的结构和含义，提高代码的语义化程度。通过使用语义化标签，可以用更具表意性的标签代替大量无意义的 <div> 标签，使网页的结构更加清晰明了。

下面列举一些 HTML5 中常用的语义化标签，见表 1-1。

表 1-1 HTML5 中常用的语义化标签

标　　签	描　　述
<header>	定义网页或区块的头部部分，通常包含网页的标题、logo、导航等重要信息
<main>	定义网页的主要内容部分，每个页面应该只有一个 <main> 标签
<section>	定义网页中的一个独立的区块，可以将相关内容分组在一个元素中，如一个文章的章节、一个产品列表等
<article>	定义一个独立的、完整的文章内容，通常包含一篇新闻、博客帖子、论坛帖子等独立的内容单元
<aside>	定义页面或文章的侧边栏内容，通常包含与主要内容相关但不是必需的信息，如广告、相关链接、引用等
<nav>	定义导航链接的部分，用于包含网页的导航菜单或导航链接
<footer>	定义网页或区块的底部部分，通常包含版权信息、联系方式、相关链接等

1.6.2 页面格式化标签

在网页设计中，通过清晰的文本结构可以使用户获得更佳的阅读体验，同时也使得网页更加整洁美观。为了使文本有条理地呈现在网页中，HTML 提供了一系列的页面格式化标签，比如标题标签、段落标签、水平线标签和换行标签，下面分别进行讲解。

1. 标题标签

在网页或文章中，通常会有一个标题来向用户或浏览者传达网页的名称或文章的主题。HTML 提供了标题标签 <h1> ~ <h6> 来定义标题。

<h1> ~ <h6> 标签是 HTML 提供的六个不同级别的标题标签，它们用于设置标题的级别和层次结构。其中，<h1> 标签用于设置一级标题，<h2> 标签用于设置二级标题，依此类推。每个级别的标题文本会加粗且字号有所不同。一级标题的字号最大，然后从一级标题到六级标题的字号递减。

通常情况下，<h1> 标签用于设置文章或网页的主要标题，它代表整个页面或文章的核心内容。一个页面应该只有一个主标题，它是页面的主要概括和重点。而 <h2> 标签通

常用于设置某个区域的副标题。副标题可以帮助组织页面的内容，将主题进一步细分和组织，提供更好的导航和阅读体验。

下面通过代码演示标题标签的使用，示例代码如下：

```
1  <body>
2    <h1> 一级标题 </h1>
3    <h2> 二级标题 </h2>
4    <h3> 三级标题 </h3>
5    <h4> 四级标题 </h4>
6    <h5> 五级标题 </h5>
7    <h6> 六级标题 </h6>
8  </body>
```

在上述示例代码中，第 2 ~ 7 行代码使用 <h1> 标签 ~ <h6> 标签定义一级标题~六级标题。

上述示例代码运行后，标题标签的页面效果如图 1-12 所示。

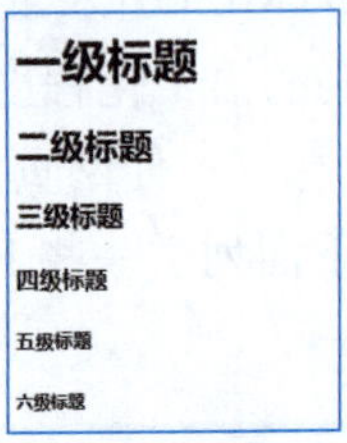

图 1-12　标题标签的页面效果

2．段落标签

在一篇文章中，为大篇文本划分段落有助于提高该文章的可读性，让读者更容易理解不同观点和信息。同时，分段还有助于作者组织思维，使文章结构更清晰、易管理。每个段落可以围绕特定的主题展开，使文章逻辑更加连贯。HTML 提供了段落标签 <p> 来定义段落。

开始标签 <p> 和结束标签 </p> 之间的文本被视为一个段落。默认情况下，段落标签具有一定的上下间距，通常是一行的高度，这样在视觉上可以明显区分不同段落之间的内容。

下面通过代码演示段落标签的使用，示例代码如下：

```
1  <body>
2    <p>
3      每一次的努力都是一种投资，只有勇于付出，才有可能收获。永远保持对知识的渴望，不断探索，不断学习，你将发现自己能够创造出比你想象的更美好的未来。
4    </p>
5    <p>
6      知识是开启智慧之门的钥匙，它拓展思维的边界，照亮了前行的道路。只有通过不断学习，我们才能不断进步，与时俱进。
7    </p>
8  </body>
```

在上述示例代码中，使用 <p> 标签定义了两个段落。

上述示例代码运行后，段落标签的页面效果如图 1-13 所示。

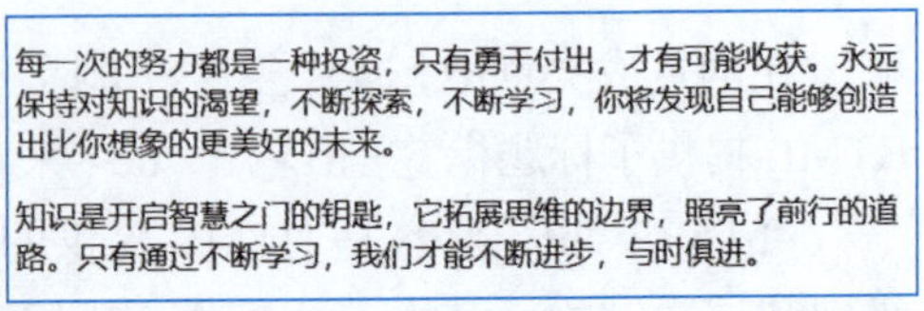

图 1-13　段落标签的页面效果

3．水平线标签

在网页中插入一条水平线来分隔不同的内容区域是一种常见的设计手段，可以增加网站的视觉层次感。HTML 提供了水平线标签 <hr> 来定义水平线。

在使用 <hr> 标签时，只需将其插入到合适的位置即可创建一条默认样式的水平线。

默认情况下,水平线具有边框宽度、边框样式和边框颜色。对于大多数浏览器而言,默认的边框宽度为 1 像素,边框样式为内凹效果,边框颜色为黑色。

下面通过代码演示水平线标签的使用,示例代码如下:

```
1  <body>
2      <p>作者介绍 </p>
3      <hr>
4      <p>李白,字太白,号青莲居士,唐朝伟大的浪漫主义诗人。著有《李太白集》,代表作有《望庐山瀑布》《行路难》《蜀道难》《将进酒》《早发白帝城》等。</p>
5  </body>
```

在上述示例代码中,第 3 行代码使用 <hr> 标签定义了水平线。

上述示例代码运行后,水平线标签的页面效果如图 1-14 所示。

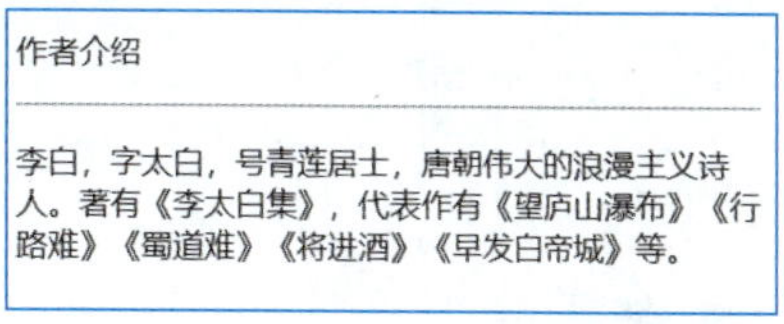

图 1-14 水平线标签的页面效果

4. 换行标签

在 HTML 中,使用 <p> 标签定义的段落和段落之间会有一定的间距。如果不希望段落之间有间距,只想简单地进行换行,可以使用换行标签
 来实现。
 标签用于将某段文本强制换行显示,它不会创建新的段落,只是进行简单的换行。

需要注意的是,在 HTML 中,如果使用键盘上的【Enter】键进行换行,它不会在浏览器中产生换行效果,而是被解释为一个空格。

下面通过代码演示换行标签的使用,示例代码如下:

```
1  <body>
2      <p>相信自己的潜力,坚持追求自己的梦想,即使路途艰辛,也不要放弃。<br>因为在追逐梦想的过程中,我们才能真正发现自己的价值和意义。
3      <p>
4  </body>
```

在上述示例代码中,使用
 标签对段落中的文本进行换行。

上述示例代码运行后,换行标签的页面效果如图 1-15 所示。

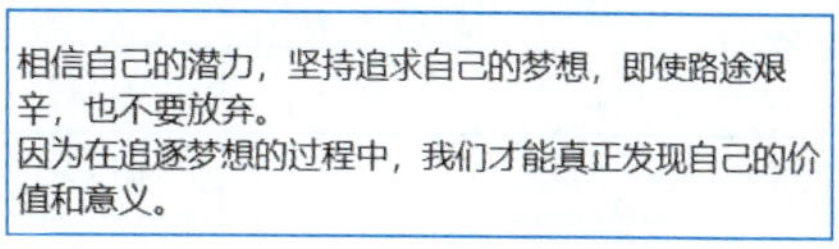

图 1-15 换行标签的页面效果

1.6.3 文本格式化标签

文本是网页中最基础的信息载体,用户主要通过文本来了解网页的内容。HTML 提供了文本格式化标签,用于修饰文本效果和突出重点文本。常见的文本格式化标签见表 1-2。

表 1-2 常见的文本格式化标签

标　　签	说　　明
<strong> 标签和 <b> 标签	文本以加粗方式显示
<em> 标签和 <i> 标签	文本以斜体的方式显示
<ins> 标签和 <u> 标签	文本以添加下划线的方式显示
<del> 标签和 <s> 标签	文本以添加删除线的方式显示

在表 1-2 中，<strong> 标签、<em> 标签、<ins> 标签和 <del> 标签更符合 HTML 的语义，并且起到强调文本的作用。因此，推荐使用这四个标签。

例如，<strong> 标签和 <b> 标签都可以用来呈现粗体文本，但 <strong> 标签具有强调的语义，它传达了文本的重要性或紧急性，搜索引擎和屏幕阅读器等软件会重视这种强调的文本；而 <b> 标签仅仅用于在视觉上呈现粗体文本，没有提供任何语义上的信息。

下面通过代码演示文本格式化标签的使用，示例代码如下：

```
1  <body>
2    <p>这是一条<strong>紧急</strong>通知，请立即处理。</p>
3    <p>这本书中的<em>名句</em>引起了我的深思。</p>
4    <p>我们的产品有<ins>全新的功能</ins>了，赶快体验吧。</p>
5    <p>公司<del>政策</del>已更新，请查阅最新版本。</p>
6  </body>
```

在上述示例代码中，通过使用 <strong> 标签、<em> 标签、<ins> 标签和 <del> 标签分别表示文本的紧急性、强调、插入和删除。

上述示例代码运行后，文本格式化标签的页面效果如图 1-16 所示。

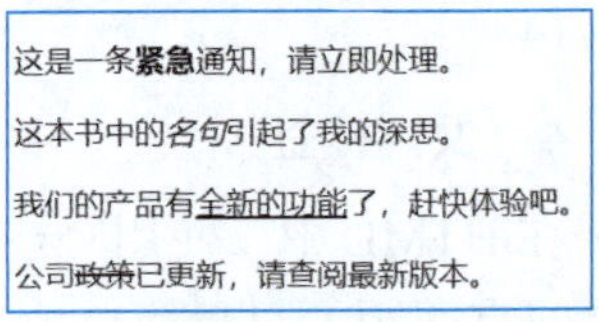

图 1-16　文本格式化标签的页面效果

1.6.4　图像标签

在网页设计中，合理运用图像可以提升网页的吸引力。图像不仅能够丰富页面的视觉效果，还能帮助用户更好地理解和记忆页面所呈现的信息。在使用和传播图像时，我们必须时刻具备版权意识，不要侵犯他人的著作权和肖像权，不随意在网络上传播未经授权的图像。

HTML 提供了图像标签 <img> 来定义图像。<img> 标签的常用属性见表 1-3。

表 1-3　<img> 标签的常用属性

属　　性	说　　明
src	用于设置图像的路径
alt	用于设置图像不能显示时的替换文本
title	用于设置鼠标指针悬停在图像上方时显示的内容
width	用于设置图像的宽度
height	用于设置图像的高度

在表 1-3 中，src 属性为必填属性，其余属性均为可选属性。

图像的路径可以使用相对路径或绝对路径，下面分别进行讲解。

1. 相对路径

相对路径是指图像相对于当前 HTML 文档的位置。相对路径通常以当前 HTML 文档所在的目录为参照，通过目录结构来描述图像的路径。

假设，当前 HTML 文档的路径是 "D:\chapter01\index.html"，那么对于图像的相对路径可以分为以下三种情况：

① 图像和 HTML 文档位于同一目录中，即图像路径为 "D:\chapter01\1.jpg"。在设置

相对路径时，只需输入图像名称即可，例如，<img src="1.jpg">。

② 图像位于 HTML 文档的子目录中，即图像路径为 "D:\chapter01\images\1.jpg"。在设置相对路径时，需要输入子目录名和图像名称，例如，<img src="images/1.jpg">。

③ 图像位于 HTML 文档的上一级目录中，即图像路径为"D:\1.jpg"。在设置相对路径时，图像名称之前加入 "../"。例如，<img src="../1.jpg">。如果图像位于 HTML 文档的上两级目录中，则设置相对路径时需要在图像名称之前加入 "../../"，依此类推。

2. 绝对路径

绝对路径是指图像所在位置的完整路径，不依赖于当前 HTML 文档所在的位置。它可以是网站根目录下的路径、本地计算机中的路径或其他网络地址的 URL。网页中的绝对路径的写法与 Windows 中的绝对路径的写法略有差异，具体介绍如下：

① 图像位于网站根目录：假设网站的根目录是 "D:\website"，而图像位于 "D:\website\images\1.jpg"，该图像的绝对路径就是 /images/1.jpg。在 HTML 文档中使用时，绝对路径要以斜杠 / 开头，例如，<img src="/images/1.jpg">。

② 图像位于本地计算机：对于本地计算机中的图像，绝对路径从盘符开始，并且开头需要添加 file:///。例如，图像位于 "D:\chapter01\images\1.jpg"，该图像的绝对路径为 "file:///D:/chapter01/images/1.jpg"。在 HTML 文档中使用这种方式时，只有当网页在本地计算机上使用时才有效，如果将网页发布到服务器上，则不能使用这种方式。

③ 图像位于其他网络地址：如果图像位于互联网上的其他网络地址，例如一个网页上的图像链接，那么它的绝对路径就是该图像的 URL。例如，"http://www.ityxb.com/public/img/logo.png"。在 HTML 文档中使用时，直接引入该 URL 即可。

下面通过代码演示如何使用图像标签，示例代码如下：

```
1  <body>
2      <img src="images/course.jpg" alt=" 图像不能显示 " title=" 课程 ">
3  </body>
```

在上述示例代码中，使用 <img> 标签定义图像。读者可以从本章配套源代码中获取 landscape.jpg 文件。

上述示例代码运行后，鼠标指针悬停在图像上方时的页面效果如图 1-17 所示。

图 1-17　鼠标指针悬停在图像上方时的页面效果

1.6.5　超链接标签

超链接标签是用于在 HTML 文档中创建超链接的 HTML 标签。最常用的超链接标签是 <a> 标签，a 表示锚点（anchor），它用于定义一个超链接。

超链接标签允许用户单击链接文本或图像，以打开其他网页、下载文件、发送电子邮件等。<a> 标签的常用属性有 href 属性和 target 属性，下面分别进行讲解：

① href 属性：用于指定链接所指向的跳转地址。该跳转地址可以是 URL 地址（如 https://resource.ityxb.com/booklist/find.html）、相对路径或绝对路径。如果不知道跳转地址，可以将 href 属性设置为 #，表示空链接，单击该超链接后不会发生跳转。

② target 属性：用于指定链接页面的打开方式。其常用取值有 _self 和 _blank。其中，

_self 为默认值，表示在当前窗口或标签页中打开链接页面；_blank 表示在新的标签页或窗口中打开链接页面。

下面通过代码演示如何使用 <a> 标签，示例代码如下：

```
1  <body>
2      <a href="https://www.huawei.com" target="_blank">访问示例网站</a>
3  </body>
```

在上述示例代码中，使用 <a> 标签来定义超链接。当用户单击"访问示例网站"超链接时，会在新的标签页中打开网站。

上述示例代码运行后，超链接的页面效果如图 1-18 所示。

初始页面　　　　鼠标指针移入"访问示例网站"时　　　　在新标签页中打开链接页面

图 1-18　超链接的页面效果

从图 1-18 可以看出，当鼠标指针移入"访问示例网站"超链接时，鼠标指针变成"🖑"的形状，同时页面下方会显示链接页面的地址。当单击超链接时，在新标签页中打开了链接页面。

📖 多学一招：锚点链接

如果一个网页中的内容过多，可能会导致页面过长，浏览网页时便需要不断地拖动滚动条来查看网页的内容。这样效率较低且不方便。为了提高信息检索的效率和方便用户的浏览，HTML 提供了锚点链接。通过创建锚点链接，用户可以快速定位到页面上的目标内容，而不需要手动拖动滚动条来浏览整个页面。

创建锚点链接分为两步。

① 创建锚点链接目标，使用 id 属性为目标元素添加唯一的标识符，语法格式如下：

```
<标签名 id="属性值">目标内容</标签名>
```

② 创建锚点链接对象，使用 <a> 标签的 href 属性将链接目标设置为锚点标识符，语法格式如下：

```
<a href="#属性值">跳转到目标内容</a>
```

创建锚点链接后，当用户单击"跳转到目标内容"链接时，浏览器会滚动到具有与链接目标相匹配的锚点位置。

1.6.6　列表标签

在网页中，使用列表能够将大量信息以结构化的方式进行排列，这样不仅提高了网页内容的可读性，还有助于读者快速浏览和理解网页中的内容。

HTML 提供了三种列表，分别是无序列表、有序列表和定义列表。下面讲解这三种列表的使用以及列表的嵌套。

1. 无序列表

无序列表中的每个列表项属于并列关系，没有特定的先后顺序。它常被用于展示布局排列整齐且不需要规定顺序的内容区域，例如，网站导航菜单、特点列表或产品功能清单等。

无序列表使用 <ul> 标签定义，每个列表项使用 <li> 标签定义。在无序列表中，默认使用实心圆作为列表项目符号。列表项目符号是每个列表项前所显示的标识，有助于区分不同的项目。若想更改列表项目符号，可以通过 CSS 中的列表样式属性实现。无序列表的语法格式如下：

```
<ul>
  <li>列表项 1</li>
  <li>列表项 2</li>
  ……
</ul>
```

在上述语法格式中，<ul> 标签中至少应包含至少一个 <li> 标签。

下面通过代码演示无序列表的使用，示例代码如下：

```
1  <body>
2    <h3>产品的特点 </h3>
3    <ul>
4      <li>全天候监控 </li>
5      <li>智能提醒功能 </li>
6      <li>数据分析报告 </li>
7      <li>数据加密 </li>
8    </ul>
9  </body>
```

在上述示例代码中，第 3～8 行代码用于定义无序列表，其中第 4～7 行代码用于定义 4 个列表项。

上述示例代码运行后，无序列表的页面效果如图 1-19 所示。

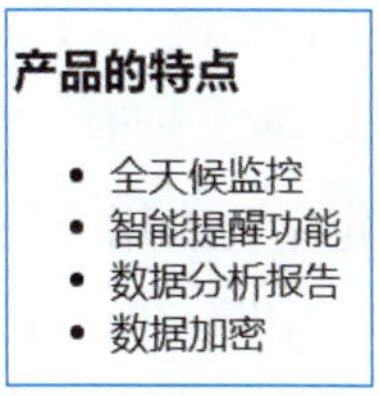

图 1-19　无序列表的页面效果

2. 有序列表

有序列表是一种按照特定顺序排列的列表，列表项按照固定顺序排列，并且顺序不可改变。每个列表项都有一个编号，以表示其在有序列表中的位置。有序列表常用于展示具有规则布局和特定排列顺序的内容区域，例如，歌曲排行榜、游戏排行榜等。

有序列表使用 <ol> 标签定义，列表项使用 <li> 标签定义。有序列表的语法格式如下：

```
<ol>
  <li>列表项 1</li>
  <li>列表项 2</li>
  ……
</ol>
```

在上述语法格式中，<ol> 标签中至少应包含一个 <li> 标签。

<ol> 标签的常用属性见表 1-4。

表 1-4 <ol> 标签的常用属性

属　　性	说　　明
type	用于设置有序列表的编号类型
start	用于设置有序列表的初始值，其属性值为阿拉伯数字
reversed	用于设置列表项以递减顺序排列，即从大到小显示，可选值为 reversed

表 1-4 中 type 属性的可选值如下：

- 1：默认值，表示数字编号，例如 1、2、3……
- a：表示小写英文字母编号，例如 a、b、c……
- A：表示大写英文字母编号，例如 A、B、C……
- ⅰ：表示小写罗马数字编号，例如 ⅰ、ⅱ、ⅲ……
- Ⅰ：表示大写罗马数字编号，例如 Ⅰ、Ⅱ、Ⅲ……

下面通过代码演示有序列表的使用，示例代码如下：

```
1    <body>
2        <h3>基本操作步骤 </h3>
3        <ol>
4            <li> 创建账户 </li>
5            <li> 登录到账户 </li>
6            <li> 选择设置选项 </li>
7            <li> 编辑个人资料 </li>
8            <li> 保存更改 </li>
9        </ol>
10   </body>
```

在上述示例代码中，第 3～9 行代码用于定义有序列表，其中第 4～8 行代码用于定义五个列表项。

上述示例代码运行后，有序列表的页面效果如图 1-20 所示。

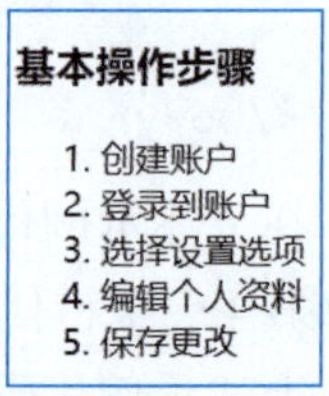

3．定义列表

定义列表用于呈现项目与其对应的定义或描述之间的关系。定义列表由三个主要的标签构成，具体如下：

图 1-20　有序列表的效果

- <dl> 标签用于创建定义列表的容器。
- <dt> 标签用于定义项目或术语的名称。
- <dd> 标签用于提供项目或术语的解释或描述。它通常紧随 <dt> 标签之后，提供项目或术语的相关信息。

定义列表的语法格式如下：

```
<dl>
    <dt>项目 1</dt>
    <dd>定义或描述 1</dd>
    <dd>定义或描述 2</dd>
    ……
    <dt>项目 2</dt>
```

```
      <dd>定义或描述 1</dd>
      <dd>定义或描述 2</dd>
      ……
   </dl>
```

在上述语法格式中，<dl> 标签中嵌套 <dt> 标签和 <dd> 标签。一个 <dt> 标签下可以有一个或多个 <dd> 标签，实现对同一项目的不同定义或描述。

下面通过代码演示定义列表的使用，示例代码如下：

```
1  <body>
2    <dl>
3      <dt>HTML</dt>
4      <dd>超文本标记语言，用于构建网页和 Web 应用程序。</dd>
5      <dt>CSS</dt>
6      <dd>串联样式表，用于设置和控制网页的样式和布局。</dd>
7      <dt>JavaScript</dt>
8      <dd>一种用于为网页添加交互性和动态功能的脚本语言。</dd>
9    </dl>
10 </body>
```

在上述示例代码中，第 2～9 行代码用于定义定义列表，其中第 3 行、第 5 行和第 7 行代码分别定义项目名称为"HTML""CSS""JavaScript"；第 4 行、第 6 行和第 8 行代码分别为项目名称提供了相应的解释或描述。

上述示例代码运行后，定义列表的页面效果如图 1-21 所示。

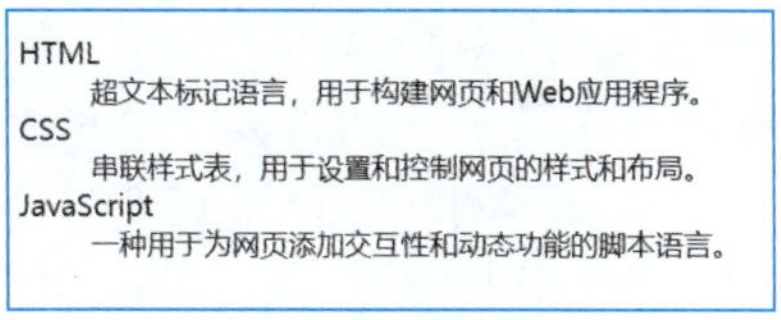

图 1-21 定义列表的页面效果

4. 列表嵌套

列表嵌套在网页设计中用途广泛，例如创建多级菜单、展示组织机构的层级结构等。通过使用列表嵌套，可以为用户提供清晰的页面导航和信息展示，从而提升用户体验和页面的整体结构。在 HTML 中使用列表嵌套时，只需要将子列表嵌套在上一级列表的列表项中即可。

列表嵌套的两种常见情况：有序列表和无序列表的嵌套。

（1）有序列表的嵌套

有序列表的嵌套可以在一个有序列表项（<li>）中嵌套另一个有序列表或无序列表，语法格式如下：

```
<ol>
   <li>列表项 1</li>
   <li>列表项 2
      <ol>
         <li>子列表项 1</li>
         <li>子列表项 2</li>
         <li>…</li>
      </ol>
   </li>
   <li>列表项 3
      <ul>
         <li>子列表项 1</li>
```

```
        <li>子列表项 2</li>
        <li>……</li>
      </ul>
    </li>
    ……
</ol>
```

在上述语法格式中,列表项 2 中嵌套了一个使用 <ol> 标签定义的有序列表,在嵌套的有序列表中使用 <li> 标签定义子列表项;列表项 3 中嵌套了一个使用 <ul> 标签定义的无序列表,在嵌套的无序列表中使用 <li> 标签定义子列表项。

(2)无序列表的嵌套

无序列表的嵌套可以在一个无序列表项(<li>)中嵌套另一个有序列表或无序列表,示例代码如下:

```
<ul>
  <li>列表项 1</li>
  <li>列表项 2
    <ul>
      <li>子列表项 1</li>
      <li>子列表项 2</li>
      <li>…</li>
    </ul>
  </li>
  <li>列表项 3
    <ol>
      <li>子列表项 1</li>
      <li>子列表项 2</li>
      <li>…</li>
    </ol>
  </li>
  ……
</ul>
```

在上述语法格式中,列表项 2 中嵌套了一个使用 <ul> 标签定义的无序列表,在嵌套的无序列表中使用 <li> 标签定义子列表项;列表项 3 中嵌套了一个使用 <ol> 标签定义的有序列表,在嵌套的有序列表中使用 <li> 标签定义子列表项。

下面通过代码演示列表嵌套的使用,示例代码如下:

```
1   <body>
2     <h1>购物清单</h1>
3     <ol>
4       <li>日用品
5         <ul>
6           <li>洗发水</li>
7           <li>牙刷</li>
8           <li>洗衣液</li>
9         </ul>
10      </li>
11      <li>家居用品
12        <ul>
13          <li>床上用品
14            <ul>
```

```
15          <li>床单</li>
16          <li>被子</li>
17          <li>枕头</li>
18        </ul>
19      </li>
20      <li>厨房用具
21        <ul>
22          <li>刀具</li>
23          <li>炒锅</li>
24          <li>碗盘</li>
25        </ul>
26      </li>
27    </ul>
28   </li>
29  </ol>
30 </body>
```

在上述示例代码中,第 2 行代码用于定义列表的标题为购物清单,其中包括了日用品和家居用品两大类别。日用品包括了洗发水、牙刷和洗衣液;家居用品则包括了床上用品和厨房用具,并在床上用品和厨房用具之下列出了更具体的物品清单。

上述示例代码运行后,列表嵌套的页面效果如图 1-22 所示。

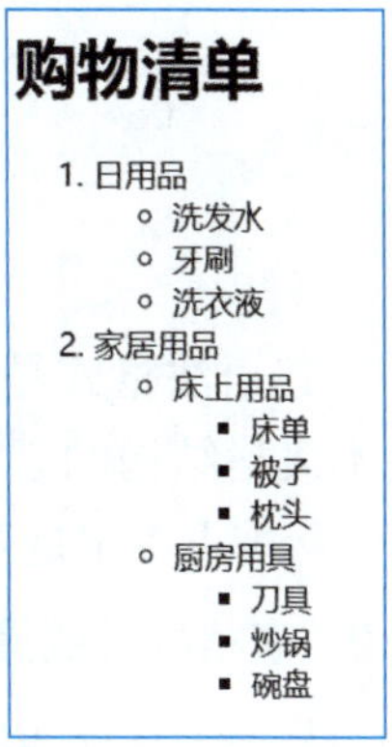

1.6.7 表格标签

网页中的表格是由一系列单元格组成的,每个单元格用于展示一项数据。下面讲解常用的表格标签和表格标签的属性。

图 1-22 列表嵌套的页面效果

1. 常用的表格标签

在 HTML 中,为了创建表格,需要使用表格标签。常用的表格标签见表 1-5。

表 1-5 常用的表格标签

标 签	说 明
\<table\>	用于定义表格。在 \<table\> 标签内部可以放置表格的标题、表格的行、数据单元格等
\<caption\>	用于定义表格的标题,并且标题会显示在表格上方的居中位置
\<thead\>	用于定义表格的头部区域,通常包含列标题或表头信息
\<tfoot\>	用于定义表格的脚注区域,通常包含表格的摘要、统计数据或其他附加信息
\<tbody\>	用于定义表格的主体区域,通常包含行和列的数据
\<tr\>	用于定义表格的行,每个 \<tr\> 标签表示该表格中的一行
\<td\>	用于定义数据单元格,每个 \<td\> 标签表示一个单元格,数据都存储在单元格中
\<th\>	用于定义表头单元格。通常用于表示行标题或表头信息。与 \<td\> 标签不同,\<th\> 标签中的文本通常会被自动加粗和居中显示,以突出表头的重要性

创建表格的完整语法格式如下:

```
1 <table>
2   <caption>标题</caption>
```

```
 3      <thead>
 4        <tr>
 5          <th>表头单元格 1</th>
 6          <th>表头单元格 2</th>
 7          <th>表头单元格 3</th>
 8        </tr>
 9      </thead>
10      <tbody>
11        <tr>
12          <td>数据单元格 1</th>
13          <td>数据单元格 2</td>
14          <td>数据单元格 3</td>
15        </tr>
16        ……
17      </tbody>
18      <tfoot>
19        <tr>
20          <td>表格脚注 1</td>
21          <td>表格脚注 2</td>
22          <td>表格脚注 3</td>
23        </tr>
24      </tfoot>
25    </table>
```

上述语法格式是完整的表格结构。在实际使用中，<table>、<tr>、<th> 和 <td> 是构建基本表格结构的必需元素，而 <thead>、<tbody>、<tfoot> 和 <caption> 是可选的，可以根据实际需求决定是否使用。

2. 表格标签的属性

表格的默认样式比较简单，因此 HTML 提供了一系列表格标签属性来设置表格的样式，例如 border、align 和 bgcolor 等属性。由于这些属性大部分可以被 CSS 样式所替代，所以在 HTML5 中已经将表格标签大部分属性弃用。

在保留的表格标签属性中，较为常用的是 colspan 属性和 rowspan 属性，这两个属性作用于 <th> 标签和 <td> 标签中，主要用于合并单元格。下面将分别对这两个属性进行详细讲解。

（1）colspan 属性

colspan 属性用于设置单元格横跨的列数。通过指定一个正整数，可以将一个单元格合并为跨越指定列数的单元格。例如，将一个单元格的 colspan 属性设置为 2，那么该单元格则会横跨 2 列。

（2）rowspan 属性

rowspan 属性用于设置单元格竖跨的行数。通过指定一个正整数，可以将一个单元格合并为跨越指定行数的单元格。例如，将一个单元格的 rowspan 属性设置为 3，那么该单元格将会竖跨 3 行。

3. CSS 控制表格样式

表格标签的大部分属性都可以使用 CSS 样式替代，以实现结构和样式的分离。CSS 提供了 border、border-collapse、padding、width 和 height 等属性来控制表格的样式，具体见表 1-6。

表 1-6 控制表格样式的常用 CSS 属性

属 性	说 明
border	设置表格边框的样式
border-collapse	设置表格的边框合并方式，取值为 collapse，表示将边框合并为单线边框；取值为 separate，表示边框会分离为双线边框
padding	设置表格单元格内边距，即单元格与单元格边框之间的距离
width	设置单元格的宽度
height	设置单元格的高度

表 1-6 列出的属性的具体用法会在后续内容中详细讲解。

下面通过代码演示如何使用表格标签实现课程表，示例代码如下：

```
1   <head>
2     <style>
3       table {
4         border-collapse: collapse;
5       }
6       th, td {
7         border: 1px solid black;
8         padding: 10px;
9       }
10    </style>
11  </head>
12  <body>
13    <table>
14      <tr>
15        <th></th>
16        <th> 周一 </th>
17        <th> 周二 </th>
18        <th> 周三 </th>
19        <th> 周四 </th>
20        <th> 周五 </th>
21      </tr>
22      <tr>
23        <td> 上午 </td>
24        <td rowspan="2"> 数学 </td>
25        <td> 语文 </td>
26        <td rowspan="2"> 英语 </td>
27        <td> 科学 </td>
28        <td rowspan="2"> 体育 </td>
29      </tr>
30      <tr>
31        <td> 下午 </td>
32        <td> 历史 </td>
33        <td> 音乐 </td>
34      </tr>
35    </table>
36  </body>
```

在上述示例代码中，第 4 行代码用于设置表格边框为单线边框；第 6～9 行代码用于设置 th 和 td 元素的边框样式为 1px 的黑色实线边框，内边距为 10px；第 24 行、26 行和第 28 行代码在 <th> 标签中添加 rowspan 属性用于设置单元格竖跨 2 行。

上述示例代码运行后,课程表页面效果如图 1-23 所示。

1.6.8 表单标签

在 HTML 中,可以使用表单标签创建表单。常用的表单标签见表 1-7。

	周一	周二	周三	周四	周五
上午	数学	语文	英语	科学	体育
下午		历史		音乐	

图 1-23 课程表页面效果

表 1-7 常用的表单标签

标　　签	说　　明
\<form>	用于创建表单,包含多种表单元素来接收用户的输入
\<input>	用于定义不同类型的输入域,包括文本输入框、单选按钮、复选框等
\<label>	用于定义表单控件的标题,并与输入域建立关联
\<textarea>	用于定义多行文本输入框
\<fieldset>	用于定义一个相关的表单元素组,包含文本输入框、复选框、下拉列表等
\<legend>	用于定义 \<fieldset> 标签的标题
\<select>	用于定义下拉列表,用户可以从中选择一个或多个选项
\<optgroup>	用于定义 \<select> 的选项组,将选项进行分组展示
\<datalist>	用于定义输入域的选项列表,用户可以从中进行选择,类似于自动补全功能
\<option>	用于定义 \<select> 或 \<datalist> 中的选项
\<button>	用于定义一个按钮
\<output>	用于定义一个计算或用户操作的结果

表 1-7 中列出的 \<form>、\<input>、\<label>、\<textarea>、\<select>、\<optgroup>、\<option> 标签的使用比较复杂,下面对上述标签进行详细讲解。

1. \<form>标签

在 HTML 中,\<form> 标签用于创建表单,可以包含多种表单元素来接收用户的输入。\<form> 标签中所有的内容都会被提交给服务器,其常用属性见表 1-8。

表 1-8 \<form> 标签的常用属性

属　　性	说　　明
action	用于指定接收并处理表单数据的服务器 URL 地址,如果未指定 action 属性,表单数据将默认提交到当前页面,即表单所在的页面
method	用于设置表单数据的提交方式,属性值为 get(默认值)、post,分别表示 GET 方式和 POST 方式
name	用于设置表单的名称
autocomplete	用于指定表单是否有自动补全功能,所谓自动补全是指将表单标签输入的内容记录下来,当再次输入时会将输入的历史记录显示在一个下拉列表里,以实现自动补全功能。属性值为 on、off,分别表示表单有自动补全功能、表单没有自动补全功能
novalidate	用于指定在提交表单时禁用浏览器的自动表单验证功能,即不需要验证表单。如果声明 novalidate 属性,可以关闭整个表单的验证,这样可以使 \<form> 标签的所有表单控件不被验证。属性值为 novalidate。由于属性名和属性值相同,在此情况下,可以通过只写属性名的方式来设置这个属性

在表 1-8 中,使用 GET 方式提交的数据会显示在浏览器的地址栏中,这会导致数据保密性较差,并且有数据量限制。相比之下,使用 POST 方式提交的数据具有更好的保密性,

并且可以提交大量数据。

下面通过代码演示 <form> 标签的使用，示例代码如下：

```
<form method="post" name="search" autocomplete="on" novalidate></form>
```

在上述示例代码中，使用 POST 方式提交表单数据，表单数据默认提交到表单所在的页面；表单的名称为 search；启用表单字段的自动填充功能，浏览器会自动填充先前输入过的值；禁用浏览器的自动表单验证功能。

2．<input>标签

在 HTML 中，可以使用 <input> 标签创建输入框、单选按钮、复选框和提交按钮等表单控件。<input> 标签是一个空元素，它没有内容，通常用于收集用户的输入数据和提交数据。

<input> 标签的常用属性见表 1-9。

表 1-9　<input> 标签的常用属性

属　　性	说　　明
type	用于设置不同的表单控件类型
form	用于设置 <input> 标签所属的表单，将其与表单关联起来，属性值为 <form> 标签的 id 属性值
name	用于设置表单控件的名称，用于在表单提交时标识数据
value	用于设置表单控件的默认值
readonly	用于设置表单控件内容为只读，即不能进行编辑操作，属性值为 readonly
src	用于设置显示为提交按钮的图像的 URL（只针对 type="image"）
disabled	用于设置禁用表单控件，即不能交互，属性值为 disabled
checked	用于设置单选按钮或复选框中默认被选中的选项，属性值为 checked
maxlength	用于设置表单控件允许输入的最多字符数
size	用于设置表单控件在页面中的显示宽度
autocomplete	用于设置是否自动完成表单字段内容，属性值为 on 或 off
autofocus	用于设置表单控件自动获取焦点，属性值为 autofocus
list	与 <datalist> 标签关联，以提供输入域的选项列表。<datalist> 的 id 属性值与对应的 <input> 标签的 list 属性值相同
min	用于设置输入框所允许的最小输入值
max	用于设置输入框所允许的最大输入值
step	用于设置表单控件的合法数字间隔，即递增或递减步长
pattern	用于验证输入的内容是否与定义的正则表达式匹配，适用于 text、search、url、tel、email 和 password 类型的 <input> 标签
placeholder	用于设置表单控件的提示信息
required	用于设置表单控件为必填项，属性值为 required

若要创建不同类型的表单控件，可以使用 type 属性指定表单控件的类型。type 属性的属性值见表 1-10。

表 1-10 type 属性的属性值

属 性 值	说 明
text	用于定义单行文本输入框
password	用于定义密码输入框
radio	用于定义单选按钮
checkbox	用于定义复选框
button	用于定义普通按钮
submit	用于定义提交按钮
reset	用于定义重置按钮，重置后所有表单控件的值为默认值
image	用于定义图像作为提交按钮
hidden	用于定义不显示的控件，其值仍会提交到服务器
file	用于定义"选择文件"按钮和"未选择任何文件"文本，供文件上传
email	用于定义 e-mail 地址的输入框
url	用于定义 URL 地址的输入框
range	用于定义一定范围内数值的输入框
date	用于选取日、月、年
month	用于选取月、年
week	用于选取周和年
time	用于选取时间（小时和分钟）
datetime-local	用于选取时间、日、月、年（本地时间）
number	用于定义数值的输入框

值得一提的是，在 HTML 中，当 <input> 标签的 type 属性值设置为 email 或 url 时，浏览器会在表单提交时自动验证输入的文本是否符合相应的格式要求。如果输入的文本不符合要求，浏览器会显示错误提示，以帮助用户纠正错误。自动验证功能可以帮助用户在填写表单时尽早发现并纠正输入错误，提高用户体验，并减少因格式错误而导致的表单提交问题。

下面通过代码演示如何使用 <input> 标签实现登录表单，示例代码如下：

```
1  <body>
2    <form>
3      账号:<input type="text" name="username"><br>
4      密码:<input type="password" name="password"><br>
5      <input type="submit" value="登录">
6    </form>
7  </body>
```

在上述示例代码中，第 3 行代码定义文本输入框，用于输入账号信息，type 属性值为 text；第 4 行代码定义密码输入框，用于输入密码信息，type 属性值为 password；第 5 行代码定义提交按钮，单击该按钮将提交表单数据，type 属性值为 submit，显示的文本内容为"登录"。

上述示例代码运行后，登录表单页面效果如图 1-24 所示。

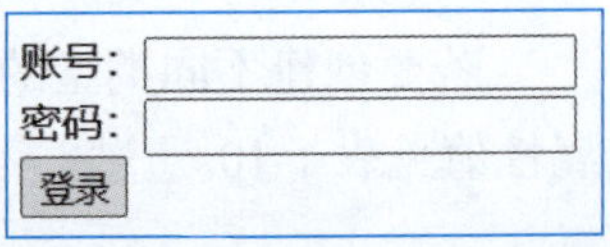

图 1-24 登录表单页面效果

3. <label>标签

<label> 标签可以与 <input>、<textarea>、<select> 等表单控件配合使用，用于定义表单控件的标签文本，即显示在控件旁边的文字描述。

将 <label> 标签与表单控件关联的实现方式有两种。第一种方式是通过为 <label> 标签设置 for 属性，并将其属性值设置为关联的表单控件的 id 属性值，从而实现关联。这种方式适用于将标签文字和表单控件放在不同位置的情况。第二种方式是在 <label> 标签内部嵌套 <input> 标签，不需要设置 for 属性和 id 属性，因为它们的关联已经隐含存在。这种方式适用于将标签文字和表单控件放在同一位置的情况。

通过将 <label> 标签与表单控件关联，用户单击标签文本时会自动聚焦到对应的表单控件，方便用户输入数据。此外，关联还有助于扩大可单击区域，提升用户体验。

<label> 标签的常用属性见表 1-11。

表 1-11 <label> 标签的常用属性

属　　性	说　　明
for	用于设置 <label> 标签与哪个表单标签绑定，属性值为表单标签的 id 属性值
form	用于设置 <label> 标签所属的表单，属性值为 <form> 标签的 id 属性值

下面通过代码演示如何使用 <label> 标签实现信息收集表单，示例代码如下：

```
1  <body>
2    <form>
3      <label for="username">姓名：</label>
4      <input type="text" name="username" id="username" value="小张"><br>
5      <label>年龄：<input type="text" name="age" value="18"></label>
6      <br>
7      <input type="submit">
8    </form>
9  </body>
```

在上述示例代码中，第 3 行代码将 <label> 标签的 for 属性值设置为 username，与 id 属性值为 username 的 <input> 标签关联，当用户单击文字"姓名："时，页面会自动聚焦到 id 属性值为 username 的输入框；第 5 行代码在 <label> 标签内部嵌套 <input> 标签，当用户单击"年龄："时，页面会自动聚焦到相应的输入框。

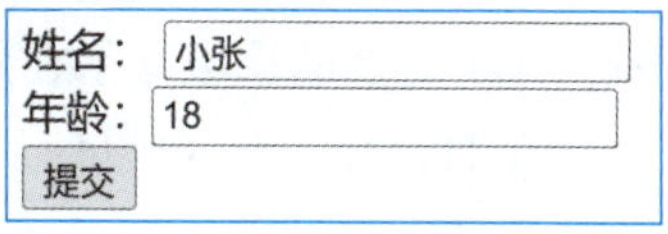

上述示例代码运行后，信息收集表单页面效果如图 1-25 所示。

图 1-25 信息收集表单页面效果

4. <textarea>标签

在 HTML 中，当需要创建一个单行文本输入框时，可以使用 <input> 标签，并将其 type 属性值设置为 text。这样用户就可以在单行文本输入框中输入少量文本。然而，当需要输入多行文本时，单行文本输入框就不再适用。为了满足这种需求，HTML 提供了 <textarea> 标签，通过使用 <textarea> 标签，可以在网页中创建一个可以输入和显示多行文本的区域。

<textarea> 标签的常用属性见表 1-12。

表 1-12 <textarea> 标签的常用属性

属　　性	说　　明
name	用于设置表单控件的名称
form	用于设置多行文本输入框所属的表单，属性值为 <form> 标签的 id 属性值
cols	用于设置多行文本输入框每行可容纳的字符数，是一个正整数。默认情况下，显示大约 20 个英文字符的宽度，一个中文字符大约占 2 个英文字符的宽度。由于不同的浏览器和操作系统在渲染文本域时可能存在差异，实际的可视宽度可能会有所偏差
rows	用于设置多行文本输入框显示的行数

除了表 1-12 列出的属性外，<textarea> 标签还包括 readonly、disabled、maxlength、placeholder、required、autofocus 属性，对应属性的解释请参考表 1-9。

下面通过代码演示如何使用 <textarea> 标签实现留言板，示例代码如下：

```
1  <body>
2    <form>
3      <label for="comments">留言：</label><br>
4      <textarea id="comments" name="comments" placeholder="请输入您的留言..." cols="30" rows="5"></textarea><br>
5      <input type="submit" value="提交">
6    </form>
7  </body>
```

在上述示例代码中，第 4 行代码使用 <textarea> 标签定义多行文本输入框。

上述示例代码运行后，留言板页面效果如图 1-26 所示。

5. <select>、<optgroup>、<option>标签

在浏览网页时，经常会遇到下拉菜单，例如选择用户所在的城市，选择文件格式等。下拉菜单通常由一个触发区域（通常是一个文本框或按钮）和一个下拉列表组成。当用户单击触发区域时，下拉列表会展开，显示可供选择的选项。用户可以从列表中选择一个或多个选项，然后下拉列表会关闭，并将所选的选项显示在触发区域中。

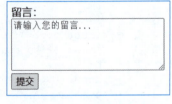

图 1-26 留言板页面效果

在 HTML 中，可以使用 <select>、<optgroup>、<option> 标签定义下拉菜单。下面分别对 <select>、<option>、<optgroup> 标签进行讲解。

（1）<select> 标签

<select> 标签用于定义下拉菜单，其的常用属性见表 1-13。

表 1-13 <select> 标签的常用属性

属　　性	说　　明
form	用于设置下拉菜单所属的表单，属性值为 <form> 标签的 id 属性值
size	用于设置下拉菜单的可见选项数，属性值为正整数
multiple	用于使下拉菜单将具有多项选择的功能，按住【Ctrl】键的同时选择多项。属性值为 multiple

除了表 1-13 列出的属性外，<select> 标签还有 autofocus、disabled、name、required 属性，对应属性的解释请参考表 1-9。

（2）<option> 标签

<option> 标签用于定义下拉菜单中的选项，每个 <option> 标签表示下拉菜单中的一个选项。<option> 标签的常用属性见表 1-14。

表 1-14 <option> 标签的常用属性

属　性	说　　　明
disabled	用于禁用选项，属性值为 disabled
label	用于定义当使用 <optgroup> 标签时所使用的分组选项的名称
selected	用于设置当前选项为选中状态
value	用于设置当前选项的值

需要注意的是，<option> 标签必须嵌套在 <select> 标签中，且 <select> 标签至少应该包含一个 <option> 标签，以提供至少一个选项供用户选择。

（3）<optgroup> 标签

在实际开发中，通过对下拉菜单中的选项进行分组，可以使用户快速地找到所需的选项。在 HTML 中，<optgroup> 标签用于将相关的选项组合在一起。<optgroup> 标签的常用属性有 disabled 属性和 label 属性，这两个属性分别表示禁用选项组、定义分组选项的名称。

<optgroup> 标签必须嵌套在 <select> 标签中，一个 <select> 标签中可以包含多个 <optgroup> 标签。在 <optgroup> 开始标签和 </optgroup> 结束标签之间为 <option> 标签定义的具体的选项。

下面通过代码演示如何定义下拉菜单，示例代码如下：

```
1  <body>
2    <form>
3      <label for="products">请选择商品类别：</label>
4      <select id="products" name="products">
5        <optgroup label=" 珠宝配饰 ">
6          <option value="watch">手表 </option>
7          <option value="crystal">水晶 </option>
8        </optgroup>
9        <optgroup label=" 家居用品 ">
10         <option value="furniture">家具 </option>
11         <option value="kitchenware">厨房用具 </option>
12         <option value="bedding">床上用品 </option>
13       </optgroup>
14     </select>
15   </form>
16 </body>
```

在上述示例代码中，第 4 ～ 14 行代码定义了一个下拉菜单，该下拉菜单包含两个选项组。其中，第 5 ～ 8 行代码定义了一个名称为"珠宝配饰"的选项组，包含"手表"选项和"水晶"选项；第 9 ～ 13 行代码定义了一个名称为"家居用品"的选项组，包含"家具"、"厨房用具"和"床上用品"选项。

上述示例代码运行后，下拉菜单的初始效果和单击"∨"后的页面效果如图 1-27 所示。

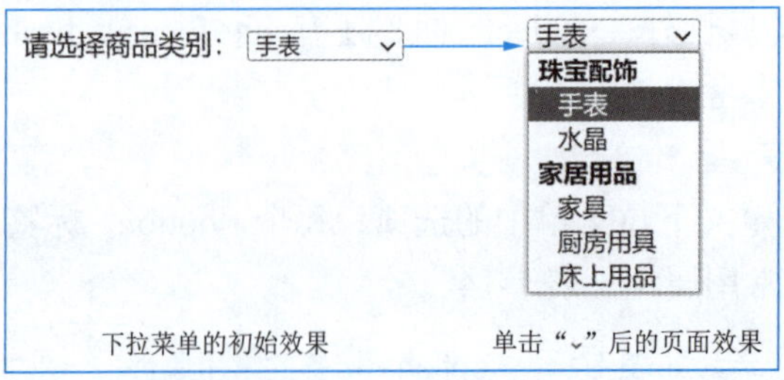

图 1-27 下拉菜单的初始效果和单击"∨"后的页面效果

1.7 HTML实体

在 HTML 中，有些字符可能会被浏览器误解并错误地解析为代码。例如，"<"可能会被解析为标签的开头，">"可能会被解析为标签的结尾等。

为了避免这种情况，开发者需要使用 HTML 实体来替代它们。这些 HTML 实体以"&"开头，以";"结尾。常用的 HTML 实体见表 1-15。

表 1-15 常用的 HTML 实体

字　　符	说　　明	HTML 实体
	空格符	
<	小于号	&lt;
>	大于号	&gt;
&	和号	&amp;
¥	人民币	&yen;
©	版权符号	&copy;
®	注册商标符号	&reg;
°	度数符号	&deg;
±	正负号	&plusmn;
×	乘号	&times;
÷	除号	&divide;
²	平方（上标 2）	&sup2;
³	立方（上标 3）	&sup3;

下面通过代码演示如何使用 HTML 实体，示例代码如下：

```
1  <body>
2      <p>本网站所有内容均受版权保护 &copy; 2024。</p>
3  </body>
```

在上述示例代码中，第 2 行代码使用 © 和   分别设置版权符号和空格符。

上述示例代码运行后，HTML 实体的页面效果如图 1-28 所示。

图 1-28 HTML 实体的页面效果

1.8 阶段项目——招聘信息页面

某公司因业务扩展需要招聘新人才，为了提高招聘效率，他们决定开发一个人才招聘页面，显示公司当前的招聘职位列表。每个职位显示职位名称、工作地点、薪资范围和岗位要求。

招聘信息页面效果如图 1-29 所示。

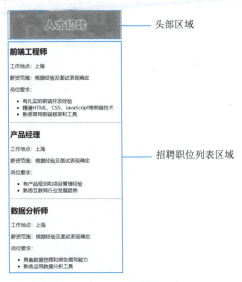

图 1-29 招聘信息页面

读者可以扫描二维码，查看阶段项目的详细开发步骤。

本 章 小 结

本章主要讲解了 HTML 的基础内容。首先讲解了 HTML 概述、浏览器、Visual Studio Code 编辑器、标签概述和元素概述；然后讲解了常见的 HTML 标签，包括容器标签、页面格式化标签、文本格式化标签、图像标签、超链接标签、列表标签、表格标签和表单标签；最后讲解了 HTML 实体。通过学习本章内容，读者应能够掌握 HTML 的基础知识，并能够灵活运用各种标签构建 HTML 页面。

课 后 习 题

读者可以扫描二维码，查看本章课后习题。

第 2 章

初识CSS

学习目标

知识目标：

◎熟悉 CSS 的概念，能够归纳 CSS 的优势和特性；
◎了解 CSS 样式规则，能够说出其组成部分；
◎熟悉 CSS 标准盒模型的组成，能够归纳其组成部分；
◎熟悉 CSS 的三大特性，能够区分层叠性、继承性和优先级。

能力目标：

◎掌握 CSS 的引入方式，能够将 CSS 应用于 HTML 文档；
◎掌握 CSS 注释的使用方法，能够在 CSS 中正确添加注释；
◎掌握 CSS 变量的使用方法，能够正确定义和使用 CSS 变量；
◎掌握基础选择器的使用方法，能够通过基础选择器选择要改变样式的元素；
◎掌握复合选择器的使用方法，能够根据需要选择具有特定关系的元素；
◎掌握伪类选择器的使用方法，能够根据元素的特定位置或特定状态选择元素；
◎掌握伪元素选择器的使用方法，能够在特定元素中插入新的内容或样式；
◎掌握字体属性和文本属性的使用方法，能够设置字体、文本的样式；
◎掌握列表属性的使用方法，能够设置列表的项目符号；
◎掌握背景属性的使用方法，能够设置背景颜色、背景图像；
◎掌握渐变属性的使用方法，能够设置渐变效果；
◎掌握显示属性，能够更改元素在页面中的显示方式；
◎掌握浮动属性的使用方法，能够为元素设置浮动，以及清除浮动；
◎掌握定位属性的使用方法，能够为元素设置相对定位、固定定位、绝对定位等；
◎掌握过渡属性的使用方法，能够实现元素的平滑过渡效果；
◎掌握变形属性的使用方法，能够实现元素的平移、缩放、倾斜和旋转等效果；
◎掌握动画属性的使用方法，能够实现丰富的动画效果；
◎掌握内边距属性和外边距属性的使用方法，能够为元素设置内边距、外边距；
◎掌握边框属性的使用方法，能够为图像、文本等添加边框；
◎掌握 box-sizing 属性，能够计算元素的总宽度和总高度。

素质目标：

◎在面对复杂网页布局需求时，能够灵活组合使用 HTML 标签和 CSS 样式，创造性地实现设计要求；

◎培养对网页设计的审美意识，能够设计出既美观又符合用户体验的网页样式；

◎鼓励创新思维，尝试将不同的 CSS 技术和效果结合，创造出独特的视觉效果。

随着网页技术的发展，用户对网页的交互性和动画效果的需求不断增加。CSS 提供了丰富的样式属性和选择器，可通过选择器选定元素，并使用样式属性实现各种自定义效果，如字体、背景颜色、边框和阴影等。此外，CSS 的动画技术可实现各种交互效果，为用户提供更生动、吸引人的网页体验。本章将详细讲解如何使用 CSS 美化页面。

勤奋好学——求知的必要态度

2.1　CSS概述

CSS（cascading style sheets，串联样式表）是一种为 HTML 页面的元素设置样式的语言。通过使用 CSS，开发者可以定义字体、边框、背景等样式，从而实现页面的外观设计。CSS 的一大优势是能够将样式与结构分离，有利于样式的重用并方便对网页进行修改与维护。此外，CSS 还支持样式的共享，可以让多个页面共享同一份样式代码，从而方便同时更新多个网页的样式。

截至本书成稿时，CSS 的最新版本为 3.0，即 CSS3。因此，本书基于 CSS3 进行讲解。CSS3 的主要特性如下：

（1）边框和背景：CSS3 引入了边框和背景属性，如 border-radius 属性和 box-shadow 属性等，使界面效果更加丰富和有层次感。

（2）媒体查询：CSS3 的媒体查询功能允许开发者根据不同的设备和屏幕尺寸自适应调整样式，为响应式设计提供了便利，让网页可以在不同设备上以最佳的布局和样式展示。

（3）字体和颜色控制：CSS3 引入了 @font-face 规则，允许使用自定义字体，提升页面的视觉效果。此外，CSS3 还提供了更多的颜色表示方式，如 RGBA 和 HSL，可以实现对颜色的灵活控制。

（4）动画和过渡：CSS3 支持对元素进行 2D 和 3D 转换，并且可以为元素添加动画效果，如淡入淡出、旋转、缩放和平移等。通过使用动画和过渡，可以为页面添加动态和吸引人的效果，提升用户体验。

（5）便捷的选择器：CSS3 引入了便捷的选择器，如伪类选择器和伪元素选择器。通过使用选择器可以更精确地选中特定的元素，并应用样式，提高开发效率和代码的可读性。

2.2　CSS基本使用

为了帮助读者快速入门 CSS，本节将讲解 CSS 的基本使用，涵盖 CSS 样式规则、

CSS 代码引入方式以及 CSS 注释。

2.2.1 CSS样式规则

使用 CSS 修饰网页时，需要遵循 CSS 样式规则。CSS 样式规则规定了如何正确使用 CSS 代码来创建和应用样式。

CSS 样式规则主要包括三个部分，即选择器、属性和属性值，语法格式如下：

```
选择器 {
  属性1: 属性值1;
  属性2: 属性值2;
  ……
}
```

在上述语法格式中，选择器用于指定需要改变样式的 HTML 标签。大括号用于定义选择器所应用的样式。它的内部是一条或多条声明，每条声明由属性和属性值组成，并以键值对的形式出现。属性和属性值之间使用英文冒号"："连接，而多个声明之间则使用英文分号"；"进行分隔。其中，属性是用于为 HTML 标签指定样式的关键字，例如，color、font-size 和 h1 等。属性值则指定了属性要应用的具体样式。

下面通过代码来演示 CSS 的样式规则，示例代码如下：

```
p {
  color: red;
  background-color: yellow;
}
```

在上述示例代码中，p 为选择器，表示 CSS 样式作用的是 <p> 标签，color 属性和 background-color 属性分别表示文本颜色和背景颜色，red 和 yellow 是属性值。

2.2.2 CSS的引入方式

要想使用 CSS 修饰网页，需要在 HTML 文档中引入 CSS。常见的 CSS 引入方式有三种，分别是行内式、内部式和外部式，下面分别进行讲解。

1. 行内式

行内式是通过给 HTML 标签的 style 属性设置 CSS 样式来实现的。行内式不需要选择器，它仅对样式所在的标签生效。以双标签为例，行内式的语法格式如下：

```
<标签名 style="属性1: 属性值1; 属性2: 属性值2; …">内容</标签名>
```

在上述语法格式中，style 属性值中属性和属性值的书写规则与 CSS 样式规则相同。

2. 内部式

内部式是将 CSS 代码集中写在 <style> 标签中，并将 <style> 标签写在 HTML 文档的 <head> 标签中。内部式的语法格式如下：

```
<head>
  <style>
    选择器 {
      属性1: 属性值1;
```

```
        属性2: 属性值2;
        ......
    }
  </style>
</head>
```

<style> 标签一般位于 <head> 标签中的 <title> 标签之后，由于浏览器是从上到下解析代码的，把 CSS 代码放在头部便于提前被下载和解析。

3. 外部式

外部式是将样式代码放在一个或多个以 .css 为扩展名的 CSS 文件中，通过 <link> 标签将 CSS 文件链入 HTML 文档中。<link> 标签的语法格式如下：

```
<link href="CSS 文件的路径" rel="stylesheet" type="text/css">
```

在上述语法格式中，<link> 标签需要放在 <head> 标签中，并且指定 <link> 标签的属性，具体如下：

- href：定义链接的 CSS 文件的路径，可以是相对路径，也可以是绝对路径。
- rel：定义当前文档与被链接文件之间的关系，需要将属性值设置为 stylesheet，表示被链接的文档是一个样式表文件。
- type：定义链接文档的类型，需要将属性值设置为 "text/css"，表示链接的外部文件为 CSS 文件。在 HTML5 的语法格式中，type 属性可以省略。

CSS 文件中样式的书写规则与 CSS 样式规则一致。

2.2.3 CSS注释

在实际开发中，为了提高代码的可读性，方便代码的维护和升级，可以在编写 CSS 代码时添加注释。注释用于对代码进行解释和说明，其目的是让代码阅读者能够更加轻松地了解代码的设计逻辑和用途。浏览器在解析 CSS 代码时会忽略注释，因此注释不会影响页面的呈现效果。在团队协作中，注释是解释代码功能的重要方式之一。我们在程序中添加注释时，应负起高度的责任，确保注释完整和准确。

CSS 注释以 "/*" 开始，以 "*/" 结束，示例代码如下：

```
p {
  /* CSS 样式 */
}
```

在上述示例代码中，"/*" 和 "*/" 之间的内容为注释内容。在 VS Code 编辑器中，可以使用【Ctrl+/】组合键为当前选中的行添加注释或取消注释。

2.3 CSS选择器

要将 CSS 样式应用于特定的元素，首先需要找到该元素。在 CSS 中，通过选择器可以选择 HTML 文档中的元素，并对其应用样式。选择器包括基础选择器、复合选择器、伪类选择器和伪元素选择器。本节将针对上述选择器进行详细讲解。

2.3.1 基础选择器

基础选择器包括标签选择器、类选择器、id 选择器和通配符选择器，下面分别进行讲解。

1．标签选择器

标签选择器直接使用 HTML 标签名作为选择器。所有的 HTML 标签名都可以作为标签选择器来使用。通过使用标签选择器，可以对页面中所有相同类型的标签应用相同的样式。

例如，使用标签选择器选择所有的 p 元素，并设置 CSS 样式，示例代码如下：

```
p {
  /* CSS 样式 */
}
```

2．类选择器

类选择器用于选择具有特定类名的元素，它使用英文点号"."进行标识，后紧跟 HTML 标签的类名。类名即为 HTML 标签的 class 属性值，一个 class 属性值可以包含多个类名，类名之间使用空格分隔。

例如，使用类选择器选择类名为 one 的元素，并设置 CSS 样式，示例代码如下：

```
.one {
  /* CSS 样式 */
}
```

3．id 选择器

id 选择器用于选择具有特定 id 属性的元素，它使用"#"进行标识，后紧跟 HTML 标签的 id。id 即为 HTML 标签的 id 属性值，且 id 属性值唯一，只能对应 HTML 文件中某一个具体的标签。

例如，使用 id 选择器选择 id 属性值为 two 的元素，并设置 CSS 样式，示例代码如下：

```
#two {
  /* CSS 样式 */
}
```

4．通配符选择器

通配符选择器用于选择所有的元素，它使用"*"进行标识，是一种非常宽泛的选择器。

例如，使用通配符选择器选择所有元素，并设置 CSS 样式，示例代码如下：

```
* {
  /* CSS 样式 */
}
```

在实际开发中，不建议使用通配符选择器设置 HTML 标签的样式，因为通配符选择器设置的样式对所有的 HTML 标签都生效，而不管标签是否需要该样式，这样会降低代码的执行速度。

2.3.2 复合选择器

在编写 CSS 样式时，可以使用基础选择器选中目标元素。然而，在实际的网页开发中，一个页面通常会包含多个元素，仅使用基础选择器来设置样式显然是不够的。为此，CSS 提供了复合选择器，可以更灵活和方便地选择目标元素。复合选择器是由多个基础选择器组合而成，用于选择具有特定关系的元素。

常用的复合选择器包括后代选择器、子代选择器、相邻兄弟选择器、通用兄弟选择器、并集选择器和交集选择器。下面对常用的复合选择器进行详细讲解。

1. 后代选择器

后代选择器用于选择指定元素的后代元素。后代选择器使用空格符号分隔不同的选择器，把外层标签写在前面，内层标签写在后面。当标签发生嵌套时，内层标签就成为外层标签的后代，只有在指定的祖先元素下的后代元素才会被选择。

后代选择器的语法格式如下：

```
选择器1 选择器2 选择器3 … 选择器n
```

在上述语法格式中，多个选择器之间用空格进行连接。选择器 1 代表父元素的选择器，选择器 2 代表选择器 1 的后代元素的选择器，选择器 3 代表选择器 2 的后代元素的选择器，依此类推。

例如，使用后代选择器选择 ul 元素内的 li 元素内的 a 元素，并设置 CSS 样式，示例代码如下：

```
ul li a {
  /* CSS 样式 */
}
```

2. 子代选择器

子代选择器用于选择指定元素的直接子元素（直接包含的子元素），其语法格式如下：

```
选择器1 > 选择器2 > 选择器3 > … > 选择器n
```

在上述语法格式中，多个选择器之间用 > 进行连接。选择器 1 代表父元素的选择器；选择器 2 代表选择器 1 的直接子元素的选择器；选择器 3 代表选择器 2 的直接子元素的选择器，依此类推。

例如，使用子代选择器选择 div 元素的直接子元素 p，并设置 CSS 样式，示例代码如下：

```
div > p {
  /* CSS 样式 */
}
```

3. 相邻兄弟选择器

相邻兄弟选择器用于选择特定元素后紧邻的兄弟元素，并且它们有相同的父元素，其语法格式如下：

```
选择器1 + 选择器2
```

在上述语法格式中，选择器 1 和选择器 2 之间用 + 进行连接。选择器 1 代表兄弟元素的选择器，选择器 2 代表选择器 1 后紧邻兄弟元素的选择器。

例如，使用相邻兄弟选择器选择 h2 元素后紧邻的 p 元素，并设置 CSS 样式，示例代码如下：

```
h2 + p {
  /* CSS 样式 */
}
```

4. 通用兄弟选择器

通用兄弟选择器用于选择与特定元素具有相同父元素的所有兄弟元素，其语法格式如下：

选择器 1 ~ 选择器 2

在上述语法格式中，选择器 1 和选择器 2 之间使用~进行连接。选择器 1 代表兄弟元素的选择器，选择器 2 代表选择器 1 后面的所有兄弟元素中符合条件的选择器。

例如，使用通用兄弟选择器选择 h2 元素后面的所有 p 元素，并设置 CSS 样式，示例代码如下：

```
h2 ~ p {
  /* CSS 样式 */
}
```

5. 并集选择器

并集选择器用于选择多个元素并对它们应用相同的样式规则，其语法格式如下：

选择器1, 选择器2, …, 选择器n

在上述语法格式中，多个选择器之间使用英文逗号","进行连接。

例如，使用并集选择器选择 h1、h2 和 h3 元素，并设置 CSS 样式，示例代码如下：

```
h1, h2, h3 {
  /* CSS 样式 */
}
```

6. 交集选择器

交集选择器用于同时匹配满足两个选择器的元素，其语法格式如下：

选择器 1 选择器 2

在上述语法格式中，选择器 2 不能是标签选择器。交集选择器会选择同时满足选择器 1 和选择器 2 的元素。选择器 1 和选择器 2 之间不能有空格，如 h1.one 或 h1#one。

例如，使用交集选择器选择类名为 highlight 的 p 元素，并设置 CSS 样式，示例代码如下：

```
p.highlight {
  /* CSS 样式 */
}
```

2.3.3 伪类选择器

伪类选择器是 CSS 中的一种特殊选择器，它根据元素的特定位置或特定状态来选择 HTML 元素，从而更加精确地控制元素。伪类选择器使用冒号"："作为标识，伪类选择器主要包括结构化伪类选择器和链接伪类选择器，下面分别进行讲解。

1. 结构化伪类选择器

若要在父元素中查找第一个子元素或最后一个子元素，并根据选择的元素应用相应的样式，可以使用结构化伪类选择器。结构化伪类选择器基于元素在其结构中的位置和关系进行选择，可以更准确地选择特定位置的元素。

常用的结构化伪类选择器见表 2-1。

表 2-1　常用的结构化伪类选择器

结构化伪类选择器	描 述
:root	选择文档的根元素，通常是 html 元素
:not	选择不匹配特定选择器的元素
:first-child	选择父元素中第一个子元素
:last-child	选择父元素中最后一个子元素
:nth-child(n)	选择父元素中第 n 个子元素
:nth-last-child(n)	选择父元素中倒数第 n 个子元素
:only-child	选择父元素中的唯一子元素
:nth-of-type(n)	选择父元素中特定类型的第 n 个子元素
:nth-last-of-type(n)	选择父元素中特定类型的倒数第 n 个子元素
:first-of-type	选择父元素中第一个特定类型的子元素
:lase-of-type	选择父元素中最后一个特定类型的子元素
:only-of-type	选择父元素中有且仅有一个特定类型的子元素

在表 2-1 中，n 为阿拉伯数字，:not 选择器只能接收一个基础选择器作为参数。例如，:not(.special) 选择器表示选择除具有类名为 special 的元素之外的所有元素。

下面通过代码演示结构化伪类选择器的使用，示例代码如下：

```
1  <head>
2    <style>
3      ul li:first-child {
4        font-size: 18px;
5      }
6      ul li:last-child {
7        font-size: 20px;
8        font-weight: bold;
9      }
10   </style>
11 </head>
12 <body>
13   <ul>
```

```
14      <li>HTML</li>
15      <li>CSS</li>
16      <li>JavaScript</li>
17    </ul>
18  </body>
```

在上述示例代码中,第 3 ~ 5 行代码使用 :first-child 选择器选择 ul 元素内的第一个 li 元素,设置文本字号为 18 px;第 6 ~ 9 行代码使用 :last-child 选择器选择 ul 元素内的最后一个 li 元素,设置文本字号为 20 px,字体加粗;第 13 ~ 17 行代码定义无序列表,包括 3 个列表项。

上述示例代码运行后,无序列表的页面效果如图 2-1 所示。

图 2-1 无序列表的页面效果

2. 链接伪类选择器

若要实现鼠标指针悬停在文本上时改变文本的颜色和背景颜色,可以使用链接伪类选择器。链接伪类选择器是一类用于选择链接元素(即 <a> 标签)的伪类选择器,可以根据链接的不同状态应用样式。

常用的链接伪类选择器见表 2-2。

表 2-2 常用的链接伪类选择器

链接伪类选择器	描述
:link	设置超链接未被访问的样式
:visited	设置超链接被访问过的样式
:hover	设置鼠标指针悬停在超链接上时的样式
:active	设置超链接被激活(单击)时的样式

下面通过代码演示链接伪类选择器的使用,示例代码如下:

```
1   <head>
2     <style>
3       a:link {
4         color: blue;
5         font-size: 18px;
6         text-decoration: none;
7       }
8       a:hover {
9         color: red;
10        font-size: 20px;
11        text-decoration: underline;
12      }
13      a:active {
14        color: green;
15      }
16    </style>
17  </head>
18  <body>
19    <p>请单击下面的超链接:</p>
20    <a href="https://www.huawei.com">查看更多内容 &gt;</a>
21  </body>
```

在上述示例代码中，第 3 ～ 7 行代码用于设置超链接未被访问的样式，包括文本颜色为蓝色、字号为 18 px，并去除下划线；第 8 ～ 12 行代码用于设置鼠标指针悬停在超链接上时的样式，包括文本颜色为红色、字号为 20 px，并添加下划线；第 13 ～ 15 行代码用于设置单击超链接时文本颜色为绿色。

上述示例代码运行后，超链接页面效果如图 2-2 所示。

（a）超链接未访问时　（b）鼠标指针悬停在超链接上时　（c）单击超链接时　　　（d）单击超链接后

图 2-2　超链接页面效果

2.3.4　伪元素选择器

伪元素选择器是 CSS 中的一种特殊选择器，使用双冒号"::"作为标识，用于在特定元素内部插入新的内容或样式。使用伪元素选择器，可以在不修改 HTML 代码的情况下，在元素的特定位置轻松地添加新的内容或样式。

常用的伪元素选择器包括 ::before 和 ::after，前者用于在被选取元素的内容前插入新的内容或样式，后者用于在被选取元素的内容后插入新的内容或样式。在使用时需要配合 content 属性来指定要插入的具体内容。content 属性可以接收文本内容、图片地址或属性值等不同类型的值。

下面通过代码演示伪元素选择器的使用，示例代码如下：

```
1  <head>
2    <style>
3      p::before {
4        content: "《";
5      }
6      p::after {
7        content: "》";
8      }
9    </style>
10 </head>
11 <body>
12   <p>HTML5 移动 Web 开发（第 3 版）</p>
13 </body>
```

在上述示例代码中，第 3 ～ 5 行代码用于在 p 元素的内容前插入一个特殊字符"《"；第 6 ～ 8 行代码用于在 p 元素的内容后插入一个特殊字符"》"。

上述示例代码运行后，文本效果如图 2-3 所示。

《HTML5移动Web开发（第3版）》

图 2-3　文本效果

2.4　CSS属性

在网页开发中，当使用选择器选择了特定的元素后，可以通过 CSS 属性为其添加样式。这些样式属性可以改变元素的外观和布局，包括字体大小、颜色和样式，背景颜色和背景图像等。本节将详细讲解常用的 CSS 属性。

2.4.1　字体属性

为了更方便地控制网页中字体的样式，CSS 提供了一系列字体属性。常用的字体属性见表 2-3。

表 2-3　常用的字体属性

属　　性	说　　明
font-size	用于设置字体的字号，常用的属性值单位为像素（px）
font-family	用于设置字体的名称，常用的属性值有宋体、微软雅黑和黑体等。当指定多种字体时，各字体间以逗号分隔。如果浏览器不支持第一种字体，则会尝试下一种字体，直到匹配到合适的字体；中文字体需要加引号，英文字体不需要加引号；当需要设置英文字体时，建议将英文字体放在中文字体之前
font-weight	用于设置字体的粗细，常用的属性值有 normal（默认值）、bold、bolder 和 lighter，分别表示正常、粗体、更粗和更细的字体样式
font-variant	用于设置字体的变体，常用的属性值有 normal（默认值）和 small-caps，前者表示正常的字体样式，后者表示小型大写的字体样式，即小写字母显示为大写形式，但保持与原本小写字母相同的尺寸
font-style	用于设置字体的风格，常用的属性值有 normal（默认值）、italic、oblique，分别表示正常的、斜体的、倾斜的字体样式

在表 2-3 中，font-style 的属性值 italic 和 oblique 都可以实现字体的倾斜效果。italic 是使用字体本身具备的斜体属性来实现倾斜效果。只有当字体本身包含斜体属性时，才能使用 italic 属性来实现倾斜；而 oblique 则是通过将正常字体进行倾斜处理来实现倾斜效果。无论字体本身是否包含斜体样式，都可以使用 oblique 来实现倾斜效果。实际工作中常使用 italic。

除了使用表 2-3 中的属性设置字体样式外，还可以使用 font 属性对字体样式进行综合设置，其语法格式如下：

```
font: font-style font-variant font-weight font-size/line-height font-family;
```

在上述语法格式中，line-height 表示行高，它用斜杠"/"与 font-size 属性分隔开，后面会进行详细讲解。在使用 font 属性设置字体样式时，必须按照上面语法格式中的顺序书写，各个属性之间以空格隔开。必须保留 font-size 属性和 font-family 属性，否则 font 属性将不起作用。其他属性如果不需要可以省略不写，它们会自动取默认值。

例如，使用多个属性设置 p 元素的字体样式，示例代码如下：

```
p {
    font-style: italic;
    font-variant: small-caps;
    font-weight: bold;
    font-size: 20px;
```

```
    line-height: 30px;
    font-family: "宋体";
}
```

使用 font 属性实现相同的效果，示例代码如下：

```
p {
    font: italic small-caps bold 20px/30px "宋体";
}
```

下面通过代码演示字体属性的使用，示例代码如下：

```
1  <head>
2    <style>
3      p {
4        font: italic bold 24px "隶书";
5      }
6    </style>
7  </head>
8  <body>
9    <p>世上无难事，只怕有心人。</p>
10 </body>
```

在上述示例代码中，第 3～5 行代码用于设置 p 元素的字体样式，包括字体的风格为 italic，字体的粗细为 bold，字号为 24px，字体的名称为隶书。

上述示例代码运行后，使用字体属性的页面效果如图 2-4 所示。

图 2-4 使用字体属性的页面效果

多学一招：@font-face 规则

在 CSS 中，使用 font-family 属性可以设置字体名称，通过 font-family 属性设置的字体只有在用户计算机系统中安装了相应字体的情况下才能正确显示。然而，有时开发者希望在网页中使用未安装的字体。为了解决这个问题，CSS 引入了 @font-face 规则，使开发者能自定义字体并在网页中使用。自定义字体可以使用 iconfont 提供的字体文件，也可以使用其他来源的自定义字体文件。

通过 @font-face 规则，开发者可以指定字体文件的路径，使浏览器能够下载并使用该字体。然后，通过 font-family 属性，将自定义字体指定为元素的字体，@font-face 规则的语法格式如下：

```
@font-face {
    font-family: <YourWebFontName>;
    src: <source>;
}
```

下面对 @font-face 规则的取值进行详细讲解。

① YourWebFontName：自定义的字体名称。

② source：自定义字体的存放路径，以告诉浏览器从哪里加载该字体文件，可以是相对路径也可以是绝对路径。该路径需要用 url() 函数包裹起来。

假设已经从 iconfont 提供的字体库中下载了字体文件 AlimamaDaoLiTi.ttf，并将其保存在同目录下的名为 fonts 的文件夹中。下面通过代码演示如何使用 @font-face 规则引用该字体文件，示例代码如下：

```
1   <head>
2     <style>
3       @font-face {
4         font-family: myFont;
5         src: url("fonts/AlimamaDaoLiTi.ttf");
6       }
7       p {
8         font-family: myFont;
9         font-size: 30px;
10      }
11    </style>
12  </head>
13  <body>
14    <p>一寸光阴一寸金，寸金难买寸光阴。</p>
15  </body>
```

在上述代码中，第 3～6 行代码定义名为 myFont 的 @font-face 规则，并将字体文件路径设置为 fonts/AlimamaDaoLiTi.ttf；第 8 行代码将 p 元素的 font-family 属性值设置为 myFont，以便使用所定义的字体。

上述示例代码运行后，使用自定义字体的页面效果如图 2-5 所示。

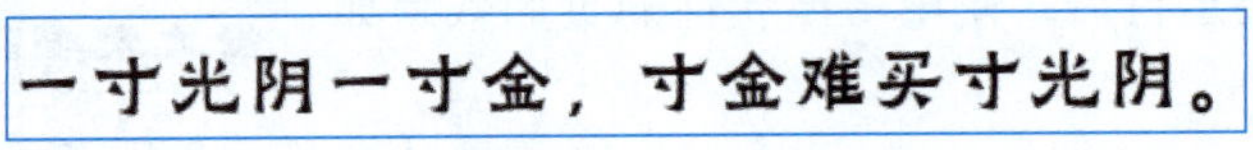

一寸光阴一寸金，寸金难买寸光阴。

图 2-5 使用自定义字体的页面效果

2.4.2 文本属性

CSS 提供了丰富的文本属性，可以帮助开发者轻松地为网页添加多种美观和个性化的文本效果。通过运用这些属性，不仅可以提升文本在网页中的表现力，还可以增加用户对内容的关注度和留存时间。常见的文本属性包括 color 属性、letter-spacing 属性、word-spacing 属性、line-height 属性、text-transform 属性等，下面分别进行讲解。

1. color 属性

color 属性用于设置文本颜色，常见的属性值有四种，分别是预定义的颜色名称、十六进制颜色值、RGB 值和 RGBA 值，具体如下：

① 预定义的颜色名称：例如，red、green、blue，分别表示红色、绿色和蓝色。

② 十六进制颜色值：由 # 开头的 6 位十六进制数值组成，每 2 位数值表示 1 个颜色分量，从左到右依次为红、绿、蓝，每个颜色分量的取值为 00～FF。若 3 个颜色分量的 2 位十六进制数值都相等，则可以简写。例如，#FF0000（简写为 #F00）表示红色；#FF6600（简写为 #F60）表示橙色，#29D794 表示青色等。需要注意的是，在书写十六进制颜色值时，英文字母不区分大小写。

③ RGB 值：RGB 使用 rgb(r, g, b) 格式表示，其中 r、g 和 b 分别是红、绿、蓝三个颜色通道的分量值。每个分量的取值范围为 0 到 255 的整数，或 0% 到 100% 的百分比数。例如，

rgb(255, 0, 0) 和 rgb(100%, 0%, 0%) 都代表红色。

④ RGBA 值：在 RGBA 中，除了红、绿、蓝三个颜色通道外，还有一个透明度通道。RGBA 使用 rgb(r, g, b, a) 格式表示，其中 a 是透明度分量值。透明度分量的取值范围为 0 到 1，其中 0 表示完全透明，1 表示完全不透明。例如，rgba(255, 0, 0, 0.5) 和 rgba(100%, 0%, 0%, 0.5) 都表示红色，并且透明度都为 0.5，表示半透明状态。

2. letter-spacing属性

letter-spacing 属性用于设置字符间距，其语法格式如下：

```
letter-spacing: normal | 长度;
```

在上述语法格式中，letter-spacing 属性值有两种，具体如下：

① normal：默认值，表示使用正常的字符间距。

② 长度：可以是不同单位的正值或负值。当长度为负值时，表示缩小字符间距，当长度为正值时，表示增大字符间距。

3. word-spacing属性

word-spacing 属性用于设置英文单词之间的距离，对中文字符无效，其语法格式如下：

```
word-spacing: normal | 长度;
```

在上述语法格式中，word-spacing 属性值有两种，具体如下：

① normal：默认值，表示单词间距正常显示。

② 长度：可以是不同单位的正值或负值。当长度为负值时，表示缩小单词间距；当长度为正值时，表示增大单词间距。

值得一提的是，word-spacing 属性只会影响到相邻单词之间的距离，而不会影响到单个单词内部的间距。

4. line-height属性

line-height 属性用于设置行高，即文本内容之间行与行的间距，其语法格式如下：

```
line-height: normal | 数字 | 长度 | 百分比;
```

在上述语法格式中，line-height 属性值有四种，具体如下：

① normal：浏览器默认行高，通常由字体及其相关属性决定的。

② 数字：表示行高的倍数，例如：line-height: 1.5 表示行高为当前字体的字号的 1.5 倍，对于 font-size 为 16 px 的元素，行高将是 24 px。

③ 长度：表示具体的行高，可以使用不同单位的数值，例如，line-height: 24px，表示行高为 24 像素。

④ 百分比：相对于当前字体的字号的百分比。例如：line-height: 150%，对于 font-size 为 16 px 的元素，行高将是 24 px。

5. text-transform属性

text-transform 属性用于设置英文字符的大小写转换，其语法格式如下：

```
text-transform: none | uppercase | lowercase | capitalize;
```

在上述语法格式中，可选值包括 none、uppercase、lowercase 和 capitalize，具体介绍如下：
① none：默认值，表示不进行转换。
② uppercase：表示将所有英文字符转换为大写。
③ lowercase：表示将所有英文字符转换为小写。
④ capitalize：表示将每个单词的首字母转换为大写，其他的字母保持不变。

6．text-decoration属性

text-decoration 属性用于设置文本的装饰效果，其语法格式如下：

```
text-decoration: none | underline | overline | line-through;
```

在上述语法格式中，可选值包括 none、underline、overline 和 line-through，具体介绍如下：
① none：默认值，表示没有文本装饰。
② underline：表示在文本下方添加下划线。
③ overline：表示在文本上方添加上划线。
④ line-through：表示为文本添加删除线。

text-decoration 属性可以接收多个属性值，用于给文本添加多种装饰效果。例如，text-decoration: underline overline; 表示文本同时具有下划线和上划线效果。

7．text-shadow属性

text-shadow 属性用于设置文本的阴影效果，其语法格式如下：

```
text-shadow: h-shadow v-shadow blur color;
```

在上述语法格式中，h-shadow 用于设置阴影的水平偏移距离；v-shadow 用于设置阴影的垂直偏移距离；blur 用于设置阴影的模糊半径；color 用于设置阴影的颜色。

text-shadow 属性可以为文本添加多个阴影，从而产生阴影叠加的效果。要设置阴影叠加效果，可以使用英文逗号","分隔多个 text-shadow 的值。每个值都表示一个阴影效果，后面的阴影会叠加在前面的阴影上。例如，text-shadow: 2px 2px 4px #000, -2px -2px 4px #fff; 表示文本同时显示一个向右下方偏移的黑色阴影和一个向左上方偏移的白色阴影，产生阴影叠加的效果。

8．text-align属性

text-align 属性用于设置文本的水平对齐方式，其语法格式如下：

```
text-align: left | center | right;
```

在上述语法格式中，可选值包括 left、center 和 right，具体介绍如下：
① left：默认值，表示将文本左对齐。
② center：表示将文本居中对齐。
③ right：表示将文本右对齐。

9．text-indent属性

text-indent 属性用于设置首行文本的缩进，其语法格式如下：

```
text-indent: 长度 | 百分比;
```

在上述语法格式中，text-indent 属性值有两种，具体如下：

① 长度：表示具体的缩进值，可以使用不同单位的数值，例如，text-indent: 10px，表示缩进 10 px。

② 百分比：相对于父元素宽度的百分比作为缩进值，例如，text-indent: 50%，表示缩进为父元素宽度的 50%。

10. white-space属性

在 HTML 中，默认情况下，浏览器会将连续的空格合并为一个空白符，并在渲染时忽略多余的空格。然而，在某些情况下，可能需要保留多个空格，这时可以使用 CSS 的 white-space 属性来设置空白符的处理方式。

white-space 属性的语法格式如下。

```
white-space: normal | pre | nowrap;
```

在上述语法格式中，可选值包括 normal、pre 和 nowrap，具体介绍如下：

① normal：默认值，表示文本中的空格和空行都被忽略，连续的空格将合并为一个空白符，只显示一个空白符。文本超出容器的边界后会自动换行。需要注意的是，normal 并不会忽略空格本身，只会合并连续的空格。

② pre：表示空格和换行符都会被保留并按照源代码的格式显示。

③ nowrap：表示合并所有空格为一个空白符，强制文本不能自动换行。如果文本内容超出元素的边界，则会出现滚动条。

11. text-overflow属性

text-overflow 属性用于处理溢出的文本，其语法格式如下：

```
text-overflow: clip | ellipsis;
```

在上述语法格式中，可选值包括 clip 和 ellipsis，具体介绍如下：

① clip：默认值，表示文本内容超出容器宽度时会被裁剪，隐藏超出部分。

② ellipsis：表示使用省略符号"…"替代被裁剪文本，省略符号插入的位置在最后一个字符处。

12. overflow-wrap属性

overflow-wrap 属性用于控制一个完整的单词无法在一行放置而溢出时的换行方式，其语法格式如下：

```
overflow-wrap: normal | break-word | anywhere;
```

在上述语法格式中，可选值包括 normal、break-word 和 anywhere，具体介绍如下：

① normal：默认值，表示不拆分长单词，将保留长单词的完整性。如果一个单词太长而无法放在一行上，它将溢出到容器外部。

② break-word：表示拆分超长的单词以适应容器宽度。如果一个单词太长而无法放在一行上，它将被拆分为多个行来适应容器的宽度。

③ anywhere：表示允许单词在任何字符位置断行。它会在单词的任意字符位置进行断行，以适应容器的宽度。

13. word-break属性

word-break 属性用于设置是否允许在单词内部换行，其语法格式如下：

```
word-break: normal | break-all | keep-all;
```

在上述语法格式中，可选值包括 normal、break-all 和 keep-all，具体介绍如下：
① normal：默认值，表示在单词内部不允许换行，只能在单词之间换行。
② break-all：表示允许在单词内换行。
③ keep-all：表示不允许在任何位置换行。

下面通过代码演示 color 属性、text-align 属性和 text-decoration 属性的使用，示例代码如下：

```
1   <head>
2     <style>
3       div {
4         width: 500px;
5         text-align: center;
6       }
7       h2 {
8         color: red;
9       }
10      p:nth-of-type(2) {
11        text-decoration: underline;
12      }
13    </style>
14  </head>
15  <body>
16    <div>
17      <h2>《无题》</h2>
18      <p> 相见时难别亦难，东风无力百花残。</p>
19      <p> 春蚕到死丝方尽，蜡炬成灰泪始干。</p>
20      <p> 晓镜但愁云鬓改，夜吟应觉月光寒。</p>
21      <p> 蓬山此去无多路，青鸟殷勤为探看。</p>
22    </div>
23  </body>
```

在上述示例代码中，第 3～6 行代码设置 div 元素的样式，包括宽度为 500 px 和将文本居中对齐；第 7～9 行代码设置 h2 元素的文本颜色为红色；第 10～12 行代码选择文档中的第二个段落元素，并在文本下方添加下划线。

上述示例代码运行后，使用文本属性的页面效果如图 2-6 所示。

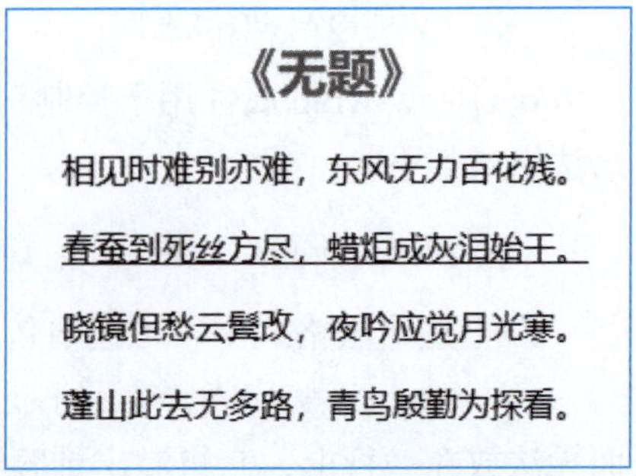

图 2-6　使用文本属性的页面效果

2.4.3 列表属性

CSS 提供的列表属性，能够单独定义列表的项目符号。常用的列表属性见表 2-4。

表 2-4 常用的列表属性

属 性	说 明
list-style-type	用于设置列表项目符号的类型
list-style-image	用于为各个列表项设置图像符号，属性值为图像的 URL（即 url()）
list-style-position	用于设置列表项目符号的位置，属性值为 outside（默认值）、inside，分别表示列表项符号位于列表文本以外、列表项目符号位于列表文本以内

list-style-type 属性的常用属性值见表 2-5。

表 2-5 list-style-type 属性的常用属性值

属 性 值	说 明	属 性 值	说 明
none	不使用项目符号（无序列表和有序列表通用）	upper-roman	大写罗马数字（有序列表使用）
disc	实心圆（无序列表使用）	lower-alpha	小写英文字母（有序列表使用）
circle	空心圆（无序列表使用）	upper-alpha	大写英文字母（有序列表使用）
square	实心方块（无序列表使用）	lower-latin	小写拉丁字母（有序列表使用）
decimal	阿拉伯数字（有序列表使用）	upper-latin	大写拉丁字母（有序列表使用）
lower-roman	小写罗马数字（有序列表使用）	decimal-leading-zero	以 0 开头的阿拉伯数字（有序列表使用）

下面通过代码演示列表属性的使用，示例代码如下：

```
1  <head>
2    <style>
3      ul li {
4        list-style-type: square;
5        list-style-position: inside;
6      }
7      .item {
8        list-style-image: url("images/java.png");
9      }
10   </style>
11 </head>
12 <body>
13   <ul>
14     <li class="item">Java</li>
15     <li>HTML</li>
16     <li>CSS</li>
17     <li>JavaScript</li>
18   </ul>
19 </body>
```

在上述示例代码中，第 3～6 行代码用于设置 ul 元素中的 li 元素的样式，包括列表项目符号为实心方块、列表项目符号位于列表文本以内；第 7～9 行代码用于设置具有 .item 类的元素的样式，包括列表项目符号为图像。

上述示例代码运行后，使用列表属性的页面效果如图 2-7 所示。

2.4.4 背景属性

在浏览网站时，合理的背景和文字颜色搭配对于提高用户体验至关重要。例如，柔和的蓝色背景与黑色文字的组合可以使文字内容更加清晰易读，这种色彩对比有助于吸引用户的注意力，并使内容更易于理解。

图 2-7 使用列表属性的页面效果

在 CSS 中，提供了一系列背景属性，通过使用背景属性，开发人员可以轻松地为网页元素设置合适的背景。常见的背景属性有 background-color 属性、background-image 属性、background-repeat 属性、background-position 属性、background-size 属性和 background 属性，下面分别进行讲解。

1. background-color属性

background-color 属性用于设置元素的背景颜色。background-color 属性的取值与 color 属性相似，常见的属性值有四种，分别是预定义的颜色名称、十六进制颜色值、RGB 值和 RGBA 值。需要注意的是，background-color 属性的默认值是 transparent，意味着如果没有为元素设置背景颜色，它的背景将是透明的。

2. background-image属性

background-image 属性用于设置元素的背景图像，其语法格式如下：

```
background-image: none | url();
```

在上述语法格式中，none 为默认值，表示没有背景图像；url() 表示使用相对或绝对地址指定背景图像。

3. background-repeat属性

在默认情况下，背景图像会自动向水平和垂直两个方向重复平铺。如果不希望背景图像重复平铺，或者只沿某个方向重复平铺，这时可以通过 background-repeat 属性来实现。background-repeat 属性的语法格式如下：

```
background-repeat: repeat | no-repeat | repeat-x | repeat-y;
```

在上述语法格式中，可选值包括 repeat、no-repeat、repeat-x 和 repeat-y，具体介绍如下：
① repeat：默认值，表示背景图像沿水平和垂直两个方向重复平铺。
② no-repeat：表示背景图像不重复平铺，只会在元素的左上角显示一次。
③ repeat-x：表示背景图像在水平方向上重复平铺。
④ repeat-y：表示背景图像在垂直方向上重复平铺。

4. background-position属性

background-position 属性用于设置背景图像的位置，其语法格式如下：

```
background-position: x y;
```

在上述语法格式中，参数 x 和 y 分别表示水平（x 轴）和垂直（y 轴）方向的位置。参数值可以是方位名词（top、bottom、center、left、right）或精确单位（如像素、百分比）。

background-position 属性的默认值是"0% 0%"，即背景图像从左上角开始定位。

针对参数值的具体介绍如下：

① 当参数是方位名词时，如果指定了两个值，则两个值前后顺序无关，例如 left top 和 top left 效果一致；如果只指定了一个方位名词，另一个值省略，则第 2 个值默认居中对齐，例如 background-position: top; 表示背景图像顶部对齐且水平居中显示。

② 当参数是精确单位时，如果指定了两个值，则第 1 个值表示 x 坐标，第 2 个值表示 y 坐标；如果只指定了一个值，则该值表示 x 坐标，另一个值默认垂直居中对齐，例如 background-position: 20px; 表示背景图像距离元素的左侧为 20 像素，且垂直居中显示。

③ 当参数是混合使用精确单位和方位名词时，如果指定了两个值，则第 1 个值表示 x 坐标，第 2 个值表示 y 坐标，例如 background-position: 20px center; 表示背景图像距离元素的左侧为 20 像素，且垂直居中显示。

5. background-size属性

background-size 属性用于设置背景图像大小，其语法格式如下：

```
background-size: 属性值1 属性值2;
```

在上述语法格式中，background-size 属性的默认值为"auto auto"，属性值可以设置 1～2 个，当设置 1 个值时，这个值用于定义背景图像的宽度，图像的高度会被设置为 auto；当设置 2 个值时，第 1 个值用于定义背景图像的宽度，第 2 个值用于定义背景图像的高度。

常见的 background-size 属性的取值如下：

① cover：图像会被等比例缩放以完全覆盖背景区域，可能导致部分图像被裁剪。

② contain：图像会被等比例缩放以完全包含在背景区域内，可能在背景区域的一侧留有空白区域。

③ 具体的宽度值和高度值，如像素值或百分比值，用于直接控制图像的宽度和高度。

6. background属性

background 属性是一个复合属性，用于同时设置 background-color、background-image、background-repeat、background-position 和 background-size 这五个属性，其语法格式如下：

```
background: color image repeat position / size;
```

在上述语法格式中，各个参数的书写顺序没有先后之分。如果省略某个参数，将会使用它们的默认值。

下面对 background 属性的各个参数进行讲解：

- color：指定元素的背景颜色。
- image：指定元素的背景图像。
- repeat：指定元素的背景图像的平铺方式。
- position：指定背景图像的位置。
- size：指定背景图像大小。

例如，使用 background-color 属性、background-image 属性、background-repeat 属性、

background-position 属性和 background-size 属性为 div 元素添加背景图像，设置背景颜色为白色，背景图像为名为 image.jpg 的图像文件，背景图像不进行重复平铺，背景图像在水平和垂直方向上居中对齐，同时保持图像的宽度和高度比例，以便完全覆盖整个背景区域，示例代码如下：

```
div {
  background-color: #fff;
  background-image: url("image.jpg");
  background-repeat: no-repeat;
  background-position: center center;
  background-size: cover;
}
```

上述示例代码可以直接使用 background 属性实现，示例代码如下：

```
div {
  background: #fff url("image.jpg") no-repeat center center / cover;
}
```

2.4.5 渐变属性

在 CSS3 之前，实现两种或多种颜色间的流畅过渡通常需要使用背景图像，但这种方式比较烦琐且不够灵活。而 CSS3 中提供了渐变属性，使得可以直接在 CSS 中创建平滑的色彩过渡，无须依赖背景图像。这为开发者提供了更多的灵活性和便利性，让实现各种颜色过渡效果变得更加简单。

渐变可以包括线性渐变、径向渐变和重复渐变，下面分别进行讲解。

1. 线性渐变

在线性渐变过程中，初始颜色会沿着一条直线按设定的顺序过渡到结束颜色。在 CSS3 中，可以通过将 background-image 属性值设置为 linear-gradient() 函数实现线性渐变效果，其语法格式如下：

```
background-image: linear-gradient(
  [渐变角度,]
  颜色1 [终点位置],
  颜色2 [终点位置],
  ……
  颜色n [终点位置]
);
```

在上述语法格式中，[] 内的参数表示可选参数。终点位置为一个百分比值，用于标识颜色渐变的位置，百分比值与颜色之间用空格隔开。

下面对 linear-gradient() 函数的各个参数进行详细讲解。

① 渐变角度：渐变角度是指水平线与渐变线之间的夹角，可以是以 deg（度）为单位的角度值或 to（可以理解为"到"的意思）加上方位名词（如 top、bottom、left、right 等），0deg 对应 to top，可以理解为以底部为起点到顶部的渐变；90deg 对应 to right，可以理解为以左侧为起点到右侧的渐变；180deg 对应 to bottom，可以理解为以顶部为起点到底部的渐变；270deg 对应 to left，可以理解为以右侧为起点到左侧的渐变。整个过程以 bottom 为

起点顺时针旋转。如果未设置渐变角度，则默认为 180deg。渐变角度的变化过程如图 2-8 所示。

② 颜色：用于设置渐变颜色，其中颜色 1 表示初始颜色，颜色 n 表示结束颜色。初始颜色和结束颜色之间可以添加多个颜色，各颜色之间使用","隔开。

使用 linear-gradient() 函数的示例代码如下：

```
1   /* 渐变角度为 45deg，从灰色到黑色的线性渐变 */
2   linear-gradient(45deg, #c7c6c6, #000)
3   /* 从右到左，从灰色渐变到黑色 */
4   linear-gradient(to left, #c7c6c6, #000);
5   /* 从下到上，从灰色过渡到黑色，黑色由 40% 的位置开始出现渐变，最后以灰色结束渐变 */
6   linear-gradient(0deg, #c7c6c6, #000 40%,#c7c6c6);
```

上述示例代码对应的线性渐变效果如图 2-9 所示。

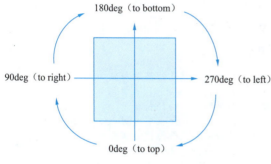

图 2-8　渐变角度的变化过程

图 2-9　线性渐变效果

2. 径向渐变

在实际开发中，径向渐变常用于为按钮添加高光效果。在径向渐变过程中，初始颜色会从一个中心点开始，按照椭圆或圆形形状进行扩张渐变。在 CSS3 中，可以通过将 background-image 属性值设置为 radial-gradient() 函数实现径向渐变效果，其语法格式如下：

```
background-image: radial-gradient(
    [[渐变形状] [at 圆心位置],]
    颜色1 [终点位置],
    颜色2 [终点位置],
    ……
    颜色n [终点位置]
);
```

在上述语法格式中，[] 内的参数表示可选参数。终点位置用于标识颜色渐变的位置，以百分比值表示，百分比值和颜色之间用空格隔开。

下面对 radial-gradient() 函数的各个参数进行详细讲解：

① 渐变形状：用于定义径向渐变的形状，其取值既可以是定义水平和垂直半径的像素值或百分比值，也可以是 ellipse（默认值）和 circle。

- 像素值或百分比值：用于定义渐变形状的水平半径和垂直半径。例如，"30px 50px"表示水平半径为 30 px，垂直半径为 50 px 的椭圆形。
- ellipse：表示椭圆形的径向渐变。

- circle：表示圆形的径向渐变。

② 圆心位置：用于确定元素径向渐变的中心位置。使用 at 加上关键词或属性值来定义径向渐变的中心位置。圆心位置的属性值类似于 CSS 属性中 background-position 属性的属性值，如果省略则默认为 center。

圆心位置的属性值有以下几种：
- 像素值或百分比值：用于定义圆心的水平坐标（横坐标）和垂直坐标（纵坐标）。
- left：设置左边为径向渐变圆心的横坐标值。
- center：设置中间为径向渐变圆心的横坐标值或纵坐标值。
- right：设置右边为径向渐变圆心的横坐标值。
- top：设置顶部为径向渐变圆心的纵坐标值。
- bottom：设置底部为径向渐变圆心的纵坐标值。

③ 颜色：用于设置渐变颜色，其中颜色 1 表示初始颜色，颜色 n 表示结束颜色。初始颜色和结束颜色之间可以添加多个颜色，各颜色之间使用","隔开。

使用 radial-gradient() 函数的示例代码如下：

```
/* 渐变形状为椭圆形，径向渐变位置在容器中心，从白色到黑色的径向渐变 */
background-image: radial-gradient(white, black)
/* 渐变形状为圆形，径向渐变位置在容器底部，从白色到黑色的径向渐变 */
background-image: radial-gradient(circle at bottom, white, black);
/* 渐变形状为椭圆形，径向渐变位置在容器底部，从白色到黑色的径向渐变 */
background-image: radial-gradient(at bottom,white, black)
```

上述示例代码对应的径向渐变效果如图 2-10 所示。

3. 重复渐变

在网页设计中，经常会遇到在一个背景上重复应用渐变模式的情况，这时就需要使用重复渐变实现。重复渐变包括重复线性渐变和重复径向渐变，具体介绍如下：

图 2-10　径向渐变效果

① 重复线性渐变。在 CSS3 中，可以通过设置 background-image 属性的值为 repeating-linear-gradient() 函数来实现重复线性渐变。repeating-linear-gradient() 函数的参数取值与 linear-gradient() 函数相同。

② 重复径向渐变。在 CSS3 中，可以通过设置 background-image 属性的值为 repeating-radial-gradient() 函数来实现重复线性渐变。repeating-radial-gradient() 函数的参数取值与 radial-gradient() 函数相同。

下面通过代码演示重复线性渐变的使用，示例代码如下：

```
1  <head>
2    <style>
3      body {
4        background-color: black;
5      }
6      div {
7        width: 600px;
8        height: 200px;
```

```
9            background-image: repeating-linear-gradient(90deg, gray, gray 20px, white 20px, white 40px);
10         }
11       </style>
12    </head>
13    <body>
14       <div></div>
15    </body>
```

在上述示例代码中，第 6 ~ 10 行代码为 div 元素定义一个渐变角度为 90deg 的从灰色到白色的线性渐变，颜色在每 20px 的位置发生变化，以形成灰色和白色条纹的效果。

上述示例代码运行后，重复线性渐变的页面效果如图 2-11 所示。

图 2-11　重复线性渐变的页面效果

2.4.6　显示属性

网页通常由各种块元素、行内元素等组成，这些元素以特定的方式排列和展示。如果希望行内元素具有块元素的某些特性（例如，可以设置宽高），或者需要块元素具有行内元素的某些特性（例如，不独占一行排列），可以使用显示属性 display 更改元素在页面中的显示方式。display 属性常用的属性值及含义如下：

① none：用于将元素隐藏，并且不占用页面空间。

② block：用于将元素设置为块元素。

③ inline：用于将元素设置为行内元素。

④ inline-block：用于将元素设置为行内块元素。

⑤ flex：用于将元素设置为弹性盒容器，使其成为弹性布局的容器。

下面通过代码演示 display 属性的使用，示例代码如下：

```
1   <head>
2     <style>
3       span {
4         width: 80px;
5         height: 40px;
6         border: 1px solid #333;
7       }
8       .modify {
9         display: inline-block;
10      }
11      .delete {
12        display: block;
13      }
14    </style>
15  </head>
16  <body>
17    <span> 新增 </span>
18    <span class="modify"> 修改 </span>
19    <span> 查询 </span>
20    <span class="delete"> 删除 </span>
21  </body>
```

在上述示例代码中，第 3 ~ 7 行代码定义 span 元素的样式，包括宽度、高度和边框；第 8 ~ 10 行代码用于将具有 .modify 类的元素设置为行内块元素；第 11 ~ 13 行代码用于将具有 .delete 类的元素设置为块元素。

上述示例代码运行后，元素显示效果如图 2-12 所示。

从图 2-12 可以看出，"新增""修改""查询"显示在同一行，而"删除"则单独一行显示。同时，"修改"和"删除"具有指定的宽度和高度。

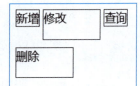

图 2-12 元素显示效果

2.4.7 浮动属性

在 CSS 中，浮动属性允许元素沿其容器的左侧或右侧浮动，从而实现多栏布局、图文混排等效果。然而，浮动元素会脱离正常的标准流（标准流指元素排版布局过程中会自动从左到右、从上到下排列）的控制，移动到其父元素中指定位置，这可能影响周围元素的布局。因此，除了了解如何设置浮动属性之外，清除浮动同样至关重要。下面分别讲解如何为元素设置浮动以及清除浮动。

1. 设置浮动

在 CSS 中，float 属性用于设置元素的浮动方式，其可选值如下：

① none：默认值，表示元素不浮动。
② left：表示元素向左浮动，显示在父级元素的最左边。
③ right：表示元素向右浮动，显示在父级元素的最右边。
④ inherit：继承父元素的浮动属性。

下面通过代码演示如何使用浮动实现图文混排，示例代码如下：

```
1  <head>
2    <style>
3      img {
4        float: left;
5      }
6    </style>
7  </head>
8  <body>
9    <img src="images/ShadowPuppets.png" width="300" height="100">
10   <p>皮影戏，旧称"影子戏"或"灯影戏"，是一种用蜡烛或燃烧的酒精等光源照射兽皮或纸板做成的人物剪影以表演故事的民间戏剧。表演时，艺人们在白色幕布后面，一边操纵戏曲人物，一边用当地流行的曲调唱述故事（有时用方言），同时配以打击乐器和弦乐，有浓厚的乡土气息。在河南、山西、陕西、甘肃天水等地的农村，这种拙朴的汉族民间艺术形式很受人们的欢迎。</p>
11 </body>
```

在上述示例代码中，第 3 ~ 5 行代码设置 img 元素向左浮动。

上述示例代码运行后，图文混排的效果如图 2-13 所示。

图 2-13 图文混排的效果

2. 清除浮动

清除浮动是消除浮动元素对其他元素的影响。通过清除浮动，可以使父级元素重新自动扩展其高度以包裹浮动的子元素，从而恢复正常的页面布局。

在 CSS 中，可以使用 clear 属性清除浮动。clear 属性的语法格式如下：

```
clear: none | left | right | both;
```

在上述语法格式中，none 为默认值，表示不清除浮动的影响；left 表示清除左侧浮动的影响；right 表示清除右侧浮动的影响；both 表示同时清除左、右两侧浮动的影响。

下面通过代码演示如何使用 clear 属性来清除浮动，示例代码如下：

```
1  <head>
2    <style>
3      .info {
4        float: left;
5      }
6      .content {
7        clear: left;
8      }
9    </style>
10 </head>
11 <body>
12   <h1 class="info">《登鹳雀楼》</h1>
13   <div class="content">
14     <p>白日依山尽，黄河入海流。</p>
15     <p>欲穷千里目，更上一层楼。</p>
16   </div>
17 </body>
```

在上述示例代码中，第 3~5 行代码用于将具有 .info 类的元素设置为向左浮动；第 6~8 行代码用于清除具有 .content 类的元素的左浮动影响。为了测试清除浮动前后的效果，可以将第 6~8 行的代码注释掉以观察元素清除浮动前的效果，然后取消注释以观察元素清除浮动后的效果。

上述示例代码运行后，使用 clear 属性清除浮动前与清除浮动后的页面效果如图 2-14 所示。

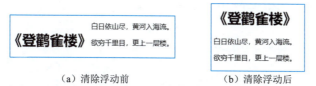

（a）清除浮动前　　　　　　（b）清除浮动后

图 2-14　使用 clear 属性清除浮动前与清除浮动后的页面效果

需要说明的是，clear 属性只能清除元素左、右两侧浮动的影响。但在实际开发中，经常会遇到一些特殊的情况。例如，当一个父元素包含浮动的子元素时，如果父元素没有设置高度，浮动的子元素无法撑开父元素的高度，这可能会导致页面布局错乱，那么对于这种情况该如何清除浮动呢？

为了帮助读者在工作中可以轻松清除一些特殊的浮动，下面总结了三种常见的清除浮动的方法，具体介绍如下：

（1）通过添加空标签并设置 clear 属性清除浮动

通过在最后一个浮动的子元素的后面添加一个空标签，同时为该标签设置 clear 属性，将其属性值设置为 both，以清除浮动元素所产生的效果。需要注意的是，空标签必须是块级元素，而不能是行内元素。此外，这种方法的缺点是会在文档中增加无意义的标签。

下面通过代码演示如何使用空标签清除浮动，示例代码如下：

```
1   <head>
2     <style>
3       .top {
4         background-color: orange;
5       }
6       .float-left, .float-right {
7         width: 100px;
8         height: 100px;
9         background-color: black;
10        color: white;
11        text-align: center;
12        line-height: 100px;
13      }
14      .float-left {
15        float: left;
16      }
17      .float-right {
18        float: right;
19      }
20      .bottom {
21        height: 15px;
22        background-color: #999;
23      }
24      .clearfix {
25        clear: both;
26      }
27    </style>
28  </head>
29  <body>
30    <div class="top">
31      <div class="float-left">左侧</div>
32      <div class="float-right">右侧</div>
33      <div class="clearfix"></div>
34    </div>
35    <div class="bottom"></div>
36  </body>
```

在上述示例代码中，第 14～16 行代码用于将具有 .float-left 类的元素设置为向左浮动；第 17～19 行代码用于将具有 .float-right 类的元素设置为向右浮动；第 24～26 行代码用于清除具有 .clearfix 类的元素的左、右两侧浮动的影响；第 33 行代码定义空标签，并添加 .clearfix 类。为了测试清除浮动前后的效果，可以将第 24～26 行的代码注释掉以观察元素清除浮动前的效果，然后取消注释以观察元素清除浮动后的效果。

上述示例代码运行后，使用空标签清除浮动前与清除浮动后的页面效果如图 2-15 所示。

（a）清除浮动前　　　　　　　　　　　　　（b）清除浮动后

图 2-15　使用空标签清除浮动前与清除浮动后的页面效果

从图 2-15 可以看出，清除浮动后，父元素被其子元素撑开了，说明子元素的浮动对父元素的影响已经不存在。

（2）通过 ::after 伪元素搭配 clear 属性清除浮动

使用 ::after 伪元素清除浮动的实现原理与使用空标签清除浮动的原理类似。区别在于使用空标签清除浮动是在结构中插入一个没有内容的标签，而使用 ::after 伪元素清除浮动则是在元素内容后增加一个类似空标签的效果。

下面通过代码演示如何使用伪元素法来清除浮动，示例代码如下：

```
1  <head>
2    <style>
3      .clearfix::after {
4        content: "";
5        display: block;
6        clear: both;
7      }
8      .top {
9        background-color: orange;
10     }
11     .float-left, .float-right {
12       width: 100px;
13       height: 100px;
14       background-color: black;
15       color: white;
16       text-align: center;
17       line-height: 100px;
18     }
19     .float-left {
20       float: left;
21     }
22     .float-right {
23       float: right;
24     }
25     .bottom {
26       height: 15px;
27       background-color: #999;
28     }
29   </style>
30 </head>
31 <body>
32   <div class="top clearfix">
33     <div class="float-left"> 左侧 </div>
34     <div class="float-right"> 右侧 </div>
35   </div>
36   <div class="bottom"></div>
37 </body>
```

在上述示例代码中，第 3～7 行代码用于使用伪元素清除浮动。其中，第 3 行代码 .clearfix 类是用于清除浮动的类名；第 4 行代码用于设置内容为空字符串；第 5 行代码用于设置伪元素为块级元素，因为默认情况下伪元素是行内元素，不能用于清除浮动；第 6 行代码用于清除元素左右两侧的浮动；第 32 行代码为父元素添加 .top 和 .clearfix 类。为了测试清除浮动前后的效果，可以将第 3～7 行的代码注释掉以观察元素清除浮动前的效果，然后取消注释以观察元素清除浮动后的效果。

上述示例代码运行后，使用伪元素清除浮动前和清除浮动后的页面效果请参考图 2-15 所示。

（3）使用 overflow 属性清除浮动

在 CSS 中，overflow 属性用于控制元素内容溢出容器时的显示方式。常见的属性值包括 visible（允许内容溢出容器可见）、hidden（隐藏溢出内容）、clip（修剪溢出内容）、scroll（始终显示滚动条）和 auto（根据需要自动添加滚动条）。

通过为父元素添加 overflow 属性，并将其属性值设置为 hidden、auto 或 scroll 可以确保父元素能够正确地包裹其浮动的子元素，从而达到清除浮动的效果。需要注意的是，这种方法可能会导致内容被截断或出现滚动条。

下面通过代码演示如何使用 overflow 属性来清除浮动，示例代码如下：

```
1   <head>
2     <style>
3       .top {
4         background-color: orange;
5         overflow: hidden;
6       }
7       .float-left, .float-right {
8         width: 100px;
9         height: 100px;
10        background-color: black;
11        color: white;
12        text-align: center;
13        line-height: 100px;
14      }
15      .float-left {
16        float: left;
17      }
18      .float-right {
19        float: right;
20      }
21      .bottom {
22        height: 15px;
23        background-color: #999;
24      }
25    </style>
26  </head>
27  <body>
28    <div class="top">
29      <div class="float-left">左侧</div>
30      <div class="float-right">右侧</div>
31    </div>
```

```
32      <div class="bottom"></div>
33  </body>
```

在上述示例代码中，第 5 行代码为具有 .top 类的元素设置 overflow 属性值为 hidden，用于清除子元素浮动对父元素的影响。

上述示例代码运行后，使用 overflow 属性清除浮动前和清除浮动后的页面效果请参考图 2-15。

2.4.8 定位属性

在网页开发中，如果需要将某个元素放置在网页中的特定位置，就需要对元素进行精确定位。在精确定位元素时，需要设置定位模式和边偏移，下面分别进行讲解。

1. 定位模式

在 CSS 中，position 属性用于设置元素的定位模式，可选值如下：

① static：默认值，表示将元素设置为静态定位。

② relative：表示将元素设置为相对定位，即相对于元素自身在正常文档流中的位置进行定位。

③ absolute：表示将元素设置为绝对定位，即相对于最近的非静态定位祖先元素进行定位。

④ fixed：表示将元素设置为固定定位，即相对于浏览器窗口进行定位。

⑤ sticky：表示将元素设置为黏性定位，会根据用户滚动的位置来定位。

2. 边偏移

定位模式仅用于设置元素以哪种模式定位，并不能确定元素的具体位置。在 CSS 中，通过边偏移属性可以精确定位元素的位置。边偏移属性见表 2-6。

表 2-6　边偏移属性

边偏移属性	描　　述
top	用于设置顶部偏移量，定义元素相对于其参照元素上边线的距离
bottom	用于设置底部偏移量，定义元素相对于其参照元素下边线的距离
left	用于设置左侧偏移量，定义元素相对于其参照元素左边线的距离
right	用于设置右侧偏移量，定义元素相对于其参照元素右边线的距离

边偏移属性的取值可以是不同单位的数值或百分比值。

下面通过代码演示如何使用黏性定位，示例代码如下：

```
1   <head>
2     <style>
3       dt {
4         background: #b8c1c8;
5         border-bottom: 1px solid #007fff;
6         border-top: 1px solid #007fff;
7         color: #fff;
8         font-weight: bold;
9         line-height: 24px;
```

```
10        padding: 10px 20px;
11        position: sticky;
12        top: 0;
13      }
14      dd {
15        margin: 0;
16        padding: 10px 0;
17        border-bottom: 1px solid #ccc;
18      }
19    </style>
20  </head>
21  <body>
22    <dl>
23      <dt>古诗列表</dt>
24      <dd>《将进酒》</dd>
25      <dd>《静夜思》</dd>
26      <dd>《江雪》</dd>
27      <dd>《鹿柴》</dd>
28      <dd>《登鹳雀楼》</dd>
29      <dd>《送杜少府之任蜀州》</dd>
30    </dl>
31  </body>
```

在上述示例代码中，第 11 行和第 12 行代码用于设置 dt 元素为黏性定位，并将其位置固定在距离视口顶部 0 px 的位置。这样，当页面向下滚动并超过 dt 元素的高度时，dt 元素会一直保持在页面顶部显示。一旦滚动到达顶部位置，dt 元素将停留在那里不再移动。

上述示例代码运行后，实现黏性定位的初始页面效果如图 2-16 所示。

将浏览器视口高度调整到小于页面内容的高度，滑动浏览器的滚动条，黏性定位的效果如图 2-17 所示。

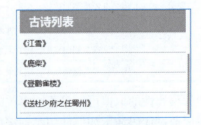

图 2-16 实现黏性定位的初始页面效果   图 2-17 黏性定位的效果

当页面向下滚动并超过"古诗列表"的高度时，可以看到"古诗列表"显示在页面顶部。一旦滚动到达顶部位置，则"古诗列表"将停留在那里不再移动。读者可以通过滑动滚动条来观察黏性定位的效果。

3. 层叠等级属性

当一个父元素中的多个子元素同时被定位时，定位元素之间有可能会发生堆叠，如

图 2-18 所示。

在 CSS 中，z-index 属性用于调整具有定位属性的元素的堆叠顺序。z-index 属性的取值可以是正整数、负整数或 0，默认为 0。z-index 属性的值越大，表示该元素在堆叠中的层级就越高。

需要注意的是，z-index 属性仅在元素的 position 属性被设置为 relative、absolute 或 fixed 时有效。

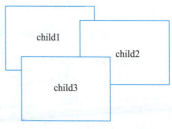

图 2-18 定位元素发生堆叠

2.4.9 过渡属性

CSS3 中新增了过渡属性，它可以为元素从一种样式转变为另一种样式时添加效果，而无须使用 Flash 动画或 JavaScript 脚本。例如，能实现逐渐显示、逐渐隐藏以及速度的变化等效果。

CSS3 的过渡属性包括 transition-property 属性、transition-duration 属性、transition-timing-function 属性、transition-delay 属性和 transition 属性。下面分别对这些属性进行讲解。

1. transition-property 属性

transition-property 属性用于指定应用过渡效果的 CSS 属性的名称，其基本语法格式如下：

```
transition-property: none | all | property;
```

在上述语法格式中，transition-property 属性的取值包括 none、all 和 property，具体说明见表 2-7。

表 2-7 transition-property 属性值

属 性 值	描 述
none	没有属性会获得过渡效果
all	默认值，所有属性都将获得过渡效果
property	定义应用过渡效果的 CSS 属性的名称，例如，width、background、opacity 等属性。多个属性之间以 "," 分隔

例如，指定元素产生过渡效果的 CSS 属性为 background-color，示例代码如下：

```
transition-property: background-color;
```

2. transition-duration 属性

transition-duration 属性用于指定过渡效果持续的时间，其基本语法格式如下：

```
transition-duration: time;
```

在上述语法格式中，参数 time 表示时间，单位可以是秒（s）或毫秒（ms）。若省略该参数，则默认为 0 s，表示过渡效果立即完成，持续时间为 0 s。

若省略该属性，则过渡效果将立即发生，没有持续时间。

例如，指定元素完成过渡效果的时间为 0.5 s，示例代码如下：

```
transition-duration: 0.5s;
```

3. transition-timing-function属性

transition-timing-function 属性用于指定过渡效果的速度曲线，即动画如何在过渡期间变化，其基本语法格式如下：

```
transition-timing-function: linear | ease | ease-in | ease-out | ease-in-out | cubic-bezier(n, n, n, n);
```

在上述语法格式中，transition-timing-function 属性的取值有很多，常见属性值见表 2-8。

表 2-8 transition-timing-function 属性的常见属性值

属 性 值	描 述
linear	指定以相同速度开始至结束的过渡效果
ease	默认值，指定以慢速开始，然后加快，最后慢慢结束的过渡效果
ease-in	指定以慢速开始，然后逐渐加快的过渡效果
ease-out	指定以慢速结束的过渡效果
ease-in-out	指定以慢速开始和结束的过渡效果
cubic-bezier(n, n, n, n)	定义用于加速或者减速的贝塞尔曲线的形状，它们的值为 0～1

在表 2-8 中，最后一个属性值 cubic-bezier(n, n, n, n) 表示贝塞尔曲线取值，使用贝塞尔曲线可以精确控制速度的变化。本书不要求掌握贝塞尔曲线的核心内容，使用前面几个属性值可以满足动画的要求。

例如，指定元素的过渡效果为以慢速开始和结束，示例代码如下：

```
transition-timing-function: ease-in-out;
```

4. transition-delay属性

transition-delay 属性用于指定过渡效果的开始时间，其基本语法格式如下：

```
transition-delay: time;
```

在上述语法格式中，参数 time 表示过渡效果开始前等待的时间，单位可以是秒（s）或毫秒（ms）。若省略该参数，则默认为 0 s，表示过渡效果会立即开始执行，没有延迟。参数值可以为正数或负数。如果参数值为正数，表示过渡效果会在规定的时间之后开始执行；如果参数值为负数，过渡效果会从该时间点开始，之前的动作被截断。

例如设置元素的过渡效果在 2 s 后开始执行的示例代码如下：

```
transition-delay: 2s;
```

5. transition属性

transition 属性是一个复合属性，用于同时设置 transition-property、transition-duration、transition-timing-function 和 transition-delay 这四个过渡属性，其基本语法格式如下：

```
transition: property duration timing-function delay;
```

在上述语法格式中，transition 属性的各个参数必须按照顺序进行定义，不能颠倒。下面对 transition 属性的各个参数进行讲解：
- property：指定应用过渡效果的 CSS 属性的名称，多个名称之间以"，"分隔。
- duration：指定过渡效果持续的时间。
- timing-function：指定过渡效果的速度曲线。
- delay：指定过渡效果的开始时间。

例如，使用 transition-property 属性、transition-duration 属性、transition-timing-function 属性和 transition-delay 属性为 width 属性添加过渡效果，过渡效果持续时间为 3 s，过渡效果以慢速开始，然后逐渐加快。同时，过渡效果会延迟 2 s 后触发，示例代码如下：

```
transition-property: width;
transition-duration: 3s;
transition-timing-function: ease-in;
transition-delay: 2s;
```

上述示例代码可以直接使用 transition 属性实现，示例代码如下：

```
transition: width 3s ease-in 2s;
```

值得一提的是，无论是单独设置过渡属性还是使用复合的 transition 属性，都可以实现多种过渡效果。如果使用 transition 属性设置多种过渡效果，需要为每种过渡属性集中指定所有的值，并且使用"，"进行分隔，示例代码如下：

```
transition: width 1s ease-in-out, height 1s ease-in-out 0.5s;
```

在上述示例代码中，分别为 width 属性和 height 属性添加了过渡效果。

2.4.10 变形属性

在 CSS3 中，可以使用 transform 属性对元素进行 2D 变形或 3D 变形。下面将详细讲解 2D 变形和 3D 变形的相关技巧。

1．2D 变形

在 CSS3 中，2D 变形主要包括平移、缩放、倾斜和旋转等四种变形效果。在进行 2D 变形时，还可以改变变形对象的中心点，从而实现不同的变形效果。下面将详细讲解 2D 变形的技巧。

（1）平移

平移是指元素位置的变化，包括水平移动和垂直移动。在 CSS3 中，使用 translate() 函数可以实现元素的平移效果，translate() 函数的基本语法格式如下：

```
transform: translate(x-value, y-value);
```

在上述语法格式中，参数 x-value 和 y-value 分别表示元素在水平（x 轴）和垂直（y 轴）方向上的移动量。参数值可以是像素值或百分比。其中，x-value 取正值表示向右平移，取负值表示向左平移；y-value 取正值表示向下平移，取负值表示向上平移。如果省略了第 2 个参数，则取默认值 0。

在使用 translate() 函数移动元素时，x 轴和 y 轴的坐标点默认为元素中心点，然后根据指定的水平坐标和垂直坐标进行移动。

例如，将一个元素向右移动 100 px，向下平移 50 px，示例代码如下：

```
transform: translate(100px, 50px);
```

上述示例代码对应的平移效果如图 2-19 所示。

在图 2-19 中，实线表示平移前的元素，虚线表示平移后的元素。

（2）缩放

在 CSS3 中，使用 scale() 函数可以实现元素缩放效果，scale() 函数的基本语法格式如下：

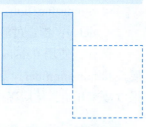

图 2-19　平移效果

```
transform: scale(x-value, y-value);
```

在上述语法格式中，参数 x-value 和 y-value 分别表示元素在水平（x 轴）和垂直（y 轴）方向上的缩放倍数。参数值大于 1 表示放大元素，小于 1 表示缩小元素，等于 1 表示保持原样。如果第 2 个参数省略，则第 2 个参数值默认等于第 1 个参数值。

例如，将元素在水平和垂直方向上均缩放 1.5 倍，示例代码如下：

```
transform: scale(1.5, 1.5);
```

上述示例代码对应的缩放效果如图 2-20 所示。

在图 2-20 中，实线表示放大前的元素，虚线表示放大后的元素。

（3）倾斜

在 CSS3 中，使用 skew() 函数可以实现元素倾斜效果，skew() 函数的基本语法格式如下：

图 2-20　缩放效果

```
transform: skew(x-value, y-value);
```

在上述语法格式中，参数 x-value 和 y-value 分别表示元素在水平（x 轴）和垂直（y 轴）方向上的倾斜角度，以 deg 为单位。其中，x-value 取正值表示向右倾斜，取负值表示向左倾斜；y-value 取正值表示向下倾斜，取负值表示向上倾斜。如果省略了第 2 个参数，则取默认值 0。

例如，将元素向右倾斜 30º，向下倾斜 10º，示例代码如下：

```
transform: skew(30deg, 10deg);
```

上述示例代码对应的倾斜效果如图 2-21 所示。

在图 2-21 中，实线表示倾斜前的元素，虚线表示倾斜后的元素。

（4）旋转

在 CSS3 中，使用 rotate() 函数可以实现元素的旋转效果，rotate() 函数的基本语法格式如下：

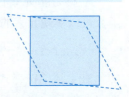

图 2-21　倾斜效果

```
transform: rotate(angle);
```

在上述语法格式中，参数 angle 表示要旋转的角度值，单位为 deg。如果角度为正数，则按照顺时针方向进行旋转，否则按照逆时针方向旋转。

例如，将元素顺时针旋转 45°，示例代码如下：

```
transform: rotate(45deg);
```

上述示例代码对应的旋转效果如图 2-22 所示。

在图 2-22 中，实线表示旋转前的元素，虚线表示旋转后的元素。

（5）更改变形对象的中心点

通过 transform 属性可以实现元素的平移、缩放、倾斜和旋转效果，这些变形操作都是以元素的中心点为参照。默认情况下，元素的中心点在 x 轴和 y 轴 50% 的位置。如果需要改变元素的中心点，可以使用 transform-origin 属性，其基本语法格式如下：

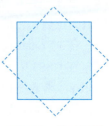

图 2-22　旋转效果

```
transform-origin: x-axis y-axis z-axis;
```

在上述语法格式中，参数 x-axis 和参数 y-axis 分别表示元素在水平（x 轴）和垂直（y 轴）方向上的坐标位置，用于 2D 变形；而参数 z-axis 表示空间纵深坐标位置，用于 3D 变形。这 3 个参数的默认值分别为 50%、50%、0 px。

transform-origin 属性的参数说明见表 2-9。

表 2-9　transform-origin 属性的参数说明

参　　数	描　　述
x-axis	元素被置于 x 轴的位置。属性值可以是以百分比、em、px 等为单位的具体数值，也可以是 top、right、bottom、left 和 center 等关键词
y-axis	元素被置于 y 轴的位置。属性值可以是以百分比、em、px 等为单位的具体数值，也可以是 top、right、bottom、left 和 center 等关键词
z-axis	元素被置于 z 轴的位置。属性值和 x-axis、y-axis 类似，但 z 轴的属性值不能是一个百分数，否则将会视为无效值，通常设置以 px 为单位的数值

2．3D 变形

2D 变形是元素在 x 轴和 y 轴的变化，而 3D 变形是元素围绕 x 轴、y 轴和 z 轴的变化，主要包括平移、缩放、旋转和透视等操作。相比于平面化 2D 变形，3D 变形更注重空间位置的变化。下面将对常见的转换函数和转换属性进行讲解。

（1）rotateX()

在 CSS3 中，使用 rotateX() 函数可以让指定元素围绕 x 轴旋转，rotateX() 函数的基本语法格式如下：

```
transform: rotateX(a);
```

在上述语法格式中，参数 a 用于定义旋转的角度，单位为 deg，取值可以是正数也可以是负数。如果值为正数，元素围绕 x 轴顺时针旋转；如果值为负数，元素围绕 x 轴逆时针旋转。

（2）rotateY()

在 CSS3 中，使用 rotateY() 函数可以让指定元素围绕 y 轴旋转，rotateY() 函数的基本语法格式如下：

```
transform: rotateY(a);
```

在上述语法格式中，参数 a 与 rotateX(a) 中的 a 含义相同，用于定义旋转的角度。如果值为正数，元素围绕 y 轴顺时针旋转；如果值为负数，元素围绕 y 轴逆时针旋转。

（3）rotateZ()

在 CSS3 中，使用 rotateZ() 函数可以让指定元素围绕 z 轴旋转。与 rotateX() 函数和 rotateY() 函数类似，rotateZ() 函数也可以用角度值作为参数来指定旋转的角度。rotateZ() 函数的语法格式如下：

```
transform: rotateZ(a);
```

需要注意的是，如果仅从视觉角度上看，rotateZ() 函数让元素顺时针或逆时针旋转，与 rotate() 函数效果等同，但是 rotateZ() 函数不是在 2D 平面上的旋转，而是围绕 z 轴旋转。

（4）rotate3d()

rotated3d() 函数是 rotateX() 函数、rotateY() 函数和 rotateZ() 函数演变的综合属性，用于设置多个轴的 3D 旋转。例如，要同时设置元素围绕 x 轴、y 轴和 z 轴旋转，就可以使用 rotated3d() 函数，rotated3d() 函数的基本语法格式如下：

```
rotate3d(x, y, z, angle);
```

在上述语法格式中，x、y、z 的值可以为 0 或 1，当要沿着某一轴转动，就将该轴的值设置为 1，否则设置为 0。angle 为要旋转的角度。

例如，设置元素在 x 轴和 y 轴均旋转 45°，示例代码如下：

```
rotate3d(1, 1, 0, 45deg);
```

除了使用 rotateX() 函数、rotateY() 函数、rotateZ() 函数和 rotated3d() 函数实现旋转效果以外，CSS3 还提供了许多其他常见的转换函数，用于实现移动和缩放效果，见表 2-10。

表 2-10　其他常见的转换函数

函数名称	描述
translate3d(x, y, z)	设置沿 x 轴、y 轴、z 轴的位移
translateX(x)	设置沿 x 轴的位移
translateY(y)	设置沿 y 轴的位移
translateZ(z)	设置沿 z 轴的位移
scale3d(x, y, z)	设置沿 x 轴、y 轴、z 轴的缩放
scaleX(x)	设置沿 x 轴的缩放
scaleY(y)	设置沿 y 轴的缩放
scaleZ(z)	设置沿 z 轴的缩放

表 2-10 中列举的函数的参数 x、y、z 的含义如下：
- x：表示沿 x 轴方向移动的距离或沿 x 轴方向缩放的比例。
- y：表示沿 y 轴方向移动的距离或沿 y 轴方向缩放的比例。
- z：表示沿 z 轴方向移动的距离或沿 z 轴方向缩放的比例。

（5）perspective 属性

perspective 属性对于 3D 变形来说至关重要，该属性主要用于呈现良好的透视效果。perspective 属性可以简单地理解为视距，通过设置 perspective 属性，可以控制观察点与元素之间的距离，从而影响元素在 3D 空间的呈现方式。perspective 属性的透视效果由属性值来决定，属性值越小，表示观察点与元素之间的距离越小，透视效果越明显；反之，属性值越大，透视效果越弱。perspective 属性的属性值可以为 none 或数值（通常使用像素单位），如果属性值为 none 则表示没有透视效果。

除了 perspective 属性以外，CSS3 中还提供了许多其他常见的转换属性，见表 2-11。

表 2-11 其他常见的转换属性

属性名称	描 述	属 性 值
transform-style	规定被嵌套元素如何在 3D 空间中呈现	flat：子元素将不保留其 3D 转换效果，而是被平面化，类似于在 2D 平面上呈现
		preserve-3d：子元素在 3D 空间中将保留其 3D 转换效果，在 3D 空间中呈现
backface-visibility	定义元素的反面（或背面）是否可见	visible：元素的背面是可见的
		hidden：元素的背面是不可见的

2.4.11 动画属性

前面学习的过渡和变形只能设置元素的变换过程，并不能对变换过程中的某一个环节进行精确控制，例如，过渡和变形实现的动态效果不能设置某一个时间节点的动画，为了实现更加丰富的动画效果，CSS3 提供了动画属性。使用动画属性可以定义具有一系列关键帧的动画，每个关键帧可以设定动画在某一时间节点的样式。

CSS 中的动画属性包括 animation-name 属性、animation-duration 属性、animation-timing-function 属性、animation-delay 属性、animation-iteration-count 属性、animation-direction 属性和 animation 属性。由于 animation 属性只有配合 @keyframes 规则才能实现动画效果，因此在学习 animation 属性之前，首先要学习 @keyframes 规则。下面将对 @keyframes 规则和上述动画属性进行讲解。

1. @keyframes规则

@keyframes 规则用于创建动画，其语法格式如下：

```
@keyframes animation-name {
  keyframes-selector {css-styles;}
}
```

在上述语法格式中，@keyframes 属性包含的参数具体含义如下：
- animation-name：表示当前动画的名称，需要和 animation-name 属性定义的名称保持一致，它将作为引用时的唯一标识，因此不能为空。
- keyframes-selector：关键帧选择器，即指定当前关键帧要应用到整个动画过程中的位置，值可以是一个百分比、from 或者 to。其中，from 和 0% 效果相同表示动画的开始，to 和 100% 效果相同表示动画的结束。当两个位置应用同一个效果时，这两个位置使用","隔开，写在一起即可，如 "20%, 80% { opacity: 1 }"，表示在动画的进度为 20% 和 80% 时，元素的不透明度为 1。
- css-styles：定义执行到当前关键帧时对应的动画状态，由 CSS 样式属性进行定义，多个属性之间用 ";" 分隔，不能为空，如 "20%, 80% { opacity: 1; width: 100px; }"，表示在动画的进度为 20% 和 80% 时，元素的不透明度为 1，并且宽度为 100 像素。

例如，使用 @keyframes 属性定义一个淡入动画，示例代码如下：

```
@keyframes slideUp {
  0% { opacity: 0; }          /* 动画开始时的状态，完全透明 */
  100% { opacity: 1; }        /* 动画结束时的状态，完全不透明 */
}
```

在上述示例代码中，创建了一个名为 slideUp 的动画，该动画在开始时 opacity 为 0，动画结束时 opacity 为 1。

上述动画效果还可以使用等效代码来实现，具体代码如下：

```
@keyframes slideUp {
  from { opacity: 0; }        /* 动画开始时的状态，完全透明 */
  to { opacity: 1; }          /* 动画结束时的状态，完全不透明 */
}
```

另外，还可以使用 @keyframes 属性定义一个淡入淡出动画，示例代码如下：

```
@keyframes appear {
  from, to { opacity: 0; }    /* 动画开始和结束时的状态，完全透明 */
  20%, 80% { opacity: 1; }    /* 动画的中间状态，完全不透明 */
}
```

在上述示例代码中，为了实现淡入淡出的效果，需要定义动画开始和结束时元素不可见，然后渐渐淡入，在动画的 20% 处变得可见，然后动画效果持续到 80% 处，再慢慢淡出。

需要注意的是，IE9 以及更早的版本 IE 浏览器，不支持 @keyframe 规则和 animation 属性。

2. animation-name 属性

animation-name 属性用于指定要应用的动画名称，其基本语法格式如下：

```
animation-name: keyframename | none;
```

在上述语法格式中，keyframename 用于规定需要绑定到 @keyframes 规则的动画名称；none 表示元素不应用任何动画。animation-name 属性的默认值为 none，适用于所有块元素和行内元素。

3. animation-duration 属性

animation-duration 属性用于指定整个动画效果持续的时间，animation-duration 属性的基本语法格式如下：

```
animation-duration: time;
```

在上述语法格式中,参数 time 表示时间,单位可以是秒(s)或毫秒(ms)。若省略该参数,则默认为 0 s,表示没有任何动画效果。当为负数时,会被视为 0。

4. animation-timing-function属性

animation-timing-function 属性用于指定动画的速度曲线,即动画如何在过渡期间变化。animation-timing-function 属性的基本语法格式如下:

```
animation-timing-function: linear | ease | ease-in | ease-out | ease-in-out | cubic-bezier(n, n, n, n);
```

在上述语法格式中,animation-timing-function 属性的取值有很多,常用属性值见表2-12。

表 2-12　animation-timing-function 属性的常用属性值

属 性 值	描　　述
linear	指定以相同速度开始至结束的动画效果
ease	默认值,指定以慢速开始,然后加快,最后慢慢结束的动画效果
ease-in	指定以慢速开始,然后逐渐加快的动画效果
ease-out	指定以快速开始,然后逐渐减慢的动画效果
ease-in-out	指定以慢速开始和结束的动画效果
cubic-bezier(n, n, n, n)	定义用于加速或者减速的贝塞尔曲线的形状,n 的值为 0 ~ 1

例如,设置添加动画的元素以慢速结束,示例代码如下:

```
animation-timing-function: ease-out;
```

5. animation-delay属性

animation-delay 属性用于指定执行动画效果延迟的时间,animation-delay 属性的基本语法格式如下:

```
animation-delay: time;
```

在上述语法格式中,参数 time 用于定义动画开始前等待的时间,单位可以是秒(s)或毫秒(ms)。若省略该参数,则默认为 0 s,表示不会延迟动画的开始时间。time 可以为负数,当设置为负数后,动画会跳过该时间播放。

例如,设置添加动画的元素跳过 2 s 进入动画,示例代码如下:

```
animation-delay: -2s;
```

6. animation-iteration-count属性

animation-iteration-count 属性用于指定动画的播放次数,animation-iteration-count 属性的基本语法格式如下:

```
animation-iteration-count: number | infinite;
```

在上述语法格式中,number 表示播放动画的次数,number 设置为多少,则循环播放多少次动画;infinite 指定动画循环播放。animation-iteration-count 属性的默认值为 1。

例如，设置动画效果循环播放 5 次后停止，示例代码如下：

```
animation-iteration-count: 5;
```

7. animation-direction属性

animation-direction 属性用于指定当前动画播放的方向，即动画播放完成后是否逆向交替循环。animation-direction 属性的基本语法格式如下：

```
animation-direction: normal | alternate;
```

在上述语法格式中，normal 为默认值，表示动画会正常播放；alternate 表示动画会在奇数次数（1、3、5等）正常播放，而在偶数次数（2、4、6等）逆向播放。因此要想使 animation-direction 属性生效，首先要定义 animation-iteration-count 属性，即设置播放次数，只有动画播放次数大于或等于 2 次时，animation-direction 属性才会生效。

8. animation属性

animation 属性是一个复合属性，用于同时设置 animation-name、animation-duration、animation-timing-function、animation-delay、animation-iteration-count 和 animation-direction 这 6 个动画属性，其基本语法格式如下：

```
animation: name duration [timing-function delay iteration-count direction];
```

在上述语法格式中，name 参数和 duration 参数不能省略，否则动画效果将不会播放。下面对 animation 属性的各个参数进行讲解。

- name：指定要应用的动画名称。
- duration：指定整个动画效果持续的时间。
- timing-function：指定动画的速度曲线。
- delay：指定执行动画效果延迟的时间。
- iteration-count：指定动画的播放次数。
- direction：指定当前动画播放的方向。

例如，使用 animation-name 属性、animation-duration 属性、animation-timing-function 属性、animation-delay 属性、animation-iteration-count 属性和 animation-direction 属性设置一个名称为 mymove 的动画，该动画效果的持续时长为 5 s，以匀速播放，在延迟 2 s 后开始播放，播放次数为 3 次，且在偶数次播放时将动画逆向播放的效果，示例代码如下：

```
animation-name: mymove;
animation-duration: 5s;
animation-timing-function: linear;
animation-delay: 2s;
animation-iteration-count: 3;
animation-direction: alternate;
```

上述示例代码可以直接使用 animation 属性实现，示例代码如下：

```
animation: mymove 5s linear 2s 3 alternate;
```

值得一提的是，无论是单独设置动画属性还是使用复合的 animation 属性，都可以实现动画效果。

2.5　CSS变量

当 CSS 样式在多个地方重复使用时，需要被多次定义，这样增加了样式的维护难度。为了解决这个问题，CSS 引入了 CSS 变量。CSS 变量允许开发者在 CSS 中声明并使用自定义的变量。使用 CSS 变量可以将样式中重复的值抽象出来，并在需要的地方使用这些变量。这样可以减少冗余代码，提高样式的可维护性和可重用性。当需要进行样式调整时，只需修改变量的值，而不需要逐个修改使用变量的值的样式规则，大大降低了样式的维护难度。本节将对 CSS 变量进行详细讲解。

2.5.1　定义CSS变量

定义 CSS 变量的语法格式如下：

```
-- 变量名：变量值；
```

在上述语法格式中，定义变量时，需要使用以两个连字符（--）开头的变量名，变量名可以包含字母、数字、下划线（_）和连字符（-），且字母须区分大小写。而变量值可以是任意符合规定的 CSS 属性值。例如 "--header-color: #ff0000;" 表示定义了一个名为 --header-color 的变量，并将其值设置为 #ff0000（红色）。

CSS 变量分为全局 CSS 变量和局部 CSS 变量，下面分别进行讲解。

1. 全局CSS变量

在 :root 伪类选择器的规则块中定义的 CSS 变量是全局 CSS 变量。定义全局 CSS 变量的示例代码如下：

```css
:root {
  --primary-color: #f00;
}
```

在上述示例代码中，定义了一个变量名为 --primary-color 的全局 CSS 变量，并将其变量值设置为 #f00。

2. 局部CSS变量

在非根元素选择器的规则块中定义的 CSS 变量是局部 CSS 变量。局部 CSS 变量的作用域取决于它所在的选择器。以 .box 选择器为例，定义局部 CSS 变量的示例代码如下：

```css
.box {
  --primary-color: #f00;
}
```

在上述示例代码中，定义了一个变量名为 --primary-color 的局部 CSS 变量，并将变量值设置为 #f00。

2.5.2 读取CSS变量

定义 CSS 变量后，需要通过 var() 函数来读取 CSS 变量的值，读取 CSS 变量的语法格式如下：

```
选择器 {
  属性: var(-- 变量名);
}
```

下面通过代码演示 CSS 变量的定义和使用，示例代码如下：

```
1  <head>
2    <style>
3      :root {
4        --primary-color: #666;          /* 定义主色变量 */
5        --secondary-color: #999;        /* 定义次色变量 */
6        --font-size: 26px;              /* 定义字号变量 */
7      }
8      p {
9        font-size: var(--font-size);
10       color: var(--primary-color);
11     }
12     span {
13       color: var(--secondary-color);
14     }
15   </style>
16 </head>
17 <body>
18   <p>
19     黑发不知勤学早，<span>白首方悔读书迟</span>
20   </p>
21 </body>
```

在上述示例代码中，第 4～6 行代码用于定义 3 个变量，分别为 --primary-color、--secondary-color 和 --font-size；第 8～11 行代码将 p 元素的 font-size 属性值设置为 var(--font-size)，color 属性值设置为 var(--primary-color)；第 12～14 行代码将 span 元素的 color 属性值设置为 var(--secondary-color)。

上述示例代码运行后，使用 CSS 变量后的页面效果如图 2-23 所示。

图 2-23　使用 CSS 变量后的页面效果

为了帮助读者更好地分析 CSS 变量的定义与使用，下面我们打开开发者工具，在 Elements 选项卡中将鼠标指针移到 <p> 标签和 <span> 标签上，分别单击这两个标签，查看它们的相关信息。观察测试结果发现，<p> 标签的 font-size 属性值为 26 px，color 属性值为 #666；而 <span> 标签的 color 属性值为 #999。说明成功完成对 CSS 变量的定义和使用。

2.6　CSS标准盒模型

在当今互联网时代，网页的布局和定位对于用户体验至关重要。为了实现清晰、易于浏览的网页布局，开发人员需要掌握并灵活运用 CSS 标准盒模型，以便准确地定位和布局网页元素。本节将对 CSS 标准盒模型进行详细讲解。

2.6.1 标准盒模型的组成

CSS 标准盒模型是指浏览器在渲染网页元素时所采用的一种计算盒子尺寸的标准。它将每个 HTML 元素视为一个盒子，该盒子由四个主要组成部分组成：内容区域、内边距、边框和外边距。

CSS 标准盒模型的示意如图 2-24 所示。

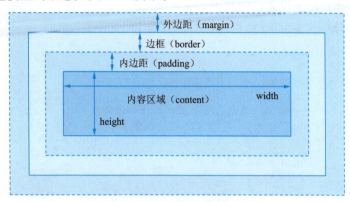

图 2-24　CSS 标准盒模型的示意

下面对 CSS 标准盒模型的各个组成部分进行介绍。

① 内容区域（content）：用于展示实际内容的区域，包括文本、图像或其他内容。在 CSS 中，可以使用 width 属性、height 属性来设置内容区域的宽度、高度，属性值可以是不同单位的数值或相对于父元素的百分比。

② 内边距（padding）：用于定义内容区域与边框之间的空白距离，可以使用 padding 属性进行设置。

③ 外边距（margin）：用于定义元素与其他元素之间的距离，可以使用 margin 属性进行设置。

④ 边框（border）：用于包裹内容区域和内边距，可以使用 border 属性进行设置。

2.6.2 内边距属性

在 CSS 中，padding 属性用于设置元素的内边距，它可以控制元素的内容与边框之间的距离。padding 属性是一个复合属性，其语法格式如下：

```
padding: 上内边距 右内边距 下内边距 左内边距;
```

在上述语法格式中，上内边距、右内边距、下内边距和左内边距分别表示按顺时针方向的 4 个内边距值。padding 属性值可以是 auto（表示自适应，默认值）、不同单位的数值、相对于父元素宽度的百分比。需要注意的是，padding 属性值不能为负数。

使用 padding 属性设置元素的内边距时，可以设置 1～4 个值，其说明如下：

① 指定 1 个值：表示统一设置上、下、左、右这 4 个方向的内边距。

② 指定 2 个值：第 1 个值表示上、下内边距，第 2 个值表示左、右内边距。

③ 指定 3 个值：第 1 个值表示上内边距，第 2 个值表示左、右内边距，第 3 个值表示下内边距。

④ 指定 4 个参数值：分别表示上、右、下、左内边距。

此外，也可以设置某个方向的内边距，具体如下：

① padding-top：用于设置上内边距。

② padding-right：用于设置右内边距。

③ padding-bottom：用于设置下内边距。

④ padding-left：用于设置左内边距。

下面通过代码演示 padding 属性的使用，示例代码如下：

```
/* 设置4个方向的内边距都为 25px */
padding: 25px;
/* 设置上、下内边距为 25px, 左、右内边距为 50px */
padding: 25px 50px;
/* 设置上内边距为 25px, 左、右内边距为 50px, 下内边距为 75px */
padding: 25px 50px 75px;
/* 设置上内边距为 25px, 右内边距为 50px, 下内边距为 75px, 左边内距为 100px */
padding: 25px 50px 75px 100px;
```

2.6.3　外边距属性

在 CSS 中，margin 属性用于设置元素的外边距，以控制元素与其周围元素的距离。通过设置 margin 属性的值，可以调整元素与相邻元素之间的距离，也可以改变元素在页面中的位置。

margin 属性是一个复合属性，其语法格式如下：

```
margin: 上外边距 右外边距 下外边距 左外边距;
```

在上述语法格式中，上外边距、右外边距、下外边距和左外边距分别表示 4 个方向的外边距值。margin 属性值可以是 auto（表示自适应，默认值）、不同单位的数值、相对于父元素宽度的百分比。需要注意的是，margin 属性值允许使用负数。

使用 margin 属性设置元素的外边距时，可以设置 1～4 个值，其说明如下：

① 指定 1 个值：表示统一设置上、下、左、右这 4 个方向的外边距。

② 指定 2 个值：第 1 个值表示上、下外边距，第 2 个值表示左、右外边距。

③ 指定 3 个值：第 1 个值表示上外边距，第 2 个值表示左、右外边距，第 3 个值表示下外边距。

④ 指定 4 个值：分别表示上、右、下、左外边距。

此外，也可以设置某个方向的外边距，具体如下：

① margin-top：用于设置上外边距。

② margin-right：用于设置右外边距。

③ margin-bottom：用于设置下外边距。

④ margin-left：用于设置左外边距。

2.6.4　边框属性

CSS 提供了一系列边框属性，通过使用边框属性，开发人员可以轻松地为网页元素设置边框的样式、宽度和颜色。边框属性包括 border-style 属性、border-width 属性、border-color 属性、border 属性、border-radius 属性，下面分别进行讲解。

1. border-style属性

border-style 属性用于设置边框样式，例如实线、虚线、点线和双实线等。border-style 是一个复合属性，其语法格式如下：

```
border-style：上边 右边 下边 左边；
```

在上述语法格式中，上边、右边、下边、左边分别表示四个边的边框样式。

常见的 border-style 属性值有六种，具体如下：

① none：默认值，无边框。

② dotted：边框样式为点线。

③ dashed：边框样式为虚线。

④ solid：边框样式为实线。

⑤ double：边框样式为双实线。

⑥ inset：边框样式为内凹效果。

使用 border-style 属性设置元素的边框样式时，可以设置 1～4 个值，其说明如下：

① 指定 1 个值：表示统一设置上、下、左、右这 4 个方向的边框样式。

② 指定 2 个值：第 1 个值表示上、下边框样式，第 2 个值表示左、右边框样式。

③ 指定 3 个值：第 1 个值表示上边框样式，第 2 个值表示左、右边框样式，第 3 个值表示下边框样式。

④ 指定 4 个值：分别表示上、右、下、左边框样式。

在设置边框样式时，还可以对元素的单边进行设置，具体如下：

① border-top-style：用于设置上边框样式。

② border-right-style：用于设置右边框样式。

③ border-bottom-style：用于设置下边框样式。

④ border-left-style：用于设置元素左边框样式。

例如，设置元素的上边框为实线，右边框为虚线，下边框为点线，左边框为双实线，示例代码如下：

```
border-style: solid dashed dotted double;
```

上述示例代码对应的边框样式效果如图 2-25 所示。

2. border-width属性

border-width 属性用于设置边框的宽度，即边框显示的粗细程度。border-width 属性是一个复合属性，其语法格式如下：

图 2-25　边框样式效果

```
border-width：上边 右边 下边 左边；
```

在上述语法格式中，上边、右边、下边、左边分别表示四个边的边框宽度。

常见的 border-width 属性值有四种，具体如下：

① thin：定义较细的边框。

② medium：默认值，定义中等宽度的边框。

③ thick：定义较粗的边框。

④ 像素值：指定一个具体的像素值自定义边框的宽度，例如 25 px、3 px。

使用 border-width 属性设置边框宽度时，可以设置 1～4 个值，其说明如下：

① 指定 1 个值：表示统一设置上、下、左、右这 4 个方向的边框宽度。

② 指定 2 个值：第 1 个值表示上、下边框宽度，第 2 个值表示左、右边框宽度。

③ 指定 3 个值：第 1 个值表示上边框宽度，第 2 个值表示左、右边框宽度，第 3 个值表示下边框宽度。

④ 指定 4 个值：分别表示上、右、下、左边框宽度。

在设置边框宽度时，还可以对元素的单边进行设置，具体如下：

① border-top-width：用于设置上边框宽度。

② border-right-width：用于设置右边框宽度。

③ border-bottom-width：用于设置下边框宽度。

④ border-left-width：用于设置元素左边框宽度。

3. border-color属性

border-color 属性用于设置边框的颜色，它是一个复合属性，其语法格式如下：

```
border-color: 上边 [右边 下边 左边];
```

在上述语法格式中，上边、右边、下边、左边分别表示四个边的边框颜色。border-color 属性常见的属性值有四种，分别是预定义的颜色名称、十六进制颜色值、RGB 值、RGBA 值。border-color 属性的属性值默认为当前元素的文本颜色，如果当前元素没有设置文本颜色，则 border-color 属性值将继承最近的父元素的 color 属性值。如果父元素没有设置 color，则通常使用浏览器的默认颜色。

使用 border-color 属性设置边框颜色时，可以设置 1～4 个值，其说明如下：

① 指定 1 个值：表示统一设置上、下、左、右这 4 个方向的边框颜色。

② 指定 2 个值：第 1 个值表示上、下边框颜色，第 2 个值表示左、右边框颜色。

③ 指定 3 个值：第 1 个值表示上边框颜色，第 2 个值表示左、右边框颜色，第 3 个值表示下边框颜色。

④ 指定 4 个值：分别表示上、右、下、左边框颜色。

在设置边框颜色时，还可以对元素的单边进行设置，具体如下：

① border-top-color：用于设置上边框颜色。

② border-right-color：用于设置右边框颜色。

③ border-bottom-color：用于设置下边框颜色。

④ border-left-color：用于设置元素左边框颜色。

4. border属性

border 属性是一个复合属性，用于同时设置 border-style、border-width 和 border-color 这 3 个属性，其基本语法格式如下：

```
border: style [width color];
```

在上述语法格式中，border 属性的各个参数的书写顺序不分先后。若省略 width 参数或 color 参数，将使用默认值。下面对 border 属性的各个参数进行讲解。
- style：指定边框的样式。
- width：指定边框的宽度。
- color：指定边框的颜色。

下面通过代码演示 border 属性的使用，示例代码如下：

```
1  <head>
2    <style>
3      .box {
4        width: 200px;
5        height: 200px;
6        border: 5px solid #616264;
7      }
8    </style>
9  </head>
10 <body>
11   <div class="box"></div>
12 </body>
```

在上述示例代码中，第 3～7 行代码用于为具有 .box 类的元素设置样式，包括宽度为 200 px、高度为 200 px，并添加了一个 5 px 宽度、颜色为 #616264 的实线边框；第 11 行代码定义 <div> 标签，其 class 属性值为 box。

上述示例代码运行后，边框效果如图 2-26 所示。

使用 border 属性设置的 4 个边都具有相同的边框样式、宽度和颜色，如果希望为不同的边设置不同的边框样式、宽度和颜色，可以分别为每个边指定边框宽度、样式和颜色，示例代码如下：

图 2-26　边框效果

```
/* 上边框宽度为 1 像素，样式为实线，颜色为红色 */
border-top: 1px solid red;
/* 右边框宽度为 2 像素，样式为点线，颜色为蓝色 */
border-right: 2px dotted blue;
/* 下边框宽度为 3 像素，样式为虚线，颜色为绿色 */
border-bottom: 3px dashed green;
/* 左边框宽度为 4 像素，样式为双实线，颜色为橙色 */
border-left: 4px double orange;
```

下面通过代码演示如何使用 border 属性实现多色彩边框，示例代码如下：

```
1  <head>
2    <style>
3      .square {
4        width: 0px;
5        height: 0px;
6        border-width: 90px;
7        border-style: solid;
8        border-color: #ff898e #93baff #64ffbf #ffb151;
9      }
10   </style>
11 </head>
12 <body>
13   <div class="square"></div>
14 </body>
```

在上述示例代码中，第 3～9 行代码用于设置具有 .square 类的元素的样式，包括宽度、高度、边框宽度、边框样式、边框颜色。.square 类并没有实际改变元素的大小，而是通过设置边框样式和颜色来创建一个具有多色彩边框的视觉效果。

图 2-27　多色彩边框的页面效果

上述示例代码运行后，多色彩边框的页面效果如图 2-27 所示。

5. border-radius 属性

在浏览网页时，经常会看到一些圆角按钮、圆角头像等。在 CSS 中，border-radius 属性用于设置圆角边框样式，其语法格式如下：

```
border-radius: 水平半径参数 1 水平半径参数 2 水平半径参数 3 水平半径参数 4 / 垂直半径参数 1 垂直半径参数 2 垂直半径参数 3 垂直半径参数 4；
```

在上述语法格式中，水平半径参数和垂直半径参数均有 4 个参数值，分别对应矩形的 4 个圆角，每个角各包含一个水平半径参数和垂直半径参数。水平半径参数和垂直半径参数之间用"/"隔开。如果省略垂直半径参数，则会默认其等于水平半径参数的参数值。此时，圆角的水平半径和垂直半径相等。参数值可以为像素值或百分比值。矩形的圆角和参数示例如图 2-28 所示。

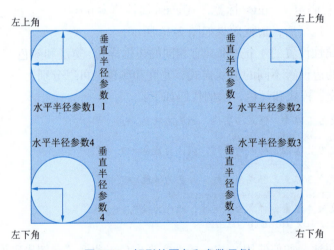

图 2-28　矩形的圆角和参数示例

使用 border-radius 属性设置元素的圆角边框样式时，其水平半径参数和垂直半径参数均可以设置 1～4 个参数值，用于控制 4 个角的圆角半径大小，具体说明如下：

① 水平半径参数和垂直半径参数设置 1 个参数值时，表示 4 个角的圆角半径相同。

② 水平半径参数和垂直半径参数设置 2 个参数值时，第 1 个参数值表示设置左上角、右下角的圆角半径，第 2 个参数值表示设置右上角和左下角的圆角半径。

③ 水平半径参数和垂直半径参数设置 3 个参数值时，第 1 个参数值表示左上角圆角半径，第 2 个参数值表示右上角、左下角圆角半径，第 3 个参数值表示右下角圆角半径。

④ 水平半径参数和垂直半径参数设置 4 个参数值时，第 1 个参数值表示左上角圆角半径，第 2 个参数值表示右上角圆角半径，第 3 个参数值表示右下角圆角半径，第 4 个参数值表示左下角圆角半径。

下面通过代码演示如何使用 border-radius 属性，示例代码如下：

```
/* 设置4个方向的圆角半径为10px */
border-radius: 10px;
/* 设置左上角、右下角的圆角半径为10px，右上角和左下角圆角半径为20px */
border-radius: 10px 20px;
/* 设置左上角圆角半径为50px，右上角、左下角圆角半径为30px，右下角圆角半径为10px */
border-radius: 50px 30px 10px;
/* 左上角圆角半径为10px，右上角圆角半径为20px，右下角圆角半径为30px，左下角圆角半径为40px */
border-radius: 10px 20px 30px 40px;
```

2.6.5 box-sizing属性

box-sizing 属性的作用是告诉浏览器如何计算元素的总宽度和总高度，其取值有 content-box（默认值）、border-box 和 inherit。

box-sizing 属性常用的属性值及含义如下：

① content-box：元素的宽度和高度仅包括内容区域，不包括内边距和边框。当增加内边距或边框时，元素实际占用的宽度和高度会相应增加。

② border-box：元素的宽度和高度是内容区域、内边距和边框的总和。在增加内边距或边框时，元素实际占用的宽度和高度不会改变，而是内容区域会相应减小，以适应固定的元素尺寸。

③ inherit：表示从父元素继承宽度和高度。

2.7　CSS的三大特性

CSS 的三大特性——层叠性、继承性和优先级，构成了 CSS 的核心理念和基础框架。合理利用这三大特性可以简化代码结构，避免冗余和复杂性，提高网页的加载速度和运行效率，为用户提供更优质的浏览体验。下面分别进行 CSS 的三大特性讲解。

1. 层叠性

层叠性表现为 CSS 样式的相互叠加。以装修为例，当我们在墙上先刷一层蓝色漆，再刷一层红色漆时，最终呈现的是红色，因为红色漆覆盖了蓝色漆。同样地，在编写 CSS 时，若对同一元素的同一属性进行多次设置，最后设置的属性值将覆盖掉先前的属性值。

在 CSS 中，如果选择器相同，那么就会根据样式规则的来源和顺序来确定哪个规则优先级更高，从而应用哪个样式。

下面通过代码来演示 CSS 的层叠性，示例代码如下：

```
1  <head>
2    <style>
3      .font1 {
4        font: italic bold 34px "楷体";
5      }
6      .font2 {
7        font-style: normal;
8      }
```

```
9      </style>
10   </head>
11   <body>
12     <p class="font1">黑发不知勤学早，白首方悔读书迟。</p>
13     <p class="font1 font2">黑发不知勤学早，白首方悔读书迟。</p>
14   </body>
```

在上述示例代码中，第 12 行代码的 p 元素具有 .font1 类的样式规则，因此将采用第 4 行代码定义的样式进行显示；而第 13 行代码的 p 元素同时具有 .font1 类和 .font2 类，且 .font2 类在 .font1 类后定义，它会覆盖 .font1 类中的 font-style 样式。

上述示例代码运行后，CSS 层叠性效果如图 2-29 所示。

从图 2-29 可以看出，第 1 段文本字体倾斜、加粗显示，而第 2 段文本字体加粗显示，说明实现了样式的叠加。

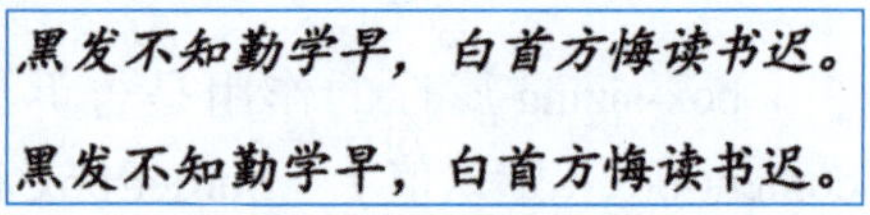

图 2-29　CSS 层叠性效果

2．继承性

继承性在 CSS 中是指子元素可以继承父元素的某些样式属性，如字体、颜色等，并不是所有的 CSS 属性都具有继承性。例如，边框属性、外边距属性、内边距属性、背景属性、定位属性、浮动属性、宽度属性和高度属性没有继承性。这些属性不会被子元素继承。

下面通过代码来演示 CSS 的继承性，示例代码如下：

```
1   <head>
2     <style>
3       div {
4         font-weight: bold;
5         font-style: italic;
6       }
7     </style>
8   </head>
9   <body>
10    <div>
11      <p>有意栽花花不发，无心插柳柳成荫。</p>
12    </div>
13    <p>有意栽花花不发，无心插柳柳成荫。</p>
14  </body>
```

在上述示例代码中，第 3～6 行代码设置了 div 元素的样式，包括字体为粗体、倾斜显示。第 10～12 行代码定义的 p 元素位于 div 元素的内部，因此 p 元素会继承 div 元素的样式；第 13 行代码定义了一个独立的 p 元素，它不会继承 div 元素的样式，因此会按照默认的字体样式显示。

上述示例代码运行后，CSS 继承性效果如图 2-30 所示。

从图 2-30 可以看出，第 1 段文本字体倾斜、加粗显示，而第 2 段文本字体按照默认样式显示，说明实现了样式的继承。

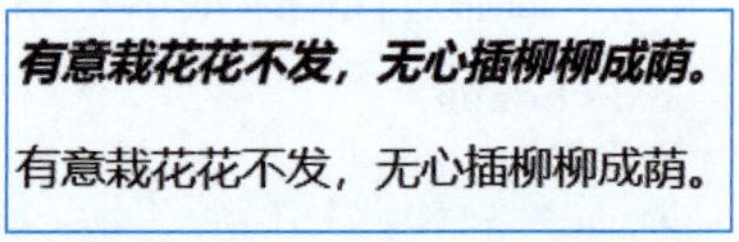

图 2-30　CSS 继承性效果

3．优先级

CSS 中的优先级，也称为样式规范的权重，是指在定义 CSS 样式时，当多个样式规则应用于同一标签时，CSS 会根据样式规范的权重来优先显示权重最高的样式。

为了便于判断元素的优先级，CSS 为选择器分配了权重，可以通过虚拟数值的方式表示选择器的权重。选择器的权重见表 2-13。

表 2-13 选择器的权重

选 择 器	权 重
通配符选择器	0
标签选择器、伪元素选择器	1
类选择器、伪类选择器	10
id 选择器	100

需要注意的是，类选择器的权重永远大于标签选择器，id 选择器的权重永远大于类选择器，以此类推。对于由多个选择器构成的复合选择器（并集选择器除外），权重可以理解为多个选择器权重的叠加。

此外，在考虑权重时，还需要注意以下四点特殊情况：

① 继承样式的权重为 0。在嵌套结构中，不管父元素的样式的权重多大，被子元素继承时，它的权重都为 0，也就是说子元素定义的样式会覆盖继承父元素的样式。

② 行内样式优先。应用 style 属性的标签，其行内样式的权重非常高，拥有比表 2-13 中的选择器都高的优先级。

③ 权重相同时，CSS 的优先级遵循就近原则。按照代码排列上下顺序，当 CSS 样式写在头部时，排在最下边的样式优先级最高。

④ CSS 定义 !important 命令，会被赋予最高优先级。当使用 CSS 定义了 !important 命令后，将不再考虑权重和位置关系，使用 !important 的样式都具有最高优先级。

下面通过代码来演示 CSS 的优先级，示例代码如下：

```
1   <head>
2     <style>
3       div p { color: black; }           /* 权重为：1+1 */
4       p.red { color: green }            /* 权重为：1+10 */
5       .father p { color:yellow }        /* 权重为：10+1 */
6       div.father p { color: orange }    /* 权重为：1+10+1 */
7       div.father .red { color: gold }   /* 权重为：1+10+10 */
8       #header p { color: pink }         /* 权重为：100+1 */
9       #header p.red { color: red }      /* 权重为：100+1+10 */
10    </style>
11  </head>
12  <body>
13    <div class="father" id="header">
14      <p class="red">文本的颜色 </p>
15    </div>
16  </body>
```

在上述示例代码中，第 9 行代码的 #header p.red 选择器的权重最高。上述示例代码运行后，页面中文本的颜色将显示为红色。

2.8 阶段项目——诗歌赏析页面

诗歌作为传统文化的重要组成部分，具有极高的艺术价值和文化内涵。阅读诗歌可以让我们深入地了解不同历史时期和文化背景下的文学特色和审美追求，提高我们的文学知识和素养。

诗歌赏析页面包含诗歌和赏析两部分内容，其效果如图 2-31 所示。

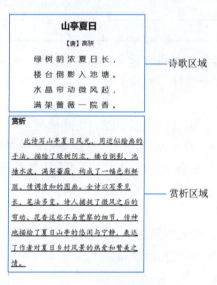

图 2-31　古诗赏析页面

读者可以扫描二维码，查看阶段项目的详细开发步骤。

本 章 小 结

本章主要讲解了 CSS 的基础内容。首先讲解了 CSS 概述、CSS 基本使用和 CSS 变量，其次讲解了 CSS 选择器，包括基础选择器、复合选择器、伪类选择器和伪元素选择器，然后讲解了 CSS 属性，包括字体属性、文本属性、列表属性、背景属性、渐变属性、显示属性、浮动属性、定位属性、过渡属性、变形属性和动画属性；其次讲解了 CSS 标准盒模型，包括组成、内边距属性、外边距属性、边框属性和 box-sizing 属性；最后讲解了 CSS 的三大特性。通过学习本章内容，读者应能够掌握 CSS 的基础知识，并能够灵活运用 CSS 来美化页面。

课 后 习 题

读者可以扫描二维码，查看本章课后习题。

第 3 章

JavaScript基础与HTML5新特性

学习目标

知识目标：

◎ 熟悉 JavaScript 概述，能够归纳 JavaScript 的组成部分和特点；
◎ 熟悉 JavaScript 的引入方式，能够归纳 JavaScript 的三种引入方式；
◎ 熟悉 JavaScript 注释，能够归纳单行注释和多行注释的特点和快捷键；
◎ 了解变量的概念，能够说出变量名的命名规则；
◎ 熟悉数据类型分类，能够说明基础数据类型和复杂数据类型的特性；
◎ 熟悉事件，能够归纳常用事件类型；
◎ 熟悉地理定位的使用方法，能够实现 Geolocation 地理定位。

能力目标：

◎ 掌握 JavaScript 常用的输入和输出语句，能够灵活运用 prompt()、alert()、document.write()、console.log() 语句；
◎ 掌握变量的使用方法，能够声明变量和为变量赋值；
◎ 掌握数据类型转换的使用方法，能够根据实际需求将数据转换为布尔型、数字型或字符串型；
◎ 掌握运算符的使用方法，能够灵活使用运算符完成运算；
◎ 掌握函数的使用方法，能够根据实际需求在程序中定义并调用函数；
◎ 掌握流程控制的使用方法，能够根据实际需求使用选择结构语句和循环结构语句；
◎ 掌握数组的使用方法，能够创建数组、访问数组和遍历数组；
◎ 掌握 DOM 操作，能够获取元素、操作元素的内容和样式；
◎ 掌握事件注册与事件移除的使用方法，能够完成事件的注册与移除；
◎ 掌握 localStorage 和 sessionStorage 的使用方法，能够实现数据的设置、获取和删除；
◎ 掌握 <video> 标签和 <audio> 标签的使用方法，能够在网页中定义视频和音频；
◎ 掌握 video 对象和 audio 对象的使用方法，能够通过 JavaScript 控制视频或音频的播放、暂停等功能；
◎ 掌握拖动操作的使用方法，能够使用拖动事件实现拖动效果；
◎ 掌握 Canvas 的使用方法，能够在画布中绘制图形。

素质目标：

◎面对 JavaScript 编程中的常见问题，能够独立思考，分析问题原因，并找到合理的解决方案；

◎探索并尝试 HTML5 的新特性，以更高效的方式构建网页；

◎针对实际问题，能够利用 HTML5 的特性提出并实施创新的解决方案，提升用户体验或优化网站性能。

刻苦钻研——
世上无难事，
只怕有心人

随着移动互联网的快速发展，基于 HTML5 的应用变得越来越普遍，也变得越来越复杂。为了满足各种需求，HTML5 提供了许多新特性，主要包括 Web Storage、视频与音频、地理定位、拖动操作、文件操作和 Canvas（画布）。这些新特性结合 JavaScript 可以增强网页的功能。本章将详细介绍 JavaScript 基础知识与 HTML5 新特性。

3.1 初识 JavaScript

JavaScript 是 Web 前端开发中的一门编程语言，最初主要用于开发交互式的网页，但随着技术的发展，JavaScript 的应用领域变得更加广泛，它还可以用来开发服务器应用、桌面应用或者移动应用。许多 JavaScript 库、框架和软件的出现进一步丰富了 JavaScript 的生态系统。本节将讲解 JavaScript 的概述、引入方式、常用的输入和输出语句和注释。

3.1.1 JavaScript 概述

在网页中，许多常见的交互效果都可以使用 JavaScript 实现，例如，轮播图、选项卡、表单验证等。

JavaScript 由 ECMAScript、DOM、BOM 三部分组成，下面分别进行讲解：

① ECMAScript：规定了 JavaScript 的编程语法和基础核心内容，是浏览器厂商共同遵守的一套 JavaScript 语法工业标准。

② DOM（document object model）：文档对象模型，是 W3C（World Wide Web Consortium，万维网联盟）组织制定的用于处理 HTML 文档和 XML（eXtensible Markup Language，可扩展标记语言）文档的编程接口，它提供了对文档的结构化表述，并定义了一种方式使程序可以对该结构进行访问，从而改变文档的结构、样式和行为。

③ BOM（browser object model）：浏览器对象模型，是一套编程接口，用于对浏览器进行操作，如刷新页面、弹出警告框、控制页面跳转等。

JavaScript 的特点如下：

① JavaScript 是一种解释型编程语言，不需要通过专门的编译器进行编译。当嵌入 JavaScript 的 HTML 文档被浏览器加载时，JavaScript 会逐行解释并执行代码。

② JavaScript 是动态类型的编程语言，这意味着变量的类型可以在运行时发生变化，无须显式声明或转换类型。

③ JavaScript 是基于原型的面向对象编程语言，通过原型实现继承和共享属性与方法。此外，JavaScript 可以利用 DOM 及其提供的丰富内置对象和操作方法来实现所需的功能。

④ JavaScript 是事件驱动的编程语言，能够响应用户输入（如单击、键盘输入、鼠标移动等）以及浏览器事件（如窗口大小调整）。

⑤ JavaScript 是跨平台的编程语言，不依赖于特定的操作系统。只要系统中安装了支持 JavaScript 的浏览器，就可以运行 JavaScript 代码。

3.1.2　JavaScript的引入方式

在 HTML 文档中引入 JavaScript 与引入 CSS 的方法类似，主要有行内式、内部式和外部式，下面分别进行讲解。

1. 行内式

行内式是将 JavaScript 代码写在 HTML 标签的属性值中，通常是写在以 on 开头的事件属性的属性值中，以实现与特定事件关联的行为。以双标签为例，行内式的语法格式如下：

```
<标签名 onevent="JavaScript 代码"></标签名>
```

上述语法格式中，标签名是要应用 JavaScript 代码的 HTML 标签，而 onevent 表示事件属性，例如 onclick、onload 等。JavaScript 代码是在事件触发时执行的 JavaScript 代码。

下面演示如何在 <button> 标签上使用行内式，示例代码如下：

```
<button onclick="alert('Hello, World!')">单击我</button>
```

在上述示例代码中，当用户单击"单击我"按钮时，会触发单击事件，执行行内式 JavaScript 代码，即 alert('Hello, World!')，弹出一个包含"Hello, World!"的警告框。alert() 语句会在后续内容中进行讲解。

2. 内部式

内部式是将 JavaScript 代码直接写到 HTML 文档中，使用 <script> 标签进行包裹。<script> 标签应写在 </body> 结束标签之前。这样做是为了确保在 HTML 元素完全加载之后再执行 JavaScript 代码，从而避免由于尝试修改尚未加载的 HTML 元素而导致的错误。

内部式的语法格式如下：

```
<body>
  <script>
    JavaScript 代码
  </script>
</body>
```

<script> 标签还有个 type 属性，用于表示 <script> 标签中包裹的脚本类型。在 HTML5 中，默认情况下，<script> 标签的 type 属性值为 text/javascript。在 HTML5 文档中使用 <script> 标签来编写 JavaScript 代码时，可以省略 type 属性。

3. 外部式

外部式是将 JavaScript 代码保存在一个或多个以 .js 为扩展名的外部 JavaScript 文件中，通过 <script> 标签的 src 属性将外部 JavaScript 文件引入 HTML 页面中。这种方式会使代码更加有序、更容易复用。

外部式的语法格式如下：

```
<script src="js 文件的路径"></script>
```

上述语法格式中，<script> 和 </script> 标签之间不需要编写代码。

3.1.3 JavaScript常用的输入和输出语句

在实际开发中，为了方便数据的输入和输出，JavaScript 提供了输入和输出语句。常用的输入和输出语句见表 3-1。

表 3-1 常用的输入和输出语句

类型	语句	作用
输入	prompt()	在网页中弹出输入框
输出	alert()	在网页中弹出警告框
	document.write()	在网页中输出内容
	console.log()	在控制台中输出内容

若要查看使用 console.log() 语句输出到控制台的内容，可以在 Chrome 浏览器中打开开发者工具，并切换到 Console 选项卡进行查看。

3.1.4 JavaScript注释

在实际开发中，为了增强代码的可读性，可以给代码添加注释。在解析程序时，注释会被 JavaScript 解释器忽略。JavaScript 支持单行注释和多行注释，下面分别讲解这两种注释方式。

1. 单行注释

单行注释以 "//" 开始，到该行结束之前的内容都是注释。在 VS Code 编辑器中，可以通过【Ctrl+/】组合键来添加或取消单行注释。单行注释的示例代码如下：

```
alert('Hello'); // 输出 Hello
```

在上述示例代码中，"//" 和后面的 "输出 Hello" 是一条单行注释。

2. 多行注释

多行注释以 "/*" 开始，以 "*/" 结束。在 VS Code 编辑器中，可以通过【Shift+Alt+A】组合键来添加或取消多行注释。多行注释的示例代码如下：

```
/*
  这是一个警告框
  alert('hello');
*/
```

在上述示例代码中，从 "/*" 开始到 "*/" 结束的内容跨越了多行代码，是多行注释。需要注意的是，在多行注释中可以嵌套单行注释，但不可以嵌套多行注释。

3.2 变 量

在程序中，变量可以作为存储数据的容器，用于保存临时数据，并在需要时可以设置、更新或读取变量中的内容。此外，还可以保存用户输入的数据或运算结果。本节将讲解变量的相关内容。

3.2.1 什么是变量

在编写程序时，我们经常需要存储数据，以便后续使用。例如，将两个数字相加的结果存储起来，以便在后续的计算中使用。为了存储这些数据，可以在程序中声明一些变量。变量指的是程序在内存中申请的一块用来存放数据的空间。变量由变量名和变量值组成，通过给变量分配一个唯一的名称，可以使用该名称来引用变量，并访问或修改其对应的值。

变量名的命名规则如下：

① 变量名使用字母、数字、下划线或美元符号（$）命名，不能以数字开头，且不能包含 +、- 等运算符。例如，age、score、set_name、$a、user01 是有效的变量名，而 01student、02-user 是无效的变量名。

② 变量名严格区分大小写。例如 name 和 Name 是两个不相同的变量名。

③ 变量名应尽量做到"见其名知其义"，以便于理解和维护代码。例如，age 表示年龄、sex 表示性别、num 表示数字等。

④ 变量名遵循命名惯例。通常使用下划线分隔多个单词，如 show_message；或使用小驼峰命名法，变量的第 1 个单词首字母小写，后面的单词首字母大写，如 leftHand、myFirstName 等。

⑤ 避免使用 JavaScript 中的关键字作为变量名。关键字是 JavaScript 中被事先定义并赋予特殊含义的单词，如 if、this 就是 JavaScript 中的关键字。

多学一招：JavaScript 中常见的关键字

在 JavaScript 中，关键字分为保留关键字和未来保留关键字。保留关键字是指目前已经生效的关键字。常见的保留关键字见表 3-2。

表 3-2 常见的保留关键字

break	case	catch	class	const	continue
debugger	default	delete	do	else	export
extends	finally	for	function	if	import
in	instanceof	new	return	super	switch
this	throw	try	typeof	var	void
while	with	yield	enum	let	—

在表 3-2 中，每个关键字都有特殊的含义和作用。例如，var 关键字用于声明变量；const 关键字用于声明常量；while 关键字可以实现语句的循环；typeof 关键字用于检测数据类型等。

未来保留关键字是指 ECMAScript 规范中预留的关键字，目前它们没有特殊的作用，但是在未来的某个时间可能会具有一定的作用。未来保留关键字见表 3-3。

表 3-3 未来保留关键字

implements	package	public
interface	private	static
protected	—	—

在命名变量时，不建议使用表 3-3 中列举的未来保留关键字，以免未来它们转换为关键字时程序出错。

3.2.2 变量的声明与赋值

JavaScript 中变量的声明与赋值有两种方式，第 1 种方式是先声明变量后赋值；第 2 种方式是声明变量的同时赋值。下面分别进行讲解这两种方式。

1．先声明变量后赋值

JavaScript 中通常使用 var 关键字声明变量，声明变量后，变量值默认会被设定为 undefined，表示未定义。如果需要使用变量保存具体的值就需要在声明变量后为其赋值。

先声明变量后赋值的示例代码如下。

```
// 声明变量
var username;                    // 声明一个名称为 username 的变量
var age, height;                 // 同时声明 2 个变量
// 为变量赋值
username='张三';                 // 为变量赋值'张三'
age=20;                          // 为变量赋值 20
height=175;                      // 为变量赋值 175
```

在上述示例代码中，在 var 关键字后面同时声明了 age 和 height 变量，两个变量名之间使用英文逗号进行隔开。

如果想要查看变量的值，则可以使用 console.log() 语句将变量的值输出到控制台。例如，在上述代码的下方继续编写如下代码：

```
console.log('username 为: '+username);   // 输出变量 username 的值
console.log('age 为: '+age);             // 输出变量 age 的值
console.log('height 为: '+height);       // 输出变量 height 的值
```

运行上述代码，变量的输出结果如图 3-1 所示。

由图 3-1 可知，控制台中输出了"张三""20""175"，说明已经将变量的值输出到控制台。

```
username 为: 张三
age 为: 20
height 为: 175
```

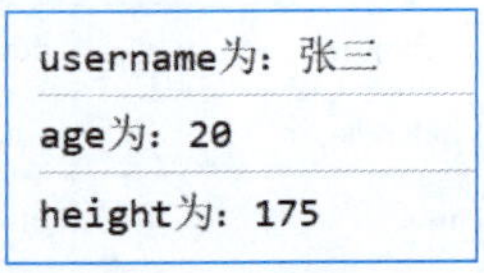

图 3-1 变量的输出结果

2．声明变量的同时赋值

在声明变量的同时为变量赋值，这个过程又称为定义变量或初始化变量，示例代码如下：

```
var username='小明';             // 声明 username 变量并赋值为'小明'
var sex='男';                    // 声明 sex 变量并赋值为'男'
```

```
var height=180;                           // 声明 height 变量并赋值为 180
```

下面通过代码演示如何交换两个变量的值，示例代码如下：

```
1  <script>
2    var a=10;
3    var b=20;
4    console.log('交换前：a='+a);
5    console.log('交换前：b='+b);
6    var temp=a;
7    a=b;
8    b=temp;
9    console.log('交换后：a='+a);
10   console.log('交换后：b='+b);
11 </script>
```

在上述示例代码中，第 2 行代码用于声明变量 a 并赋值为 10；第 3 行代码用于声明变量 b 并赋值为 20；第 4～5 行代码用于分别在控制台中输出交换前变量 a 和变量 b 的值；第 6～8 行代码用于实现变量 a 和变量 b 的值的交换。首先创建了临时变量 temp，然后把变量 a 的值赋给 temp，接着把变量 b 的值赋给 a，最后把 temp 的值赋给 b；第 9～10 行代码用于分别在控制台中输出交换后变量 a 和变量 b 的值。

上述示例代码运行后，交换两个变量的值后的输出结果如图 3-2 所示。

由图 3-2 可知，控制台中输出了交换前与交换后 a 变量和 b 变量的值，说明已经成功交换了两个变量的值。

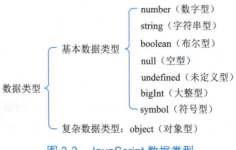

图 3-2　交换两个变量的值后的输出结果

3.3　数 据 类 型

在计算机中，数据有多种不同的类型，称为数据类型。本节将对数据类型分类和数据类型转换进行详细讲解。

3.3.1　数据类型分类

JavaScript 将数据类型分为两大类，分别是基本数据类型和复杂数据类型，如图 3-3 所示。

数据类型
- 基本数据类型
  - number（数字型）
  - string（字符串型）
  - boolean（布尔型）
  - null（空型）
  - undefined（未定义型）
  - bigInt（大整型）
  - symbol（符号型）
- 复杂数据类型：object（对象型）

图 3-3　JavaScript 数据类型

在基本数据类型中，bigInt 和 symbol 不常用，读者了解即可。对其他基本数据类型的讲解如下：

① number：值为整数或浮点数（表示小数），在数字前面添加"+"表示正数，添加"-"表示负数，通常情况下省略"+"。

② string：值为用单引号（'）、双引号（"）或反引号（`）括起来的一个或多个字符。

③ boolean：有 true 和 false 两个值。true 表示真或成立；false 表示假或不成立。

④ null：只有一个值 null，表示声明的变量未指向任何对象。

⑤ undefined：只有一个值 undefined，表示声明了一个变量但还未赋值。

多学一招：字面量

字面量是指源代码中的固定值的表示法，使用字面量可以在代码中表达某个值。在阅读代码时，通过观察字面量可以快速地判断数据的类型。JavaScript 中常见的字面量如下：

```
数字字面量：1、2、3
字符串字面量：'用户名'、"密码"
布尔字面量：true、false
数组字面量：[1, 2, 3]
对象字面量：{username: '小智', password: 123456}
```

3.3.2 数据类型转换

数据类型转换是指将一种数据类型转换为另一种数据类型。例如，在进行乘法运算时，如果给定字符串型数据，则需要将字符串型数据转换为数字型数据后才可以进行乘法运算。下面详细讲解如何将数据转换为布尔型数据、数字型数据、字符串型数据。

1. 将数据转换为布尔型数据

在比较数据或条件判断时，经常需要将数据转换为布尔型数据。在 JavaScript 中，使用 Boolean() 可以将给定的数据转换为布尔型数据，在转换时，表示空值或否定的值（包括空字符串、数字 0、NaN、null 和 undefined）会被转换为 false，其他的值会被转换为 true。

下面演示如何将数据转换为布尔型数据，示例代码如下：

```
1  console.log(Boolean(''));              // 输出结果为：false
2  console.log(Boolean(0));               // 输出结果为：false
3  console.log(Boolean(NaN));             // 输出结果为：false
4  console.log(Boolean(null));            // 输出结果为：false
5  console.log(Boolean(undefined));       // 输出结果为：false
6  console.log(Boolean('小智'));          // 输出结果为：true
7  console.log(Boolean(123456));          // 输出结果为：true
```

在上述示例代码中，第 1～5 行代码用于将空字符串、数字 0、NaN、null 和 undefined 转换为布尔型数据，输出结果均为 false；第 6 行代码用于将字符串 '小智' 转换为布尔型数据，输出结果为 true；第 7 行代码用于将数字 123456 转换为布尔型数据，输出结果为 true。

2. 将数据转换为数字型数据

在 JavaScript 的开发过程中，有时候需要将数据转换为数字型数据进行计算。例如，在进行算术时将字符串型数据转换为数字型数据。将数据转换为数字型数据的方式有三种，分别是 parseInt()、parseFloat() 和 Number()，这三种转换方式的具体介绍如下：

（1）parseInt()

在使用 parseInt() 将数据转换为数字型数据时，会直接省略数据的小数部分，返回数据的整数部分，示例代码如下：

```
console.log(parseInt('100.56'));         // 输出结果为：100
```

在上述示例代码中，将字符串 '100.56' 转换为数字 100，忽略了小数部分。

需要注意的是，使用 parseInt() 在进行数据类型转换时，parseInt() 会自动识别进制，示例代码如下：

```
console.log(parseInt('0xF'));            // 输出结果为：15
```

在上述示例代码中，parseInt() 会自动识别 '0xF' 为十六进制数，并将十六进制数转换为相应的十进制数，转换结果为 15。

（2）parseFloat()

在使用 parseFloat() 将数据转换为数字型数据时，会将数据转换为数字型数据中的浮点数，示例代码如下：

```
console.log(parseFloat('100.56'));       // 输出结果为：100.56
console.log(parseFloat('314e-2'));       // 输出结果为：3.14
```

在上述示例代码中，将字符串 '100.56' 转换为数字型数据，控制台中输出 100.56；将字符串 '314e-2' 转换为数字型数据，控制台中输出 3.14。

（3）Number()

使用 Number() 将数据转换为数字型数据的示例代码如下：

```
console.log(Number('100.56'));           // 输出结果为：100.56
console.log(Number('100.abc'));          // 输出结果为：NaN
```

在上述示例代码中，将字符串 '100.56' 转换为数字型数据，控制台中输出 100.56；将字符串 '100.abc' 转换为数字型数据，控制台中输出 NaN。

3. 将数据转换为字符串型数据

在 JavaScript 中可以使用 String() 或 toString() 将数据转换为字符串型数据，它们的区别是，String() 可以将任意类型的数据转换为字符串型数据；而 toString() 只能将除 null 和 undefined 之外的数据转换为字符串型数据。在使用 toString() 对数字进行数据类型的转换时，可以通过设置参数将数字转换为指定进制的字符串。

下面通过代码演示如何将数据转换为字符串型数据，示例代码如下：

```
1  var num1=23;
2  var num2=46;
3  console.log(String(num1));            // 输出结果为：23
```

```
4   console.log(num1.toString());           // 输出结果为：23
5   console.log(num2.toString(2));          // 输出结果为：101110
```

在上述示例代码中，第 1～2 行代码声明了变量 num1 和 num2，并分别赋值为 23 和 46；第 3 行代码使用 String() 将变量 num1 转换为字符串型数据并在控制台中输出；第 4 行代码使用 toString() 将变量 num1 转换为字符串型数据并在控制台中输出；第 5 行代码使用 toString() 将十进制数 46 转换为二进制数 101110，然后将二进制数 101110 转换为字符串型数据并在控制台中输出。

3.4 运 算 符

在实际开发中，经常需要对数据进行运算，JavaScript 提供了多种类型的运算符用于运算。运算符也称为操作符，主要包括算术运算符、比较运算符、逻辑运算符、赋值运算符和三元运算符，下面分别进行讲解。

3.4.1 算术运算符

在开发中，有时需要计算价格折扣、计算税额以及计算数量和金额的关系等。例如，商品原价为 100 元，现有折扣率为 20%，打折后的价格为 100-（100 * 20%）。这时可以通过使用算术运算符计算打折后的价格。

算术运算符用于对两个数字或变量进行算术运算，与数学中的加、减、乘、除运算类似。常用的算术运算符见表 3-4。

表 3-4　常用的算术运算符

算术运算符	运　算	示　例	结　果
+	加	3 + 3	6
-	减	4 - 2	2
*	乘	2 * 6	12
/	除	16 / 2	8
%	取模	3 % 7	3
**	幂运算	4 ** 2	16
++	自增（前置）	a = 2; b = ++a;	a = 3; b = 3;
++	自增（后置）	a = 2; b = a++;	a = 3; b = 2;
--	自减（前置）	a = 2; b = --a;	a = 1; b = 1;
--	自减（后置）	a = 2; b = a--;	a = 1; b = 2;

在表 3-4 中，自增和自减运算可以快速地对变量的值进行递增或递减操作，它们属于一元运算符，只对一个表达式进行操作；而前面学过的"+""-"等运算符属于二元运算符，对两个表达式进行操作。自增和自减运算符既可以放在变量前（如 ++i、--i），也可以放在变量后（如 i++、i--）。当放在变量前时，称为前置自增（或前置自减）运算符，放在

变量后时，称为后置自增（或后置自减）运算符。前置和后置的区别在于，前置返回的是计算后的结果，后置返回的是计算前的结果。

下面通过代码演示自增运算符的使用，示例代码如下：

```
var a=1, b=1;
console.log(++a);              // 输出结果：2
console.log(a);                // 输出结果：2
console.log(b++);              // 输出结果：1
console.log(b);                // 输出结果：2
```

多学一招：表达式

表达式是一组代码的集合，其运行结果会生成一个值。变量和各种类型的数据都可以用于构成表达式。下面列举一些常见的表达式：

```
var num=3+3;                   // 将表达式 3+3 的值 6 赋值给变量 num
num=7;                         // 将表达式 7 的值赋值给变量 num
var age=23+num;                // 将表达式 23+num 的值 30 赋值给变量 age
age=num=35;                    // 将表达式 num=35 的值 35 赋值给变量 age
console.log(age);              // 将表达式 age 的值作为参数传给 console.log()
alert(prompt('a'));            // 将表达式 prompt('a') 的值作为参数传给 alert()
alert(parseInt(prompt('num')) + 1);   // 由简单的表达式组合成的复杂表达式
```

3.4.2 比较运算符

在开发中，有时需要根据商品的销量对商品进行排序。这时可以通过使用比较运算符比较商品的销量，从而实现排序功能。

比较运算符用于对两个数据进行比较，返回一个布尔类型的值，即 true 或 false。常用的比较运算符见表 3-5。

表 3-5 常用的比较运算符

比较运算符	运算	示例	结果
>	大于	5 > 5	false
<	小于	5 < 5	false
>=	大于或等于	5 >= 5	true
<=	小于或等于	5 <= 5	true
==	等于	'5' == 5	true
!=	不等于	'5' != 5	false
===	全等	5 === 5	true
!==	不全等	5 !== '5'	true

需要注意的是，运算符"=="和"!="在进行比较时，如果比较的两个数据的类型不同，会自动转换成相同的类型再进行比较。例如，字符串 '123' 与数字 123 比较时，首先会将字符串 '123' 转换成数字 123，再与 123 进行比较。而"==="和"!=="运算符在进行比较时，不仅要比较值是否相等，还要比较数据的类型是否相同。

3.4.3 逻辑运算符

在开发中,有时需要对多个条件进行判断,只有当这些条件同时成立时才执行后续的代码。这时可以通过使用逻辑运算符来组合多个条件,判断它们的逻辑关系。例如,在登录功能中,只有当用户输入了有效的账号和密码时,才能成功登录。

逻辑运算符用于对布尔值进行运算,其返回值也是布尔值,常用的逻辑运算符见表3-6。

表3-6 常用的逻辑运算符

逻辑运算符	运算	示例	结果
&&	与	a && b	如果a的值为true,则结果为b的值;如果a的值为false,则结果为a的值
||	或	a || b	如果a的值为true,则结果为a的值;如果a的值为false,则结果为b的值
!	非	!a	如果a的值为true,则结果为false;如果a的值为false,则结果为true

需要注意的是,JavaScript在判断其他数据类型的值是否为布尔值时,会发生数据类型转换,转换规则参考3.3.2小节。

3.4.4 赋值运算符

在开发中,经常需要为变量设置初始值,并在程序执行过程中更新变量的值。这时可以通过使用赋值运算符来为变量赋值。

赋值运算符用于将运算符右边的值赋给左边的变量。常用的赋值运算符见表3-7。

表3-7 常用的赋值运算符

赋值运算符	描述	示例	结果
=	赋值	a = 3;	a = 3
+=	加并赋值	a = 3; a += 2;	a = 5
	字符串拼接并赋值	a = 'ab'; a += 'cde';	a = 'abcde'
-=	减并赋值	a = 3; a -= 2;	a = 1
*=	乘并赋值	a = 3; a *= 2;	a = 6
/=	除并赋值	a = 3; a /= 2;	a = 1.5
%=	取模并赋值	a = 3; a %= 2;	a = 1

3.4.5 三元运算符

三元运算符包括"?"和":",用于组成三元表达式。三元表达式用于根据条件表达式的值来决定是"?"后面的表达式被运行还是":"后面的表达式被运行。

三元运算符的语法格式如下:

```
条件表达式 ? 表达式1 : 表达式2
```

在上述语法格式中,当条件表达式为true时,返回表达式1的值;当条件表达式为false时,返回表达式2的值。

下面通过代码演示三元运算符的使用,示例代码如下:

```
1  var age=prompt('请输入需要判断的年龄:');
```

```
2    var status=age>=18 ? '已成年' : '未成年';
3    console.log(status);
```

上述示例代码用于根据用户输入的年龄判断用户是已成年还是未成年。第 1 行代码中的 age 变量用于接收用户输入的年龄，第 2 行代码首先执行 "age >= 18"，当判断结果为 true 时，将 "已成年" 赋值给变量 status，否则将 "未成年" 赋值给变量 status。通过控制台可以查看输出结果。

3.5 函　　数

函数是指实现某个特定功能的一段代码，相当于将包含一条或多条语句的代码块包裹起来，用户在使用时只需关心参数和返回值，就能实现特定的功能。对开发人员来说，使用函数实现某个功能时，可以把精力放在要实现的具体功能上，而不用研究函数内的代码是如何编写的。函数的优势在于可以提高代码的复用性，降低程序的维护难度。本节将讲解函数的定义与调用、函数的返回值和匿名函数。

3.5.1 函数的定义与调用

在 JavaScript 中，函数分为内置函数和自定义函数。内置函数是指由 JavaScript 预先提供的可以直接使用的函数，自定义函数是指由开发人员自定义的用于实现某个特定功能的函数。自定义函数在使用之前要先定义，定义函数后，可以在程序的任意位置调用该函数来实现特定的功能。

定义函数的语法格式如下：

```
function 函数名([参数1, 参数2, ……]){
    函数体
}
```

针对上述语法格式的介绍如下：
- function：定义函数的关键字。
- 函数名：一般由字母、数字、下划线和 $ 组成。需要注意的是，函数名不能以数字开头，且不能是 JavaScript 中的关键字。
- 参数：外界传递给函数的值，此时的参数称为形参，它是可选的，多个参数之间使用逗号 ","分隔，"[]"用于在语法格式中标识可选参数，实际编写代码时不用写 "[]"。
- 函数体：由函数内所有代码组成的整体，用于实现特定功能。

定义完函数后，如果想要在程序中调用函数，只需要通过 "函数名()" 的方式调用即可，小括号中可以传入参数，函数调用的语法格式如下：

```
函数名([参数1, 参数2, ……])
```

在上述语法格式中，参数表示传递给函数的值，也称为实参；"([参数1,参数2,……])" 表示实参列表，实参个数可以是 0 个、1 个或多个。通常，函数的实参列表与形参列表顺序一致。当函数体内不需要参数时，调用函数时可以不传参。

需要说明的是，在程序中定义函数和调用函数的编写顺序不分前后。

下面通过代码演示函数的定义与调用，示例代码如下：

```
// 定义函数
function sayHello(){
  console.log('Hello World');
}
// 调用函数
sayHello();                           // 输出结果为：Hello World
```

在上述示例代码中，定义了 sayHello() 函数，并调用了该函数。

为了让读者更好地掌握函数的使用，下面演示一个自定义函数的使用场景。假设程序中有两处代码，分别用于求 1～100 和 50～100 的累加和。其中，求 1～100 的累加和的示例代码如下：

```
var sum=0;
for(var i=1; i<=100; i++){
  sum+=i;
}
console.log(sum);                     // 输出结果为：5050
```

求 50～100 的累加和的示例代码如下：

```
var sum=0;
for(var i=50; i<=100; i++){
  sum+=i;
}
console.log(sum);                     // 输出结果为：3825
```

通过对比求 1～100 和 50～100 的累加和的示例代码可以发现，累加的数字范围可能会根据需求而改变，而累加的功能代码本质是相同的。此时使用自定义函数，可以把相同的代码进行封装，提高代码的复用性，示例代码如下：

```
// 定义 getSum() 函数，将代码写在大括号"{}"中
function getSum(num1, num2){
  var sum=0;
  for(var i=num1; i<=num2; i++){
    sum+=i;
  }
  console.log(sum);                   // 函数运行结束后，将结果输出到控制台
}
// 调用 getSum() 函数，在调用时需要写上小括号，并在小括号里传入参数
getSum(1, 100);                       // 输出结果为：5050
getSum(50, 100);                      // 输出结果为：3825
```

由上述示例代码可知，使用函数只需将原本重复的代码编写一次，就可以重复调用。在调用函数时，只需要传入两个参数即可按照相同的方式进行处理，最终得到不同的运行结果。

以上内容讲解的是函数的形参和实参个数相同的情况，函数的形参和实参的个数可以不相同。当实参的数量多于形参的数量时，函数可以正常运行，多余的实参没有形参接收，会被忽略；当实参的数量少于形参的数量时，多余的形参类似于一个已声明未赋值的变量，

其值为 undefined。

下面通过代码演示函数参数的数量问题，示例代码如下：

```javascript
function getProduct(num1, num2) {
  console.log(num1, num2);
}
getProduct(7, 8, 9);                // 输出结果为：7 8
getProduct(5);                      // 输出结果为：5 undefined
```

从上述示例代码可以看出，当实参数量多于形参数量时，函数能够正常运行；当实参数量少于形参数量时，多余的形参的值为 undefined。

当不确定函数中接收到多少个实参时，可以使用 arguments 对象获取所有实参，示例代码如下：

```javascript
function fn(){
  console.log(arguments);           // 输出结果为：Arguments(3) [1, 2, 3, ……]
  console.log(arguments.length);    // 获取参数的个数，输出结果为：3
  console.log(arguments[1]);        // 获取第 2 个参数的值，输出结果为：2
}
fn(1, 2, 3);
```

由上述示例可知，在函数中访问 arguments 对象，可以获取函数调用时传递过来的所有实参。需要注意的是，虽然可以使用"[]"访问 arguments 中的元素，但 arguments 并不是一个真正的数组，而是一个类似数组的对象。

函数的定义与调用是编程中非常重要的开发技能，希望读者在学习的过程中能够不断探索和尝试，培养独立思考的能力，同时也要积极与他人交流分享经验，并不断改善自己的思考方式和学习方法，这样才能提升自己的思维能力。

3.5.2　函数的返回值

若调用函数后需要返回函数的结果，在函数体中可以使用 return 关键字，返回的结果称为返回值。

函数返回值的语法格式如下：

```
function 函数名(){
  return 需要返回的值；
}
```

下面通过代码演示函数的返回值的使用，示例代码如下：

```javascript
function getResult(){
  return 123456;
}
// 通过变量接收返回值
var result=getResult();
console.log(result);                // 输出结果为：123456
// 调用函数并直接输出返回值
console.log(getResult());           // 输出结果为：123456
```

如果 getResult() 函数没有使用 return 返回一个值，则调用函数后获取到的返回值为 undefined，示例代码如下：

```
function getResult(){}
// 直接将函数的返回值输出
console.log(getResult());            // 输出结果为：undefined
```

3.5.3 函数表达式

函数表达式是指以表达式的形式将定义的函数赋值给一个变量。赋值后，通过"变量名()"的方式完成函数的调用，在小括号"()"中可以传递参数。函数表达式也是 JavaScript 中另一种实现自定义函数的方式。

下面通过代码演示函数表达式的使用，示例代码如下：

```
// 定义求两个数乘积的函数表达式
var fn=function multiply(num1, num2){
  return num1*num2;
};
// 调用函数并将结果输出到控制台
console.log(fn(3, 5));            // 输出结果为：15
```

由上述示例代码可知，函数表达式的定义方式与函数的定义方式几乎相同，不同的是，函数表达式的定义必须在调用前完成，并且使用"变量名()"的方式进行调用，不能使用函数名（如 multiply()）进行调用，而函数的定义则不限制定义与调用的顺序。如果不需要使用函数表达式中的函数名，则可以省略。

3.5.4 匿名函数

在实际项目开发中，通常需要团队合作才能完成一个完整的项目，团队中的每个程序员在编写代码实现功能时，经常会定义一些函数，在给函数命名时经常遇到与其他程序员命名相同的问题。在 JavaScript 中，使用匿名函数可以有效避免函数名冲突的问题。

匿名函数是指没有名字的函数，即在定义函数时省略函数名。下面讲解匿名函数的使用场景。

1. 在函数表达式中省略函数名

在函数表达式中，如果不需要函数名，则可以省略，调用时使用"变量名()"的方式即可，示例代码如下：

```
var fn=function(num1, num2){
  return num1*num2;
};
console.log(fn(3, 5));            // 输出结果为：15
```

在上述示例代码中，函数表达式中省略了函数名，此时该函数为匿名函数。

2. 匿名函数自调用

匿名函数自调用是指将匿名函数写在小括号"()"内，然后对其进行调用。在实际开发中，如果希望某个功能只能实现一次，则可以使用匿名函数自调用。

匿名函数自调用的示例代码如下：

```
(function(num1, num2){
```

```
    console.log(num1 * num2);
})(4, 5);                            // 输出结果为：20
```

在上述示例代码中，将匿名函数写在了小括号内，匿名函数所在的小括号后面的小括号表示给匿名函数传递参数并立即运行，完成函数的自调用。

在实际开发中，经常会使用匿名函数处理事件。关于事件的相关知识将在 3.9 节详细讲解，此处读者了解即可。例如，使用匿名函数处理单击事件，示例代码如下：

```
document.body.onclick=function(){
  alert('会当凌绝顶，一览众山小');
};
```

在上述示例代码中，使用匿名函数处理单击事件，实现在页面中弹出警告框提示"会当凌绝顶，一览众山小"。

学习了匿名函数后，我们可以使用匿名函数提高代码的简洁度，解决团队协作中出现的命名冲突问题。在实际工作中，团队成员在任务分配、人际关系等方面也会产生冲突，解决团队成员之间冲突的办法是进行有效的沟通，并坦诚交流，积极寻找解决方案，以便团队成员之间能够互补互助，共同完成任务。

3.6 流程控制

在 JavaScript 中，当需要实现复杂的业务逻辑时，需要对程序进行流程控制。根据流程控制的需要，通常将程序分为三种结构，分别是顺序结构、选择结构和循环结构。顺序结构是指程序按照代码的先后顺序自上而下地运行，由于顺序结构比较简单，所以不过多介绍。本节主要讲解选择结构和循环结构。

3.6.1 选择结构

在代码由上到下执行的过程中，根据不同的条件，执行不同的代码，从而得到不同的结果，这样的结构就是选择结构。JavaScript 提供了选择结构语句（或称为条件判断语句）来实现程序的选择结构。常用的选择结构语句包括 if 语句、if…else 语句、if…else if…else 语句和 switch 语句，具体讲解如下：

1．if语句

if 语句也称为单分支语句，只包含一个条件表达式和对应的代码段，其语法格式如下：

```
if(条件表达式){
  代码段
}
```

在上述语法格式中，条件表达式的值会被视为布尔值，当该值为 true 时，执行代码段；如果值为 false，则直接跳过代码段。当代码段中只有一条语句时，可以省略"{}"。

下面通过代码演示如何使用 if 语句实现只有当年龄大于或等于 18 周岁时，才输出"已成年"，否则不输出任何信息，示例代码如下：

```
var age=20;
if(age>=18){
   console.log('已成年');
}
```

在上述示例代码中，声明了变量 age 并赋值为 20，由于变量 age 的值为 20，20 大于 18，所以条件表达式的值为 true，运行"{}"中的代码段，控制台中的输出结果为"已成年"。如果将上述示例代码中变量 age 的值修改为 13，则条件表达式的值为 false，此时不做任何处理。

2. if…else 语句

if…else 语句也称为双分支语句，包含两个互斥的条件表达式和对应的代码段。根据条件表达式的值，选择执行不同的代码段。if…else 语句的语法格式如下：

```
if(条件表达式){
   代码段1
} else {
   代码段2
}
```

在上述语法格式中，当条件表达式的值为 true 时，执行代码段 1；如果值为 false，则执行代码段 2。

下面通过代码演示如何使用 if…else 语句实现当年龄大于或等于 18 周岁时，输出"已成年"，否则输出"未成年"，示例代码如下：

```
var age=12;
if(age>=18){
   console.log('已成年');
} else {
   console.log('未成年');
}
```

在上述示例代码中，声明了变量 age 并赋值为 12，由于变量 age 的值为 12，12 小于 18，所以条件表达式的值为 false，运行 else 后"{}"中的代码段，控制台的输出结果为"未成年"。如果将上述示例代码中变量 age 的值修改为 18，则条件表达式的值为 true，将会在控制台中输出"已成年"。

3. if…else if…else 语句

if…else if…else 语句也称为多分支语句，包含多个互斥的条件表达式和对应的代码段。根据条件表达式的值，选择执行不同的代码段。if…else if…else 语句的语法格式如下：

```
if(条件表达式1){
   代码段1
} else if(条件表达式2){
   代码段2
}
……
else if(条件表达式n){
   代码段n
} else {
   代码段n+1
}
```

在上述语法格式中，当条件表达式 1 的值为 true 时，执行代码段 1；当条件表达式 1 的值为 false 时，继续判断条件表达式 2 的值，当条件表达式 2 的值为 true 时，执行代码段 2，依此类推。如果所有条件表达式的值都为 false，则执行最后的 else 中的代码段。如果最后没有 else，则直接结束。

下面通过代码演示如何使用 if...else if...else 语句实现对学生考试成绩按分数进行等级的划分：大于或等于 90 分为优秀、大于或等于 80 分且小于 90 分为良好、大于或等于 70 分且小于 80 分为中等、大于或等于 60 分且小于 70 分为及格、小于 60 分为不及格，示例代码如下：

```
var score=88;
var grade;
if(score>=90){
  grade='优秀';
} else if(score>=80){
  grade='良好';
} else if(score>=70){
  grade='中等';
} else if(score>=60){
  grade='及格';
} else {
  grade = '不及格';
}
console.log('学生的成绩为：' + score + '，等级为：' + grade);
```

在上述示例代码中，首先定义了一个变量 score 存储学生的成绩，然后使用 if...else if...else 语句判断成绩所属的等级，并将结果存储在变量 grade 中，最后通过 console.log() 语句输出考试成绩和对应的等级。由于成绩为 88，大于 80，条件表达式"score >= 80"的值为 true，最终在控制台中输出"学生的成绩为：88，等级为：良好"。

4．switch 语句

switch 语句也称为多分支语句，该语句与 if...else if...else 语句类似，区别是 switch 语句只能针对某个表达式的值做出判断，从而决定运行哪一段代码。与 if...else if...else 语句相比，switch 语句可以使代码更加清晰简洁、便于阅读。

switch 语句的语法格式如下：

```
switch(表达式){
  case 值1 
    代码段 1；
    break;
  case 值2 
    代码段 2；
    break;
  ……
  default:
    代码段 n；
}
```

在上述语法格式中，首先计算表达式的值，然后将表达式的值和每个 case 的值进行比较，如果数据类型不相同会自动进行数据类型转换，如果表达式的值和 case 的值相等，则运行 case 后对应的代码段。当遇到 break 语句时跳出 switch 语句，如果省略 break 语句，则继续运行下一个 case 后面的代码段。如果所有 case 的值与表达式的值都不相等，则运行 default 后面的代码段。需要说明的是，default 是可选的，可以根据实际需要进行设置。

下面通过代码演示如何使用 switch 语句实现判断变量 week 的值，当 week 变量的值为 1～6 时，输出星期一到星期六；当变量 week 的值为 0 时，输出星期日；如果没有与变量 week 的值相等的 case 值，则输出"输入错误，请重新输入"，示例代码如下：

```
var week=3;
switch(week){
  case 0:
    console.log('星期日');
    break;
  case 1:
    console.log('星期一');
    break;
  case 2:
    console.log('星期二');
    break;
  case 3:
    console.log('星期三');
    break;
  case 4:
    console.log('星期四');
    break;
  case 5:
    console.log('星期五');
    break;
  case 6:
    console.log('星期六');
    break;
  default:
    console.log('输入错误，请重新输入');
};
```

在上述示例代码中，声明变量 week 并赋值为 3，switch 语句首先计算表达式的值，表达式 week 的值为 3，然后将表达式的值与 case 值进行比较，当匹配到与表达式相等的 case 值时，运行"console.log(' 星期三 ');"，在控制台中输出"星期三"。

以上讲解了四种选择结构语句。在编程中，通过选择结构语句可以根据条件执行不同的分支语句。同样，在人生中，我们也会面临各种选择和决策，然而我们并非每次作出的选择都是正确的。因此，我们在做出选择前，要仔细权衡不同的选择潜在的风险及其带来的影响。

3.6.2 循环结构

循环结构用于批量操作以实现一段代码的重复执行。例如，连续输出 1～100 的整数，如果不使用循环结构，则需要编写 100 次输出代码才能实现，而使用循环结构，仅使用几行代码就能让程序自动输出。

JavaScript 提供的循环语句有 for、while、do…while 共三种。本节将针对这三种循环语句进行详细讲解。

1．for 语句

for 语句适用于循环次数已知的情况，其语法格式如下：

```
for(初始化变量; 条件表达式; 操作表达式){
    循环体
}
```

针对上述语法格式的介绍如下:
- 初始化变量:初始化一个用于作为计数器的变量,通常使用 var 关键字声明一个变量并赋初始值。
- 条件表达式:决定循环是否继续,即循环条件。
- 操作表达式:通常用于对计数器变量进行更新,是每次循环中最后运行的代码。

下面通过代码演示如何使用 for 语句实现在控制台中输出 0 ~ 100 的整数,示例代码如下:

```
for(var i=0; i<=100; i++){
    console.log(i);
}
```

在上述示例代码中,"var i = 0"表示声明计数器变量 i 并赋初始值为 0;"i <= 100"是条件表达式,作为循环条件,当计数器变量 i 小于或等于 100 时运行循环体中的代码;"i++"是操作表达式,用于在每次循环中为计数器变量 i 加 1。

2. while 语句

while 语句和 for 语句可以相互转换,都能够实现循环。while 语句适用于循环次数不确定的情况,其语法格式如下:

```
while(条件表达式){
    循环体
}
```

在上述语法格式中,while 语句会先判断条件表达式的值,再根据条件表达式的值决定是否运行循环体。如果条件表达式的值为 true,则循环执行循环体,直到条件表达式的值为 false 时才结束循环。

需要注意的是,在循环体中需要对计数器的值进行更新,以防止出现死循环。

下面通过代码演示如何使用 while 语句实现在控制台中输出 1 ~ 100 的整数,示例代码如下:

```
1  var num=1;
2  while(num<=100){
3      console.log(num);
4      num++;
5  }
```

在上述示例代码中,第 1 行代码用于声明变量 num 并赋值为 1;第 2 行代码的"num <= 100"是循环条件;第 3 行代码用于循环输出变量 num 的值;第 4 行代码用于实现变量 num 的自增。

3. do…while 语句

do…while 语句和 while 语句类似,其区别在于 do…while 语句会无条件地执行一次循环体,然后再判断条件表达式的值,根据条件表达式的值决定是否继续执行循环。do…

while 语句的语法格式如下：

```
do{
   循环体
} while (条件表达式);
```

在上述语法格式中，首先执行 do 后面"{}"中的循环体，然后再判断 while 后面的循环条件。当条件表达式的值为 true 时，继续执行循环体，否则，结束本次循环。

下面通过代码演示如何使用 do…while 语句实现在控制台中输出 1～100 的整数，示例代码如下：

```
1  var num=1;
2  do{
3     console.log(num);
4     num++;
5  } while(num<=100);
```

在上述示例代码中，第 1 行代码用于声明变量 num 并赋值为 1；第 3 行代码用于输出变量 num 的值；第 4 行代码用于实现变量 num 的自增；第 5 行代码的"num <= 100"是循环条件。

3.7 数　　组

在实际开发中，经常需要保存一批相关联的数据并进行处理。例如，保存一个班级中所有学生的语文考试成绩并计算这些成绩的平均分。虽然我们可以通过多个变量分别保存每位学生的考试成绩，再将这些变量相加后除以班级人数，求出平均分，但是这种方式非常麻烦和低效。此时，可以使用数组来保存班级内每位学生的成绩，然后通过对数组的处理求出平均分，这种方式不仅简单，而且开发效率更高。下面详细讲解如何创建数组、访问数组和遍历数组。

1. 创建数组

若要使用数组，首先需要将数组创建出来。使用数组字面量"[]"创建数组的语法格式如下：

```
[元素1, 元素2, …]
```

在上述语法格式中，元素由索引和值构成，其中，索引也称为下标，用数字表示，默认情况下从 0 开始依次递增，用于识别元素；值为元素的内容，可以是任意类型的数据，例如，数字、字符串、数组等；元素的数量可以是 0 个或多个，若元素的数量是 0 个，则表示创建一个空数组；各元素之间使用","分隔，数组最后一个元素后面的逗号通常省略。

在 JavaScript 中，允许数组中含有空位，数组中的空位表示没有任何值，语法格式如下：

```
[元素1, , 元素2, …]
```

在上述语法格式中，元素 1 和元素 2 之间含有 1 个空位。

下面通过代码演示如何使用数组字面量"[]"创建数组，示例代码如下：

```
1  var arr01=[];
2  var arr02=['小明', , ,'小智'];
3  var arr03=['草莓', '苹果', '香蕉'];
4  var arr04=[13, '玉米', true, null, undefined, [22, 33]];
```

在上述示例代码中，第 1 行代码用于创建一个空数组；第 2 行代码用于创建含有空位的数组，在该数组的 ' 小明 ' 元素和 ' 小智 ' 元素之间含有 2 个空位；第 3 行代码用于创建含有 3 个元素的数组；第 4 行代码用于创建一个保存数字型元素、字符串型元素、布尔型元素、空型元素、未定义型元素和数组元素的数组。

2．访问数组

当创建数组后，就可以访问数组中的某个元素。在 JavaScript 中，访问数组的语法格式如下：

```
数组名 [ 索引 ]
```

下面通过代码演示如何在创建数组后访问数组，示例代码如下：

```
1  var course=['语文', '数学', '英语', '历史'];
2  console.log(course);       // 输出结果为：(4) ['语文', '数学', '英语', '历史']
3  console.log(course[0]);          // 输出结果为：语文
4  console.log(course[1]);          // 输出结果为：数学
5  console.log(course[2]);          // 输出结果为：英语
6  console.log(course[3]);          // 输出结果为：历史
7  console.log(course[4]);          // 输出结果为：undefined
```

在上述示例代码中，第 1 行代码用于创建包含 4 个元素的数组 course；第 2 行代码用于在控制台中输出 course 数组，输出结果中包含数组长度和所有数组元素；第 3～7 行代码用于在控制台中输出 course 数组中索引为 0～4 的元素，由于 course 数组的最大索引为 3，所以当访问 course 数组中索引为 4 的元素时，控制台中输出 undefined，表示数组元素不存在。

3．遍历数组

通常在数组中会有多个元素，如果需要访问数组中的所有元素，使用"数组名 [索引]"的方式进行访问不仅麻烦，还增加了代码量，这时可以使用遍历数组的方式访问数组中的所有元素。遍历数组是指将数组中的元素全部访问一遍。使用 for 语句可以对数组进行遍历。

在 JavaScript 中，遍历数组的语法格式如下：

```
for(var i=0; i< 数组名 .length; i++){
   数组名 [i]
}
```

在上述语法格式中，变量 i 表示循环计数器，该名称可以自定义；数组名是指用于保存数组的变量名，如果数组中包含空位，则空位也会被计算在数组长度内；数组名 .length 表示获取数组长度，即数组中元素的个数，数组长度取值范围为 0 到 $2^{32}-1$（包括 $2^{32}-1$）之间的整数。若数组长度设置为负数或小数，程序会报错。

下面通过代码演示如何遍历数组以计算班级中语文成绩的平均分。首先使用数组保存班级中所有学生的语文成绩，然后通过遍历数组对数组元素求和，最后使用求和结果除以数组的长度求出班级的语文成绩平均分，示例代码如下：

```
1  var scores=[75, 78, 83, 88, 89, 60, 56, 95, 93, 67];
2  var sum=0;
3  for(var i=1; i<scores.length; i++){
4   sum += scores[i];
5  }
6  var average=sum/scores.length;
7  console.log('班级语文成绩的平均分为： '+average);
```

在上述示例代码中，第 1 行代码定义 scores 变量，该变量是一个数组，用于存储班级中所有学生的语文成绩；第 2 行代码定义变量 sum，用于存储班级中所有学生的语文成绩总和；第 3～5 行代码使用 for 语句遍历 scores 数组，并将每个成绩添加到总和中；第 6 行代码使用 sum 除以 scores.length 来计算班级语文成绩的平均分；第 7 行代码用于在控制台中输出班级语文成绩的平均分。

上述示例代码运行后，控制台中会输出"70.9"，说明使用 for 语句可以遍历数组并成功求出班级语文成绩的平均分。

3.8 DOM 操作

在网页开发中，DOM 扮演着非常重要的角色，使用 DOM 可以获取元素、操作元素的内容、属性和样式等，从而实现丰富多彩的网页交互效果。本节将详细讲解 DOM 的基础知识。

3.8.1 DOM简介

DOM 是 W3C 组织制定的用于处理 HTML 文档和 XML 文档的编程接口。DOM 将整个文档视为树形结构，这个结构被称为文档树。页面中所有的内容在文档树中都是节点，所有的节点都会被看作对象，这些对象都拥有属性和方法。文档树的结构如图 3-4 所示。

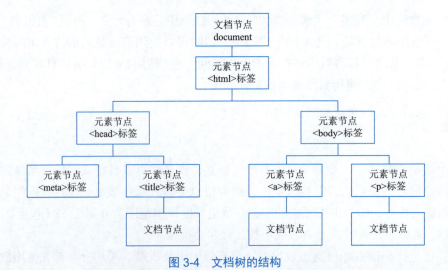

图 3-4　文档树的结构

图 3-4 展示了文档树中各节点之间的关系。文档节点是整个文档树的根节点，HTML

文档中所有的标签都属于元素节点，标签中包含的文本内容都属于文本节点。

3.8.2 获取元素

在实际开发中，如果想要为元素设置样式，则需要使用 CSS 选择器选择目标元素。同样，在使用 DOM 操作元素时，也需要先获取目标元素，才能对其进行操作。

在 DOM 中，可以通过多种方式获取元素，例如，根据 id 属性、标签名、name 属性、类名、CSS 选择器获取元素。document 对象提供了用于获取元素的常用方法，见表 3-8。

表 3-8 获取元素的常用方法

方　　法	描　　述
getElementById()	返回对拥有指定 id 属性的第一个元素
getElementsByName()	返回带有指定名称的元素集合
getElementsByTagName()	返回带有指定标签名的元素集合
querySelector()	返回指定 CSS 选择器的第一个元素
querySelectorAll()	返回指定 CSS 选择器的元素集合

下面通过代码演示 getElementsByClassName() 方法的使用，示例代码如下：

```
1   <body>
2     <ul>
3       <li class="girl"> 小花 </li>
4       <li class="girl"> 小红 </li>
5       <li class="boy"> 小智 </li>
6       <li class="boy"> 小强 </li>
7     </ul>
8     <script>
9       var girlStudent=document.getElementsByClassName('girl');
10      var boyStudent=document.getElementsByClassName('boy');
11      console.log(girlStudent[0]);
12      console.log(boyStudent[1]);
13    </script>
14  </body>
```

在上述示例代码中，第 2 ～ 7 行代码用于定义一个展示学生名单的无序列表，并给 li 元素设置类名；第 9 行代码通过 getElementsByClassName() 方法获取类名为 girl 的元素；第 10 行代码通过 getElementsByClassName() 方法获取类名为 boy 的元素；第 11 行代码用于在控制台中输出 girlStudent 集合中索引为 0 的元素；第 12 行代码用于在控制台中输出 boyStudent 集合中索引为 1 的元素。

上述示例代码运行后，控制台中会输出两个 li 元素，类名分别为 girl 和 boy，内容分别是小花和小强。说明通过 getElementsByClassName() 方法成功获取到目标元素。

3.8.3 操作元素内容

在实际开发中，当需要修改页面中的内容时，就需要操作元素内容，例如，修改页面元素的文本内容，或动态生成页面内容等。

下面列举 DOM 提供的操作元素内容的常用属性，见表 3-9。

表 3-9 操作元素内容的常用属性

属性	作用
innerHTML	设置或获取元素开始标签和结束标签之间的 HTML 内容，返回结果包含 HTML 标签，并保留空格和换行
innerText	设置或获取元素的文本内容，返回结果会去除 HTML 标签和多余的空格和换行，在设置文本内容时会进行特殊字符转义
textContent	设置或获取元素的文本内容，返回结果保留空格和换行

表 3-9 中的属性在使用时有一定的区别，innerHTML 属性获取的元素内容包含 HTML 标签；innerText 属性获取的元素内容不包含 HTML 标签；textContent 属性和 innerText 属性相似，都可以用来设置或获取元素的文本内容，并且返回结果会去除 HTML 标签，但是 textContent 属性还可以用于设置或获取占位隐藏元素的文本内容。

下面通过代码演示 innerHTML、innerText 和 textContent 属性的使用。首先搭建一个展示商品种类和商品状态的表格，商品种类包括过季旧款、当前热销和春季新品，对应的状态分别是已下架、热卖中和待上架；然后通过 innerHTML 属性将过季旧款对应的商品状态修改为已删除，通过 innerText 属性获取当前热销的商品状态，通过 textContent 属性获取春季新品的商品状态，示例代码如下：

```
1  <head>
2    <style>
3      table{
4        width: 50%;
5        border-collapse: collapse;
6        margin: 20px auto;
7      }
8      caption{
9        font-size: 1.5em;
10       margin-bottom: 10px;
11     }
12     th, td{
13       border: 1px solid #000;
14       padding: 8px;
15       text-align: center;
16     }
17     th{
18       background-color: #4a8de6;
19       color: #fff;
20     }
21     tr:nth-child(odd){
22       background-color: #f0f0f0;
23     }
24   </style>
25 </head>
26 <body>
27   <table>
28     <caption> 商品信息详情 </caption>
29     <thead>
30       <th> 商品种类 </th>
31       <th> 商品状态 </th>
```

```
32        </thead>
33        <tbody>
34          <tr>
35            <td> 过季旧款 </td>
36            <td id="oldSeason"> 已下架 </td>
37          </tr>
38          <tr>
39            <td> 当前热销 </td>
40            <td id="hotSelling"> 热卖中 </td>
41          </tr>
42          <tr>
43            <td> 春季新品 </td>
44            <td id="springNew"> 待上架 </td>
45          </tr>
46        </tbody>
47      </table>
48      <script>
49        var oldSeasonStatus=document.getElementById('oldSeason').innerHTML
 = ' 已删除 ';
50        console.log(' 过季旧款商品状态： '+oldSeasonStatus);
51        var hotSellingStatus = document.getElementById('hotSelling').
innerText;
52        console.log(' 当前热销商品状态： '+hotSellingStatus);
53        var springNewStatus = document.getElementById('springNew').
textContent;
54        console.log(' 春季新品商品状态： '+springNewStatus);
55      </script>
56    </body>
```

在上述示例代码中，第 49～50 行代码获取 id 属性值为 oldSeason 的元素，通过 innerHTML 属性将元素内容设置为已删除，并将其文本内容输出到控制台中；第 51～52 行代码获取 id 属性值为 hotSelling 的元素，并将其文本内容输出到控制台中；第 53～54 行代码获取 id 属性值为 springNew 的元素，并将其文本内容输出到控制台中。

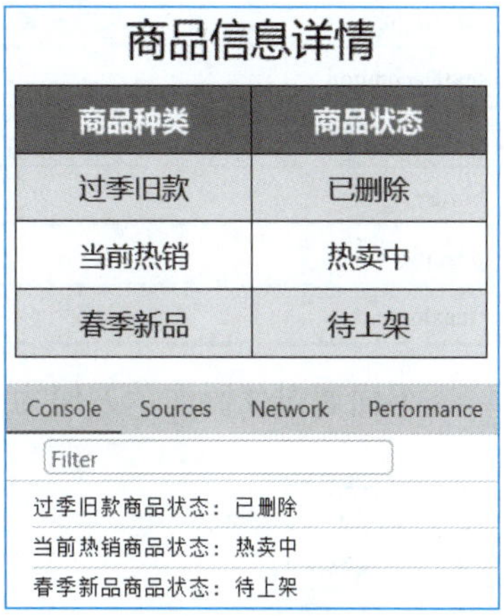

上述示例代码运行后，商品状态如图 3-5 所示。

在图 3-5 中，控制台中输出了过季旧款、当前热销、春季新品分别对应的商品状态为"已删除""热卖中""待上架"。说明通过 innerHTML 属性可以设置 HTML 的元素内容，通过 innerText 属性和 textContent 属性可以获取元素的文本内容。

图 3-5 商品状态

3.8.4 操作元素样式

在实际开发中，页面样式的交互效果，可以通过操作元素的 style 属性实现，示例代码如下：

```
element.style. 样式属性 = 样式属性值；          // 设置样式
```

```
console.log(element.style.样式属性);            // 获取样式
```

在上述示例代码中，element 表示要操作的元素，使用 element.style 可以设置或获取元素在 HTML 标签内定义的样式，样式属性表示要设置或获取的 CSS 属性的名称，样式属性值表示要设置的属性值。

需要注意的是，样式属性与 CSS 属性相对应，但写法不同。样式属性需要去掉 CSS 属性中的连字符"-"，并将连字符"-"后面的单词首字母大写。例如，设置字体大小的 CSS 属性为 font-size，对应的样式属性为 fontSize。

下面列举 style 属性中常用的样式属性，见表 3-10。

表 3-10 style 属性中常用的样式属性

样式属性	作用
background	设置或获取元素的背景属性
backgroundColor	设置或获取元素的背景颜色
display	设置或获取元素的显示类型
fontSize	设置或获取元素的字体大小
width	设置或获取元素的宽度
height	设置或获取元素的高度
left	设置或获取定位元素的左侧位置
listStyleType	设置或获取列表项标记的类型
overflow	设置或获取如何处理呈现在元素框外面的内容
textAlign	设置或获取文本的水平对齐方式
textDecoration	设置或获取文本的修饰
textIndent	设置或获取文本首行的缩进
border	设置或获取元素的边框样式、宽度和颜色
opacity	设置或获取元素的不透明度
transform	向元素应用 2D 或 3D 转换

下面通过代码演示如何为元素添加样式，示例代码如下：

```
1  <body>
2    <div class="box"></div>
3    <script>
4      var ele=document.querySelector('.box');
5      ele.style.width='200px';
6      ele.style.height='100px';
7      ele.style.border='1px solid #000';
8    </script>
9  </body>
```

在上述示例代码中，第 5～7 行代码用于为获取的 ele 元素添加样式，添加样式后的 ele 元素的代码如下：

```
<div class="box" style="width: 200px; height: 100px; border: 1px solid rgb(0, 0, 0);"></div>
```

3.9 事　　件

若需要为元素添加交互行为，可以通过事件实现，例如，当鼠标指针移至导航栏中的某个选项时，可以通过事件实现自动展开二级菜单；在阅读文章时，可以通过事件实现选中文本后自动弹出分享、复制等选项。本节将详细讲解事件基础，包括事件概述、事件注册与事件移除。

3.9.1 事件概述

事件是指可以被 JavaScript 侦测到的行为，如单击页面、鼠标指针滑过某个区域等，不同行为对应不同事件，并且每个事件都有对应的与其相关的事件驱动程序。事件驱动程序由开发人员编写，用于实现由该事件产生的网页交互效果。

事件是一种"触发 - 响应"机制，行为产生后，对应的事件就会被触发，事件驱动程序就会被调用，从而使网页响应并产生交互效果。

事件有三个要素，分别是事件源、事件类型和事件驱动程序，具体解释如下：

- 事件源：承载事件的元素。例如，在单击按钮的过程中，按钮就是事件源。
- 事件类型：使网页产生交互效果的行为对应的事件种类。例如，单击事件的事件类型为 click。
- 事件驱动程序：事件触发后为了实现相应的网页交互效果而运行的代码。

JavaScript 中常用的事件见表 3-11。

表 3-11　JavaScript 中常用的事件

事 件 类 型	描　　述
click	当单击时触发
mouseover	当鼠标指针移入目标元素时触发（目标元素与其子元素都触发）
mouseout	当鼠标指针移出目标元素时触发（目标元素与其子元素都触发）
mouseenter	当鼠标指针移入目标元素时触发（子元素不触发）
mouseleave	当鼠标指针移出目标元素时触发（子元素不触发）
mousedown	当鼠标按键被按下时触发
mouseup	当鼠标按键被释放时触发
mousemove	在元素内当鼠标指针移动时持续触发
blur	当目标元素失去焦点时触发
change	当目标元素失去焦点并且元素内容发生改变时触发
focus	当某个元素获得焦点时触发
reset	当表单被重置时触发
submit	当表单被提交时触发
onload	当页面加载完成时触发

需要注意的是，mouseover、mouseout 比 mouseenter、mouseleave 优先触发。

3.9.2 事件注册与事件移除

在实际开发中,为了让元素在触发事件时运行特定的代码,需要为元素注册事件。而当不需要这些事件时,需要对页面中的事件进行移除。注册事件又称为绑定事件,在 JavaScript 中,为元素注册事件的方式有两种,第 1 种方式是通过事件属性注册事件,第 2 种方式是通过事件监听注册事件。这两种方式各自有对应的事件移除方式。下面分别进行讲解。

1. 通过事件属性注册事件

事件属性的命名方式为"on+ 事件类型",例如,单击事件的事件类型为 click,对应的事件属性为 onclick。通过事件属性注册事件时,一个事件类型只能注册一个事件处理函数。

通过事件属性的方式可以在 HTML 标签中或在 JavaScript 中为元素注册事件。下面分别进行讲解。

(1)在 HTML 标签中注册事件

在 HTML 标签中可以直接使用事件属性来注册事件。在标签中注册事件的示例代码如下:

```
<button onclick=""> 按钮 </button>
```

在上述示例代码中,在 onclick 属性值中可以编写事件驱动程序。

(2)在 JavaScript 中注册事件

在 JavaScript 中通过选择需要添加事件处理的元素,然后直接为其事件属性赋予相应的事件处理函数。在 JavaScript 中注册事件的示例代码如下:

```
// 元素 . 事件属性 = 事件处理函数 ;
element.onclick=function () { };
```

在上述示例代码中,首先通过 onclick 事件属性为 element 元素注册 click 事件,然后在事件处理函数中编写事件驱动程序,并将事件处理函数赋给 onclick 事件属性。当 element 元素触发 click 事件时,事件处理函数就会被运行。

下面通过代码演示如何进行事件注册。定义一个按钮,通过注册事件,实现单击按钮后弹出内容为"事件注册"的警告框,示例代码如下:

```
1  <body>
2    <button id="btn"> 单击 </button>
3    <script>
4      var button=document.getElementById('btn');
5      button.onclick=function () {
6        alert(' 事件注册 ');
7      };
8    </script>
9  </body>
```

在上述示例代码中,第 2 行代码定义一个 id 属性值为 btn 的 button 元素;第 4 行代码通过 getElementById() 方法获取 button 元素,该 button 元素为事件源;第 5~7 行代码通过 onclick 事件属性为 button 元素注册 click 事件，并通过事件驱动程序实现弹出一个内容为"事件注册"的警告框。

上述示例代码运行后，页面会有一个"单击"按钮，当单击该按钮后，页面会弹出一个内容为"事件注册"的警告框，说明实现了事件的注册。

若想要移除通过事件属性的方式注册的事件，示例代码如下：

```
element.onclick=null;
```

在上述示例代码中，将 onclick 事件的属性设置为 null 即可移除事件。

2. 通过事件监听注册事件

通过事件监听注册事件是通过 addEventListener() 方法来实现的。这种方式相比于直接在 HTML 标签中或在 JavaScript 中使用事件属性注册事件，更加灵活和可控。

通过事件监听注册事件的语法格式如下：

```
element.addEventListener(type, callback[, capture][, options])
```

针对上述语法格式的介绍如下：
- type：表示要注册的事件类型，不带 on 前缀。例如，click、mousemove、keydown 等。
- callback：事件处理函数，表示事件发生时执行的函数。
- capture：可选参数，默认值为 false，表示在事件冒泡阶段完成事件处理。如果设置为 true，则表示在事件捕获阶段完成事件处理。
- options：可选参数，是一个包含配置选项的对象，包含 once 属性和 passive 属性。once 属性的值设置为 true 时，表示事件只会被处理一次；passive 属性的值设置为 true 时，浏览器不会取消事件的默认行为，此时浏览器可以在事件处理期间进行一些优化。这样可以提高页面的响应速度和流畅度，特别是在处理滚动事件和触摸事件时。浏览器可以更有效地管理事件的传递和处理，减少不必要的计算和工作量，从而提升页面的性能。

此外，通过事件监听可以为一个事件类型注册多个事件处理函数，这样在触发该事件时，所有注册的事件处理函数都会被执行。下面以在 Chrome 浏览器中进行事件监听为例，演示 addEventListener() 方法的使用，示例代码如下：

```
1   <body>
2     <button id="myButton">test</button>
3     <script>
4       var button=document.getElementById('myButton');
5       function one(){
6         console.log('one');
7       };
8       function two(){
9         console.log('two');
10      }
11      button.addEventListener('click', one);
12      button.addEventListener('click', two);
13    </script>
14  </body>
```

在上述示例代码中，第 5～7 行代码定义 one() 函数；第 8～10 行代码定义 two() 函数；第 11 行、12 行代码分别通过 addEventListener() 方法为 button 元素注册 click 事件，用于实现当事件触发时分别调用 one() 函数和 two() 函数。

保存代码，在浏览器中进行测试，当单击页面中的"test"按钮时，控制台中依次输出"one""two"，说明成功注册成功。

若想要移除通过事件监听的方式注册的事件，语法格式如下：

```
element.removeEventListener(type, callback);
```

上述语法格式中，type 表示要移除的事件类型，callback 表示事件处理函数，与注册事件的处理函数相同。

下面通过代码演示事件的移除。在上述示例代码的第 12 行代码的下方编写代码，移除 one() 函数对于 click 事件的监听，示例代码如下：

```
button.removeEventListener('click', one);
```

保存代码，在浏览器中进行测试，当单击页面中的"test"按钮时，控制台中没有输出"one"，说明成功将事件移除。

3.10 Web Storage

在 HTML5 之前，通常使用 Cookie 进行数据存储。例如，在本地设备中存储历史活动的信息。但是，由于 Cookie 存储空间（大约 4 KB）有限，并且存储的数据解析起来比较复杂，所以 HTML5 提供了网络存储的相关解决方案，即 Web Storage（Web 存储）。本节将对 Web Storage 进行详细讲解。

3.10.1 什么是 Web Storage

Web Storage 是 HTML5 引入的一个重要功能，它可以将数据存储在本地。例如，可以使用 Web Storage 存储用户的偏好设置、复选框的选中状态、文本框填写过的内容等。当用户在浏览器中刷新网页时，网页可以通过 Web Storage 得知用户之前所做的一些修改，而无须将这些修改内容存储在服务器。

Web Storage 类似 Cookie，但相比之下，Web Storage 可以减少网络流量，因为存储在 Web Storage 中的数据不会自动发送给服务器，而存储在 Cookie 中的数据会由浏览器通过超文本传送协议（HyperText Transfer Protocol，HTTP）请求发送给服务器。将数据存储在 Web Storage 中，可以减少数据在浏览器和服务器之间不必要的传输。

Web Storage 中包含两个关键的对象，分别是 localStorage 和 sessionStorage，前者用于本地存储，后者用于会话存储。Chrome 浏览器中的开发者工具提供了 Application 选项卡，通过这个选项卡，可以方便地查看通过 localStorage 和 sessionStorage 存储的数据。两者的区别和使用方法将在后文详细讲解。

Web Storage 具有以下特点：

① 数据的设置和读取比较方便。

② 容量较大，可以存储大约 5 MB 数据。

③ 性能高。因为从本地读数据比通过网络从服务器获得数据的速度快很多，所以可以即时获得本地数据；又因为网页本身也可以有缓存，如果整个页面和数据都存储在本地，则可以立即显示页面和数据。

④ 数据可以临时存储。在很多时候，数据只需要在用户浏览单个页面期间使用，而关闭窗口后数据就可以丢弃。这种情况使用 sessionStorage 非常方便。

目前，主流的 Web 浏览器都在一定程度上支持 HTML5 的 Web Storage，且 iOS 和 Android 两大系统对 Web Storage 都具有很好的支持。因此，在实际开发中，不需要担心移动设备的 Web 浏览器对 Web Storage 的支持情况。

3.10.2 localStorage

localStorage 主要用于本地存储，它以键值对的形式将数据保存在浏览器中。存储在 localStorage 中的数据会持久存在，直到用户或脚本（JavaScript 代码）将其主动清除。换句话说，使用 localStorage 存储的数据能够被持久保存，并且可以在同一个网站的多个页面中进行数据共享。

localStorage 中常见的方法，见表 3-12。

表 3-12　localStorage 中常见的方法

方　　法	描　　述
setItem(key, value)	该方法接收键名和值作为参数，并把键名和值添加到 localStorage 中，如果键名存在，则更新其对应的值
getItem(key)	该方法接收一个键名作为参数，并返回键名对应的值
removeItem(key)	该方法删除键名为 key 的存储内容
clear()	该方法清空所有存储内容

localStorage 仅支持存储字符串，如果传入其他类型的数据则需要转换为字符串后存储。下面针对如何存储基本数据类型的数据和复杂数据类型的数据分别进行讲解。

（1）存储基本数据类型的数据

对于基本数据类型的存储，可以直接将其作为字符串形式传给 setItem(key, value) 方法进行存储。

例如，存储基本数据类型的数据的示例代码如下：

```
<script>
  localStorage.setItem('name', 'Alice');      // 存储字符串类型
  localStorage.setItem('age', 30);            // 存储数字类型
  localStorage.setItem('isAdmin', true);      // 存储布尔类型
</script>
```

在上述示例代码中，使用 localStorage 的 setItem() 方法设置数据。

上述示例代码运行后，按【F12】键启动开发者工具，并切换到 Application 选项卡。然后，在侧边栏中单击 Storage，展开其中的 Local storage 选项，单击 http://127.0.0.1:5500 选项，以查看存储的数据，如图 3-6 所示。

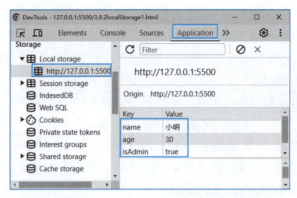

图 3-6　使用 localStorage 存储基本数据类型的数据

从图 3-6 可以看出，http://127.0.0.1:5500 选项存储的数据为 name、age 和 isAdmin，说明成功将数据存储到浏览器中。

当需要使用已存储的基本数据类型的值时，可以使用 getItem(key) 方法获取保存在本地存储中的值。例如，获取上述存储的 name、age 和 isAdmin 数据，示例代码如下：

```
<script>
  const name=localStorage.getItem('name');
  const age=parseInt(localStorage.getItem('age'));
  const isAdmin=localStorage.getItem('isAdmin') === 'true';
  console.log(name);              // 输出存储的 name 值
  console.log(age);               // 输出存储的 age 值
  console.log(isAdmin);           // 输出存储的 isAdmin 值
</script>
```

在上述示例代码中，使用 localStorage 的 getItem() 方法获取数据，并输出在控制台中。

上述示例代码运行后，查看 Console 选项卡，获取存储在 localStorage 中的基本数据类型的数据如图 3-7 所示。

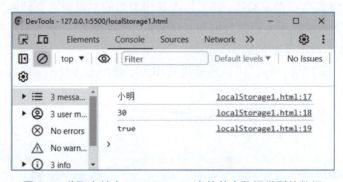

图 3-7　获取存储在 localStorage 中的基本数据类型的数据

从图 3-7 可以看出，在控制台中成功输出 "小明" "30" "true"，说明成功获取存储在 localStorage 中的数据。

（2）存储复杂数据类型的数据

对于复杂数据类型的存储，因为 localStorage 只支持存储字符串类型，所以需要先使用 JSON.stringify() 方法将复杂数据类型转换为 JSON 字符串，然后再传给 setItem(key, value) 方法进行存储。

JSON.stringify() 方法的语法格式如下：

```
JSON.stringify(value[, replacer][, space])
```

在上述语法格式中，value 表示将要转换成 JSON 字符串的值；replacer 是可选参数，用于决定 value 中哪部分被转换为 JSON 字符串；space 是可选参数，用于指定缩进用的空白字符串，从而美化输出格式。

例如，存储复杂数据类型的数据的示例代码如下：

```
<script>
  const complexObject={
    name: '小明',
    age: 30,
    preferences: {
      theme: 'dark',
      language: 'en'
    }
  };
  localStorage.setItem('complexObject', JSON.stringify(complexObject));
</script>
```

在上述示例代码中，首先创建名为 complexObject 的 JavaScript 对象，它具有 name、age 和 preferences 属性。其中 preferences 属性的值为对象，包含 theme 和 language 两个属性，然后使用 JSON.stringify() 方法将 complexObject 对象转换为 JSON 字符串，并存储在本地存储中的键名为 complexObject 的位置。

上述示例代码运行后，按【F12】键启动开发者工具，并切换到 Application 选项卡。然后，在侧边栏中单击 Local storage 选项下的 http://127.0.0.1:5500 选项，以查看存储的数据，如图 3-8 所示。

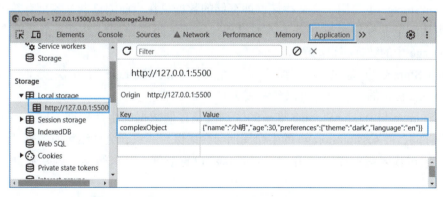

图 3-8　使用 localStorage 存储复杂数据类型的数据

从图 3-8 可以看出，http://127.0.0.1:5500 选项存储的数据为 complexObject，说明成功将数据存储到浏览器中。

当需要使用已存储的复杂数据类型的数据时，可以使用 JSON.parse() 方法将 JSON 字符串转换为原始的 JavaScript 对象或数组。例如，将上述存储的数据 complexObject 转换为原始的 JavaScript 对象，示例代码如下：

```
<script>
  const storedObjectString=localStorage.getItem('complexObject');
  const restoredObject=JSON.parse(storedObjectString);
  console.log(restoredObject);
</script>
```

在上述示例代码中，首先使用 localStorage 的 getItem() 方法获取键名为 complexObject 的值，这个值是之前存储的复杂对象 complexObject 的 JSON 字符串，并将其存储在 storedObjectString 变量中；然后使用 JSON.parse() 方法将获取到的 JSON 字符串 storedObjectString 转换为对应的原始 JavaScript 对象，并将其存储在 restoredObject 变量中；最后使用 console.log() 在控制台中输出 restoredObject。

上述示例代码运行后，查看 Console 选项卡，获取存储在 localStorage 中的复杂数据类型的数据如图 3-9 所示。

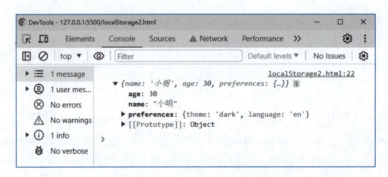

图 3-9　获取存储在 localStorage 中的复杂数据类型的数据

从图 3-9 可以看出，在控制台中成功输出 complexObject 的值，说明成功获取数据。

3.10.3　sessionStorage

sessionStorage 主要用于会话存储，即存储的数据只在当前浏览器标签页有效。其中，会话是指从浏览器标签页打开到关闭的过程。一旦关闭浏览器标签页，会话就会结束，sessionStorage 中的数据将自动清除。

sessionStorage 也提供了一些方法，它们与 localStorage 的方法类似。在使用 sessionStorage 提供的方法时，可以参考表 3-12 中的内容。

localStorage 与 sessionStorage 唯一的区别就是存储数据的生命周期不同。localStorage 是永久性存储，而 sessionStorage 的生命周期与会话保持一致，会话结束时数据消失。

下面通过代码演示如何使用 sessionStorage 设置数据、获取数据、删除数据，示例代码如下：

```
1  <body>
2    <input type="text" id="username">
3    <button id="setData">设置数据</button>
4    <button id="getData">获取数据</button>
5    <button id="delData">删除数据</button>
6    <script>
7      var usernameInput=document.querySelector('#username');
8      function setData(){
```

```
9         var val=usernameInput.value;
10        sessionStorage.setItem('username', val);
11      }
12      document.querySelector('#setData').addEventListener('click', setData);
13      function getData(){
14        var storedUsername=sessionStorage.getItem('username');
15        if(storedUsername){
16          alert(storedUsername);
17        } else {
18          alert('未设置数据');
19        }
20      }
21      document.querySelector('#getData').addEventListener('click', getData);
22      function delData(){
23        sessionStorage.removeItem('username');
24      }
25      document.querySelector('#delData').addEventListener('click', delData);
26    </script>
27  </body>
```

在上述示例代码中,第 2 行代码定义用户名输入框;第 3～5 行代码分别定义"设置数据""获取数据""删除数据"按钮。

第 7 行代码获取 id 属性值为 username 的元素,并将其赋给变量 usernameInput;第 8～12 行代码用于设置数据。首先定义 setData() 函数,该函数在被调用时会获取值 val,然后使用 sessionStorage.setItem() 方法将其存储在 sessionStorage 中。然后,通过 addEventListener() 方法将 setData() 函数与"设置数据"按钮的 click 事件关联起来,使得当用户单击"设置数据"按钮时,setData() 函数会被执行。

第 13～21 行代码用于获取数据。首先定义 getData() 函数,该函数通过 sessionStorage.getItem() 方法从 sessionStorage 中获取键名为 username 的数据,并将其赋给变量 storedUsername。如果键名为 username 的数据存在,将会弹出一个提示框显示该值。如果数据不存在,将显示"未设置数据"。然后,通过 addEventListener() 方法将 getData() 函数与"获取数据"按钮的 click 事件关联起来,使得当用户单击"获取数据"按钮时,getData() 函数会被执行。

第 22～25 行代码用于删除数据。首先定义 delData() 函数,该函数使用 sessionStorage.removeItem() 方法从 sessionStorage 中删除键名为 username 的数据。然后,通过 addEventListener() 方法将 delData() 函数与"删除数据"按钮的 click 事件关联起来;使得当用户单击"删除数据"按钮时,delData() 函数会被执行。

上述示例代码运行后,初始页面效果如图 3-10 所示。

图 3-10　初始页面效果

在用户名输入框输入"admin",然后单击"设置数据"按钮,这时数据将被存储到

sessionStorage 中，按【F12】键启动开发者工具，并切换到 Application 选项卡。然后，在侧边栏中单击 Session storage 选项下的 http://127.0.0.1:5500 选项，以查看存储的数据，如图 3-11 所示。

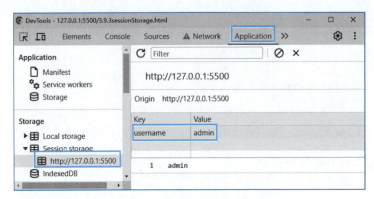

图 3-11　使用 sessionStorage 存储数据

从图 3-11 可以看出，http://127.0.0.1:5500 选项显示当前存储了键名为 username 且值为 admin 的数据，说明成功将数据存储在浏览器中。

单击"获取数据"按钮，可以查看数据是否设置成功。如果成功会显示在警告框中，如图 3-12 所示。

图 3-12　获取存储在 sessionStorage 中的数据

从图 3-12 可以看出，警告框中 username 的值为 admin，说明成功获取数据。

单击"删除数据"按钮，可以删除该数据。删除后再次单击"获取数据"按钮，警告框中显示为"未设置数据"，则表示删除成功，如图 3-13 所示。

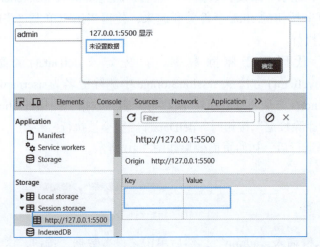

图 3-13　删除存储在 sessionStorage 中的数据

从图 3-13 可以看出，警告框中 username 的值为 "未设置数据"，且 http://127.0.0.1:5500 选项中存储的数据为空，说明成功删除数据。

3.11 视频与音频

HTML5 为网页提供了处理视频和音频的能力。视频可以通过 <video> 标签来定义；音频可以通过 <audio> 标签来定义。本节将对 HTML5 提供的 <video> 标签、<audio> 标签、video 对象和 audio 对象进行详细讲解。

3.11.1 <video>标签

<video> 标签用于定义网页中的视频，它不仅可以播放视频，还提供控制栏，用于实现播放、暂停、进度控制、音量控制、进度条控制以及全屏切换等功能。

<video> 标签的语法格式如下：

```
<video src=" 视频文件路径 " controls></video>
```

在上述语法格式中，src 和 controls 是 <video> 标签的两个基本属性。其中，src 属性用于设置视频文件的路径；controls 属性用于为视频提供控制栏。<video> 标签是一个双标签，在 </video> 标签之前，可以添加用于在不支持 <video> 标签的浏览器中显示的替代信息，如 "您的浏览器不支持 video。"。<video> 标签具有 width 和 height 两个属性，分别用于设置视频的宽度和高度。

在使用 <video> 标签时，需要注意视频文件的格式问题。<video> 标签支持以下三种视频文件格式：

- MPEG4 格式：使用 H.264 视频编码和 AAC 音频编码。
- Ogg 格式：使用 Theora 视频编码和 Vorbis 音频编码。
- WebM 格式：使用 VP8 视频编码和 Vorbis 音频编码。

为了避免遇到浏览器不支持视频文件的格式导致视频无法播放的情况，HTML5 提供了 <source> 标签，用于指定多个备用的不同格式的文件路径，语法格式如下：

```
<video controls>
  <source src=" 视频文件地址 " type="video/ 格式 ">
  <source src=" 视频文件地址 " type="video/ 格式 ">
  ……
</video>
```

在上述语法格式中，type 属性用于指定视频文件的格式。MPEG4 格式对应的 type 属性值为 video/mp4，Ogg 格式对应的 type 属性值为 video/ogg，WebM 格式对应的 type 属性值为 video/webm。

下面通过代码演示如何使用 <video> 标签定义视频，示例代码如下：

```
1   <body>
2     <video controls width="400" src="video/scenery.mp4">
3       您的浏览器不支持video。
```

```
4    </video>
5  </body>
```

在上述示例代码中，第 2 行代码的 controls 属性用于显示视频控制栏，实现视频的播放、暂停、音量控制、进度条控制以及全屏等功能；width 属性用于设置视频的宽度，此处设为 400 px，当设置宽度后，高度会自动等比例计算；src 属性用于设置视频文件的路径。

上述示例代码运行后，视频页面效果如图 3-14 所示。

图 3-14　视频页面效果

从图 3-14 可以看出，页面成功显示了视频播放器和控制栏。

3.11.2　<audio>标签

<audio> 标签用于定义网页中的音频，其使用方法与 <video> 标签的基本相同，语法格式如下：

```
<audio src=" 音频文件路径 " controls></audio>
```

<audio> 标签支持以下三种音频文件格式：

- MP3 格式：一种数字音频压缩格式，其全称是动态影像专家压缩标准音频层面 3（moving picture experts group audio layer III，MP3），被用来大幅度地降低音频数据量。
- Ogg 格式：使用 Vorbis 音频编码。同等条件下，Ogg 格式的音频文件的音质、文件大小优于 MP3 格式。
- WAV 格式：录音时用的标准的 Windows 文件格式，其文件的扩展名为 .wav，数据本身的格式为脉冲编码调制（pulse code modulation，PCM）或压缩形式，属于无损格式。

<audio> 标签同样支持引入多个音频源，其语法格式如下：

```
<audio controls>
  <source src=" 音频文件地址 " type="audio/ 格式 ">
  <source src=" 音频文件地址 " type="audio/ 格式 ">
  ……
</audio>
```

在上述语法格式中，type 属性用于指定音频文件的格式。MP3 格式对应的 type 属性值为 audio/mp3，Ogg 格式对应的 type 属性值为 audio/ogg，WAV 格式对应的 type 属性值为 audio/wav。

下面通过代码演示如何使用 <audio> 标签定义音频，示例代码如下：

```
1  <body>
2    <audio src="audio/music.mp3" controls>
3      您的浏览器不支持 audio。
4    </audio>
5  </body>
```

在上述示例代码中，src 属性用于设置音频文件的路径；controls 属性用于显示音频控制栏，实现音频的播放、暂停、音量控制、进度条控制等功能。

上述示例代码运行后，音频页面效果如图 3-15 所示。

图 3-15　音频页面效果

3.11.3　video 对象和 audio 对象

在实际开发中，有时需要通过 JavaScript 控制视频或音频的播放、暂停或者更改播放进度的操作。因此，HTML5 提供了 video 对象和 audio 对象，这两个对象的方法和属性基本相同。

video 对象和 audio 对象的常用方法见表 3-13。

表 3-13　video 对象和 audio 对象的常用方法

方　　法	描　　述
play()	开始播放视频或音频
pause()	暂停当前播放的视频或音频
load()	重新加载视频或音频

video 和 audio 对象的常用属性见表 3-14。

表 3-14　video 对象和 audio 对象的常用属性

属　　性	描　　述
currentSrc	返回当前视频或音频的 URL
currentTime	设置或返回视频或音频中的当前播放位置（以 s 为单位）
duration	返回当前视频或音频的长度（以 s 为单位）
ended	返回视频或音频是否已结束播放
error	返回表示视频或音频错误状态的 MediaError 对象
paused	设置或返回视频或音频是否暂停
muted	设置或返回视频或音频是否静音
loop	设置或返回视频或音频是否应在结束时重新播放
volume	设置或返回视频或音频的音量

下面通过代码演示如何使用 JavaScript 对视频进行播放、暂停和静音操作，示例代码如下：

```
1  <body>
2    <video width="300" controls src="video/scenery.mp4">
```

```
3        您的浏览器不支持video。
4      </video>
5      <br>
6      <button>播放</button>
7      <button>暂停</button>
8      <button>静音</button>
9      <script>
10       var video = document.getElementsByTagName('video')[0];
11       var btn = document.getElementsByTagName('button');
12       btn[0].onclick=function(){
13         video.play();
14       };
15       btn[1].onclick=function(){
16         video.pause();
17       };
18       btn[2].onclick=function(){
19         video.muted=!video.muted;
20       };
21     </script>
22   </body>
```

在上述示例代码中，第2～4行代码用于定义视频；第6～8行代码分别定义"播放""暂停""静音"按钮；第12～14行代码用于单击"播放"按钮时，调用play()方法播放视频；第15～17行代码用于单击"暂停"按钮时，调用pause()方法暂停视频；第18～20行代码用于单击"静音"按钮时，将视频的muted属性设置为true或false，实现静音或取消静音。

上述示例代码运行后，视频控制栏页面效果如图3-16所示。

图3-16　视频控制栏页面效果

3.12　地理定位

3.12 地理定位

地理定位在日常生活中应用比较广泛，例如互联网打车、在线地图等。HTML5增加了获取用户地理位置的接口Geolocation，开发者可以通过经度和纬度来获取用户的地理位置。

读者可以扫描二维码，查看地理定位的详细讲解。

3.13　拖动操作

拖动是一种常见的用户交互方式，用于在页面中移动元素。在Web开发中，可以通过HTML5提供的拖动接口来实现拖动功能。

读者可以扫描二维码，查看拖动操作的详细讲解。

3.14 Canvas

在 HTML5 中,提供了一个全新的 Canvas(画布)功能,它使得用户可以在网页中绘制丰富多彩的图形。通过 HTML5 的 Canvas 功能,可以创建各种数据可视化图表、图形等。本节将详细讲解 Canvas 的基础功能。

3.14.1 认识画布

说到画布,其实大家并不陌生,在美术课上,它是绘画和涂鸦的主要工具。画架上的画布如图 3-17 所示。

在网页设计中,Canvas 也扮演了相似的角色,它是专门用于绘制和展示特定样式效果的一个特殊区域。

网页中的画布是一块矩形区域,默认情况下,该区域的宽度为 300 px,高度为 150 px,用户可以自定义画布的大小或其他属性和样式来改变画布的外观和行为。

值得一提的是,与绘制在纸上的方式不同,在网页中的画布绘画是通过 JavaScript 来控制画布中的内容,例如绘制图像、绘制线条、添加文字等。

图 3-17 画架上的画布

3.14.2 使用画布

在网页中,画布并不是默认存在的。要使用画布进行绘图,需要先创建画布,然后获取画布,最后准备画笔,以便在画布上进行绘图操作。下面将分步骤讲解使用画布的方法。

1. 创建画布

在 HTML 文件中使用 <canvas> 标签创建画布。创建画布的语法格式如下:

```
<canvas id="画布名称" width="数值" height="数值"></canvas>
```

在上述语法格式中,<canvas> 标签的 id 属性用于指定画布的唯一标识符。<canvas> 标签是一个双标签,在 </canvas> 标签之前,可以添加用于在不支持 <canvas> 标签的浏览器中显示的替代信息,如 "您的浏览器不支持 Canvas。"。画布具有 width 和 height 两个属性,分别用于定义画布的宽度和高度。

创建完成的画布是透明的,没有任何样式,可以使用 CSS 为其设置边框、背景等。需要注意的是,设置画布的宽度和高度时,尽量不要使用 CSS 样式控制其宽高,否则可能使画布中的图案变形。

2. 获取画布

要想在 JavaScript 中控制画布,首先要获取画布。使用 getElementById() 方法可以获取画布对象。例如,获取 id 属性值为 cavs 的画布,示例代码如下:

```
var canvas=document.getElementById('cavs');
```

在上述示例代码中,通过 getElementById() 方法获取 id 属性值为 cavs 的画布,同时将获取到的画布对象存储在变量 canvas 中。

3. 准备画笔

在开始绘图之前，需要获取一个绘制环境，即画笔。在画布中，这个画笔被表示为一个上下文对象，通常被称为 context 对象，可以通过画布对象的 getContext() 方法获取。该方法接收一个参数，常用的参数取值包括 2d 和 webgl，其中 2d 表示二维绘图的画笔，webgl 表示三维绘图的画笔。本书主要讲解二维绘图，不涉及三维操作。

在 JavaScript 中，通常会定义一个变量来存储获取到的 context 对象。例如，可以将获取到的 context 对象存储在变量 context 中，示例代码如下：

```
var context=canvas.getContext('2d');
```

3.14.3　绘制线条

线条是所有复杂图形的组成基础，想要绘制复杂的图形，首先要从绘制线条开始。在绘制线条之前首先要了解线条的组成。一条最简单的线条由三部分组成，分为初始位置、连线端点以及描边，如图 3-18 所示。

下面对图 3-18 所示的线条的组成进行介绍。

（1）初始位置

在绘制图形时，首先需要确定从哪里下"笔"，这个下"笔"的位置就是初始位置。在平面（2d）中，初始位置可以通过坐标 (x, y) 表示。在画布中从左上角坐标 (0, 0) 开始，X 轴向右增大，Y 轴向下增大，画布坐标轴示意图如图 3-19 所示。

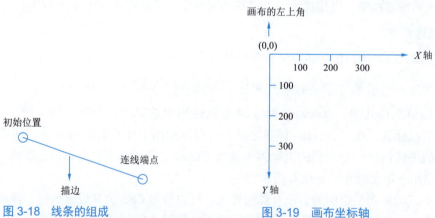

图 3-18　线条的组成　　　　图 3-19　画布坐标轴

在画布中可以使用 moveTo(x, y) 方法来将绘制图形的初始位置移动到指定的坐标位置。其中，x 表示横坐标轴的位置，y 表示纵坐标轴的位置，两者使用"，"进行分隔。x 和 y 的取值为数字，表示像素值。

例如，将绘制图形的初始位置移动到横坐标轴 50 px 和纵坐标轴 50 px，示例代码如下：

```
var cavs=document.getElementById('cavs');
var context=cavs.getContext('2d');
context.moveTo(50, 50);
```

在上述示例代码中，moveTo(50, 50) 方法表示将绘制图形的初始位置移动到横坐标 50 px 和纵坐标 50 px 的位置。需要注意的是，moveTo(x, y) 方法仅表示移动到指定的坐标位置，并不会绘制线条。

（2）连线端点

连线端点用于定义一个端点，并绘制一条从该端点到初始位置的连线，该连线表示一条路径。使用画布中的 lineTo(x, y) 方法可以设置连线的端点。和初始位置类似，连线端点也需要定义 x 和 y 的坐标位置。

例如，将绘制图形的连线端点设置为横坐标轴 100 px 和纵坐标轴 100 px，示例代码如下：

```
context.lineTo(100, 100);
```

（3）描边

通过初始位置和连线端点可以绘制一条线，但这条线并不能被看到。这时需要为线条添加描边，让线条变得可见。使用画布中的 stroke() 方法可以实现线条的可视效果。例如为线条描边的示例代码如下：

```
context.stroke();
```

在上述示例代码中，stroke() 方法的括号中不需要加入任何内容。

下面演示如何绘制一条直线，示例代码如下：

```
1   <body>
2     <canvas id="cavs" width="200" height="200">
3       您的浏览器不支持 Canvas。
4     </canvas>
5     <script>
6       var canvas=document.getElementById('cavs');
7       var context=canvas.getContext('2d');
8       canvas.style.border='1px solid #000';
9       context.moveTo(5, 100);
10      context.lineTo(150, 100);
11      context.stroke();
12    </script>
13  </body>
```

在上述示例代码中，第 2～4 行代码使用 <canvas> 标签创建画布；第 8 行代码为 canvas 元素设置了一个宽度为 1 px、颜色为 #000 的实线边框；第 9～11 行代码通过初始位置、连线端点和描边绘制了一条直线。

上述示例代码运行后，会在页面上显示一条黑色的直线，绘制线条的效果如图 3-20 所示。

从图 3-20 可以看出，画布中成功绘制了一条直线。

图 3-20　绘制线条的效果

3.14.4　线条的样式

在画布中，线条的默认颜色为黑色，宽度为 1 px，但可以使用相应的方法为线条添加不同的样式。下面将从宽度、描边颜色、端点形状三方面详细讲解线条样式的设置方法。

1. 宽度

线条的宽度可以使用画布中的 lineWidth 属性进行设置，该属性值为一个不带单位的数值，表示以像素为单位的线宽。例如，设置线条的宽度为 5 像素，示例代码如下：

```
context.lineWidth=5;
```

2. 描边颜色

线条的描边颜色可以使用画布中的 strokeStyle 属性进行设置，该属性的取值为十六进制颜色值或颜色的英文单词。例如，使用十六进制设置线条的描边颜色为蓝色，示例代码如下：

```
context.strokeStyle='#00f';
```

下面使用颜色的英文单词设置线条的描边颜色为蓝色，示例代码如下：

```
context.strokeStyle='blue';
```

在上述示例代码中，这两种方式都可以实现将线条的描边颜色设置为蓝色。在使用时可以根据需要选择一种即可。

需要注意的是，strokeStyle 属性必须写在 stroke() 方法的前面，以确保所绘制的线条具有所需的描边颜色。

3. 端点形状

线条的端点形状可以使用画布中的 lineCap 属性进行定义。使用 lineCap 属性设置线条的端点形状的语法格式如下：

```
lineCap='属性值';
```

在上述语法格式中，lineCap 属性的取值有三个，具体见表 3-15。

表 3-15 lineCap 属性值

属 性 值	显 示 效 果
butt（默认值）	默认效果，无端点，显示直线方形边缘
round	显示圆形端点
square	显示方形端点

表 3-15 所示的属性值对应的效果如图 3-21 所示。

在图 3-21 中，从上到下依次有三条线。其中，第二条线和第三条线长度相同，不同之处在于第二条线的端点为圆形，而第三条线的端点为方形；而第一条线没有端点，但是边缘默认为方形，而第三条线有额外的端点，也是方形，所以第三条线比第一条线长。

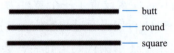

图 3-21 lineCap 属性值对应的效果

需要注意的是，在设置 lineCap 属性前，确保已经设置了线宽 lineWidth 属性，否则可能会出现设置失败的情况。

3.14.5 路径重置与闭合

在画布中绘制的所有图形都会形成路径，通过初始位置和连线端点便会形成一条路径。路径的状态包括重置路径和闭合路径两种，具体介绍如下：

1. 重置路径

在同一画布中，添加再多的连线端点也只能有一条路径，如果想要开始新的路径，就需要使用 beginPath() 方法。beginPath() 方法可以使路径重新开始，即重置路径。

下面演示如何绘制两条不同颜色的线条，示例代码如下：

```
1   <body>
2     <canvas id="cavs" width="200" height="200">
3       您的浏览器不支持Canvas。
4     </canvas>
5     <script>
6       var context=document.getElementById('cavs').getContext('2d');
7       context.lineWidth=5;                    // 设置线条的宽度为 5 px
8       // 绘制一条红色的线条
9       context.lineCap='round';                // 设置线条的端点形状为圆形
10      context.moveTo(30, 70);                 // 设置初始位置
11      context.lineTo(170, 70);                // 设置连线端点
12      context.strokeStyle='red';              // 设置线条的描边颜色为红色
13      context.stroke();                       // 描边
14      context.beginPath();                    // 重置路径
15      // 绘制一条蓝色的线条
16      context.lineCap='square';               // 设置线条的端点形状为方形
17      context.moveTo(30, 90);                 // 设置初始位置
18      context.lineTo(170, 90);                // 设置连线端点
19      context.strokeStyle='blue';             // 设置线条的描边颜色为蓝色
20      context.stroke();                       // 描边
21    </script>
22  </body>
```

在上述示例代码中，首先绘制了一个红色线条，然后通过调用 beginPath() 方法重置了路径，这样在绘制蓝色线条时不会影响之前已经绘制的红色线条。

上述示例代码运行后，会在页面上显示一条红色线条和一条蓝色线条，并且分别设置了线条的末端样式为圆形和方形，绘制两条不同颜色线条效果如图 3-22 所示。　图 3-22　绘制两条不同颜色线条效果

2. 闭合路径

闭合路径就是将绘制中的开放路径进行封闭处理，形成一个闭合的形状。在画布中，使用 closePath() 方法可以将路径的起点和终点连接起来，从而确保路径闭合。需要注意的是，closePath() 方法应该写在 stroke() 方法的前面，即先闭合路径再进行描边。

下面通过代码演示如何绘制空心的直角三角形，示例代码如下：

```
1   <body>
2     <canvas id="cavs" width="400" height="400">
3       您的浏览器不支持Canvas。
4     </canvas>
5     <script>
```

```
6      var context=document.getElementById('cavs').getContext('2d');
7      context.moveTo(100, 100);                 // 设置初始位置
8      context.lineTo(300, 300);                 // 设置连接端点
9      context.lineTo(100, 300);                 // 设置连接端点
10     context.strokeStyle='#00F';               // 设置线条的描边颜色为蓝色
11     context.closePath();                      // 闭合路径
12     context.stroke();                         // 描边
13   </script>
14 </body>
```

在上述示例代码中，通过调用 moveTo() 方法设置初始位置为 (100, 100)，然后调用 lineTo() 方法依次设置了 2 个连线端点，分别为 (300, 300) 和 (100, 300)，形成了一个封闭的路径，即三角形的轮廓。最后，通过设置 strokeStyle 属性指定描边的颜色为蓝色，并调用 closePath() 方法闭合路径，再调用 stroke() 方法进行描边，就能成功地绘制出一个蓝色的直角三角形。

上述示例代码运行后，会在页面上显示一个空心的蓝色直角三角形，绘制的空心直角三角形效果如图 3-23 所示。

图 3-23　绘制的空心直角三角形效果

3.14.6　填充路径

当闭合路径后，得到的是一个只有边框的空心图形，此时可以使用画布中的 fill() 方法填充图形。

默认填充路径的颜色为黑色，可以使用 fillStyle 属性更改填充颜色。fillStyle 属性的取值可以为十六进制颜色值或颜色的英文单词。例如，使用十六进制设置路径的填充颜色为蓝色，示例代码如下：

```
context.fillStyle='#00f';
```

使用颜色的英文单词设置路径的填充颜色为蓝色，示例代码如下：

```
context.fillStyle='blue';
```

以上两种方式都可以实现将路径的填充颜色设置为蓝色。在使用时可以根据需要选择一种即可。

需要注意的是，fillStyle 属性必须写在 fill() 方法的前面，以确保所绘制的图形具有所需的填充颜色。

下面通过代码演示如何绘制实心的直角三角形，示例代码如下：

```
1  <body>
2    <canvas id="cavs" width="400" height="400">
3      您的浏览器不支持 Canvas。
4    </canvas>
5    <script>
6      var context=document.getElementById('cavs').getContext('2d');
7      context.moveTo(100, 100);                 // 设置初始位置
8      context.lineTo(300, 300);                 // 设置连接端点
```

```
9        context.lineTo(100, 300);              // 设置连接端点
10       context.fillStyle='blue';              // 设置填充颜色为蓝色
11       context.fill();                        // 填充路径
12    </script>
13 </body>
```

上述示例代码运行后，会在页面上显示一个实心的蓝色直角三角形，绘制的实心直角三角形效果如图 3-24 所示。

图 3-24　绘制的实心直角三角形效果

3.14.7　绘制文本

在画布中，使用 fillText() 方法可以绘制文本，fillText() 方法的语法格式如下：

```
fillText(文本，x, y, 文本的最大宽度);
```

在上述语法格式中，各参数使用","分隔，对各参数的解释如下：
- 文本：表示要绘制的文本内容。
- x：表示文本的起始横坐标。
- y：表示文本的起始纵坐标。
- 文本的最大宽度：可选，用于指定文本的最大宽度。当文本的宽度超出指定的最大宽度时，文本会自动换行。如果不指定该参数，则文本不会换行。

若想要在绘制文本时修改字体样式，可以使用 font 属性，该属性使用的语法与 CSS font 属性相同。若想要设置文本的对齐方式，可以使用 textAlign 属性和 textBaseline 属性，下面讲解这两个属性的用法：

① textAlign 属性用于设置文本的水平对齐方式，常见的取值包括 left、center 和 right，分别表示文本左对齐、文本水平居中对齐和文本右对齐。

② textBaseline 属性用于设置文本的垂直对齐方式，常见的取值包括 top、middle 和 bottom，分别表示文本顶部对齐、文本垂直居中对齐和文本底部对齐。

例如，设置文本水平且垂直居中对齐，示例代码如下：

```
context.textAlign='center';
context.textBaseline='middle';
```

下面通过代码演示如何绘制文本"一寸光阴一寸金，寸金难买寸光阴。"，示例代码如下：

```
1  <body>
2    <canvas id="cavs" width="300" height="100">
3      您的浏览器不支持 Canvas。
4    </canvas>
5    <script>
6      var context=document.getElementById('cavs').getContext('2d');
7      context.font='bold 26px SimSun';
8      context.fillStyle='red';
9      context.fillText('一寸光阴一寸金，寸金难买寸光阴。', 50, 50, 200);
10   </script>
11 </body>
```

在上述示例代码中，第 7 行代码设置字体为粗体，字号为 26 px，并使用 SimSun 字体；第 9 行代码设置文本内容为"一寸光阴一寸金，寸金难买寸光阴。"，文本的起始坐标为 (50, 50)，文本的最大宽度为 200。

上述示例代码运行后，会在页面上显示一行文本，绘制的文本效果如图 3-25 所示。

图 3-25　绘制的文本效果

3.14.8　绘制圆

在画布中，使用 arc() 方法可以绘制圆或弧线，arc() 方法的语法格式如下：

```
arc(x, y, r, 开始角, 结束角, 方向);
```

在上述语法格式中，对各参数的解释如下：

① x 和 y：表示圆心在 x 轴和 y 轴的坐标位置，取值为数字，用于确定图形或弧线的位置。

② r：表示圆形或弧形的半径，用于确定图形的大小。

③ 开始角：表示初始弧的位置，通常使用弧度值表示。其中弧度通过数值和 Math.PI（圆周率）的乘积来表示。1*Math.PI 等于 180°，1.5*Math.PI 等于 270°。

④ 结束角：表示结束弧的位置，和开始角的设置方式一致。开始角为 0 和结束角为 270° 的弧的位置示意图如图 3-26 所示。

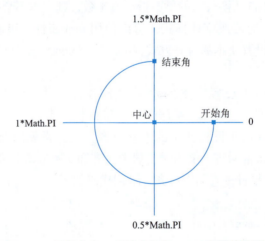

图 3-26　开始角为 0 和结束角为 270° 的弧的位置

⑤ 方向：表示绘制方向，分为顺时针和逆时针，当取值为 false 时表示顺时针，当取值为 true 时表示逆时针。默认值为 false。

3.14.9　绘制矩形

在画布中，可以通过使用 strokeRect() 方法绘制空心矩形，也可以使用 fillRect() 方法绘制实心矩形。

读者可以扫描二维码，查看绘制矩形的详细讲解。

3.15 阶段项目——视频播放器

在日常生活中，视频播放器可以帮助我们播放各种类型的视频文件。除了基本的播放功能，视频播放器还应具备一系列实用功能，如暂停、快进、快退、调节音量和静音等。这些功能使得我们能够更好地掌控视频播放过程，满足不同的观看需求。

本项目是一个视频播放器，具有播放、快进 5 秒、快退 5 秒、音量 +、音量 - 和静音功能，其效果如图 3-27 所示。

图 3-27 视频播放器的效果

读者可以扫描二维码，查看阶段项目的详细开发步骤。

文　档

阶段项目——
视频播放器

本 章 小 结

本章主要讲解了 JavaScript 基础内容和 HTML5 新特性的使用，包括 Web Storage、视频与音频、地理定位、拖动操作、文件操作以及 Canvas。学习本章内容后，读者应该能够利用这些 HTML5 新特性增强网页的功能，为 HTML5 移动 Web 开发奠定基础。

课 后 习 题

读者可以扫描二维码，查看本章课后习题。

文　档

第3章
课后习题

第 4 章

移动Web开发基础

 学习目标

知识目标：

◎了解移动互联网的发展，能够说出移动互联网发展的四个阶段；

◎了解移动 Web 开发概述，能够说出移动 Web 开发的注意事项；

◎熟悉移动 Web 开发的主流方案，能够归纳单独制作移动端页面与制作响应式页面的区别；

◎了解屏幕分辨率，能够说出屏幕分辨率的概念；

◎了解设备像素比，能够说出设备像素比的计算方式；

◎了解视口，能够说出视口的设置方式；

◎了解什么是 Less，能够说出 Less 的概念和特性。

能力目标：

◎掌握媒体查询的使用方法，能够根据实际情况灵活定义媒体查询规则；

◎掌握二倍图的使用方法，能够灵活使用二倍图在高分辨率设备中提供更清晰的图像；

◎掌握流式布局的使用方法，能够使用流式布局实现网页宽度自适应；

◎掌握弹性盒布局的使用方法，能够使用弹性盒布局的相关属性创建响应式网页；

◎掌握 rem 布局的使用方法，能够根据根元素的字号使用 rem 单位设置元素的大小；

◎掌握 vw 和 vh 布局的使用方法，能够根据视口的变化使用 vw 单位与 vh 单位自动设置元素的大小；

◎掌握 Less 注释的使用方法，能够在 Less 中正确添加注释；

◎掌握 Less 变量的使用方法，能够正确定义和使用 Less 变量；

◎掌握 Less 运算的使用方法，能够进行数值计算，包括加、减、乘和除运算；

◎掌握 Less 嵌套的使用方法，能够使用嵌套语法简化代码；

◎掌握 Less 导入与导出，能够根据实际情况导入和导出 Less 文件；

◎掌握移动端 touch 事件的使用方法，能够实现在移动设备上响应用户的触摸操作。

素质目标：

◎深入理解用户需求和行为模式，能够设计直观、易用、符合移动设备使用习惯的用户界面；

◎关注行业动态和技术趋势，能够及时调整技术栈和开发策略以适应市场变化。

随着移动设备和互联网的快速发展，移动 Web 开发技术应运而生，并成为当下非常流行的技术之一。为了提供良好的用户体验，开发人员在构建适用于不同移动设备的 Web 应用程序时需要灵活运用适配技术和最佳实践。在移动 Web 开发中，屏幕适配起着关键作用。开发人员需要了解屏幕分辨率、设备像素比和视口等概念，并利用媒体查询技术进行样式适配。此外，还需掌握处理高清图像素材和实现移动端页面布局等技巧。本章将详细讲解移动 Web 开发技术的相关知识。

文　档

爱国主义精神——崇高的思想品德

4.1　移动互联网的发展

在互联网发展的同时，移动互联网也呈现出爆发式的增长，根据 CNNIC（中国互联网络信息中心）发布的第 52 次《中国互联网络发展状况统计报告》可知，截至 2023 年 6 月，我国网民规模达 10.79 亿人，较 2022 年 12 月增长 1 109 万人，互联网普及率达 76.4%。随着移动通信网络环境的不断完善，以及智能手机的进一步普及，移动互联网应用向用户各类生活需求深入渗透，促进了手机上网使用率的增长。

移动互联网已经与人们的生活息息相关。用户可以通过手机、平板式计算机等终端设备接入移动应用，与互联网连接，从而在互联网上获取海量信息。例如，通过手机上的浏览器访问购物、医疗、旅游等移动应用程序，如图 4-1 所示。

购物　　　　　　　　　　医疗　　　　　　　　　　旅游

图 4-1　移动应用

移动互联网的发展分为以下四个重要阶段：

1. 第一阶段（2000—2002 年）

第一阶段是中国移动互联网的起步阶段。中国移动在 2000 年 11 月 10 日推出了"移动梦网计划"，旨在构建一个开放、合作、共赢的产业价值链。同时，中国电信于 2002 年 5 月 17 日在广州启动了"互联星空"计划，标志着 ISP（Internet Service Provider，互联网服务供应商）和 ICP（Internet Content Provider，互联网内容服务商）开始联合打造宽带互联网产业。在这一时期，中国移动还率先在全国范围内推出了 GPRS 业务。

2. 第二阶段（2003—2005年）

第二阶段是无线应用协议（Wireless Application Protocol，WAP）广泛应用的阶段。WAP 于 1998 年初公布，到 1999 年，无线接入服务正式进入商用领域，WAP 广为人知，成为各行业关注的焦点。WAP 作为一项全球性的网络通信协议，为移动互联网提供了通行标准，其目标是将互联网丰富的信息和先进的业务引入手机等无线终端。用户主要在移动互联网上浏览新闻、阅读小说、听音乐等，移动互联网进入以内容为主导的时代。

3. 第三阶段（2006—2008年）

第三阶段是互动娱乐的移动互联网阶段。在这一阶段，除了内容外，开始有了一些功能性的应用如手机 QQ、手机搜索、手机流媒体、手机游戏等，占据了用户大量的碎片时间。移动互联网逐渐演变为一个充满互动和娱乐元素的生态系统。

4. 第四阶段（2009年至今）

第四阶段是移动互联网产品广泛应用的阶段。随着 3G、4G 和 5G 网络的应用，移动应用在手机上得到广泛的使用。一些新名词开始出现，如 SoLoMoCo——Social（社交的）、Local（本地的）、Mobile（移动的）、Commerce（商务化），突显了移动互联网产品在社交、本地化、移动性和商业化方面的广泛应用。为了迎合这一趋势，大部分互联网公司纷纷设立专门的移动终端部门，以负责公司产品在移动终端上的战略布局和发展。

4.2 移动Web开发概述

移动 Web 开发是针对智能手机、平板式计算机等移动设备设计和开发网站和应用程序的过程。随着移动设备的广泛使用和性能的不断提升，以及移动端 Web 浏览器对新技术的支持，移动 Web 技术得到了快速发展，用户体验和网站性能也显著提高。

在移动 Web 开发中，开发人员主要利用 HTML、CSS 和 JavaScript 等技术来构建和展示网页内容，这些内容通过移动端 Web 浏览器进行展示。为了适应移动设备的特点，移动 Web 开发需要注意以下两方面：

（1）简化页面结构

考虑到移动设备屏幕大小的限制，页面布局应避免过于复杂。开发人员需要提炼出网站的核心功能，并以简洁明了的方式展现，以加快页面加载速度并提升用户体验。

（2）适应触屏交互

与传统的鼠标控制不同，移动设备用户主要通过触屏操作进行交互。因此，开发过程中需要引入触屏事件支持，如摇一摇、双指缩放、滑动、双击、单击等，以实现更丰富的用户操作体验。

4.3 移动Web开发的主流方案

在移动 Web 开发中，主要有两种主流方案。第一种方案是针对移动设备单独制作移动端页面，第二种方案是制作响应式页面来兼容 PC 设备和移动设备。本节将对移动 Web 开发的主流方案进行详细讲解。

4.3.1 单独制作移动端页面

在单独制作移动端页面时，通常的做法是保持原有的 PC 端页面不变，然后单独为移动端开发一套特定的版本。在网站的域名中，常使用"m"（mobile）来表示移动端网站。有些网站还会根据当前访问设备智能地进行页面跳转：如果是移动设备，则跳转到移动端页面；如果是 PC 设备，则跳转到 PC 端页面。

下面列举 2 个比较常见的单独制作移动端页面的网站，网站首页的显示效果如图 4-2 所示。

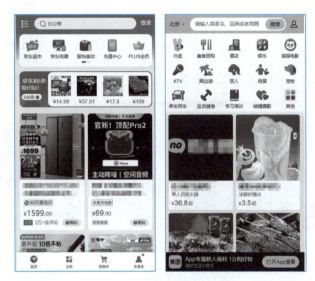

图 4-2 网站首页的显示效果

图 4-2 分别展示了京东网站和美团网站的移动端首页的显示效果。

单独制作移动端页面的方案有如下优点：

- 充分考虑平台的优势和局限性，为移动设备用户提供良好的用户体验。
- 在移动设备上加载速度更快，提升用户体验。

然而，这种方案也存在一些缺点，具体如下：

- 由于需要维护多个 URL（uniform resource locator，统一资源定位符），重定向移动端网站可能需要额外的时间和复杂的处理。
- 需要对搜索引擎进行特殊处理，维护成本增加。
- 需要针对不同的屏幕尺寸制作不同的页面，增加工作量和复杂性。

因此，在选择方案时，需要综合考虑以上因素，并根据项目的实际需求和资源预算做出决策。

4.3.2 制作响应式页面

响应式页面是根据响应式设计原则开发的网页，能够在各种设备上提供良好的浏览体验，包括 PC 设备和移动设备，而无须单独制作移动端页面。在第 5 章将要讲解的 Bootstrap 也是基于这一设计原则开发的，使用 Bootstrap 可以轻松地开发响应式页面。

当用户在 PC 端浏览器中访问响应式页面时，可以通过调整浏览器窗口的大小来模拟不同屏幕尺寸设备中网页的显示效果，以观察页面的布局和样式的变化。例如，当访问华为官方网站时，其页面效果如图 4-3 所示。

接着，缩小浏览器的窗口宽度，可以看到页面的布局和样式会发生变化，效果如图 4-4 所示。

图 4-3　华为官方网站的响应式页面效果

图 4-4　窗口缩小后的响应式页面效果

从图 4-4 可以看出，调整浏览器窗口宽度后，页面的布局和样式会相应变化，以适应新的窗口宽度。由此可见，响应式页面为用户提供了友好的页面浏览体验。

在了解响应式页面后，接下来介绍响应式页面的特点：

（1）跨平台适用

响应式页面具备跨平台的优势，能够快捷地解决多种设备上的显示问题，只需开发一套网页即可在不同设备上使用，为用户提供一致的视觉体验。

（2）有利于搜索引擎优化

响应式页面制作完成后，无论是通过移动设备还是 PC 设备访问，搜索引擎都会指向同一个地址，这有利于避免网站权重分散，从而使网站更易于被搜索引擎收录。

（3）节约成本

响应式页面可以兼容多种设备，开发者无须为各个设备编写不同的代码。并且，响应式页面可以通过一个后台进行管理，实现多个设备间数据的同步，从而减少了专职程序开发人员的需求。对于开发者而言，减少了大量重复的工作，提高了工作的效率；对于公司而言，节省了人力开支，降低了开发成本。

4.4 屏幕分辨率和设备像素比

随着移动设备的普及以及设备多样性的增加，开发人员面临着一项重要的任务：为移动应用适配各种屏幕尺寸和分辨率，以确保移动应用在不同设备中都能够提供良好的用户体验。在移动 Web 开发中，深刻理解屏幕分辨率和设备像素比的概念是不可或缺的。本节将对屏幕分辨率和设备像素比进行详细讲解。

4.4.1 屏幕分辨率

屏幕分辨率是指一块屏幕上可以显示的像素数量，通常以像素（px）为单位。例如，1 920×1 080 的分辨率表示屏幕在水平方向上含有 1 920 个像素，在垂直方向上含有 1 080 个像素，两者相乘可知屏幕上总共含有 2 073 600 个像素。

在屏幕尺寸相同的情况下，较高分辨率的屏幕通常可以显示更多的像素，因此具有更高的像素密度。高像素密度的屏幕能够呈现更多的细节，使得图像和文本显示得更加清晰和精细，因此通常可以呈现更加细腻和逼真的动画。相反，低分辨率的屏幕可能会显示出较大的像素颗粒，这会使得图像和文本不够清晰和精细，从而影响观感和识别度。因此，当考虑屏幕质量和显示效果时，分辨率是一个重要的考虑因素。

下面演示在屏幕尺寸相同的情况下，高分辨率屏幕与低分辨率屏幕所显示的画面的差异，如图 4-5 所示。

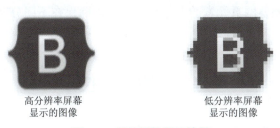

图 4-5　视频播放器的效果

从图 4-5 可以看出，高分辨率屏幕显示的图像比较精细，而低分辨率屏幕显示的图像有颗粒感。

随着屏幕技术的进步，屏幕分辨率也在不断提高，这导致一些早期设计的软件的相关界面在高分辨率屏幕上显示过小的问题。原因是一些早期软件的宽度、高度、字号等都是固定的，这些软件适合在低分辨率屏幕上呈现，但在高分辨率屏幕上显得非常小。为了解决这个问题，操作系统会自动将屏幕画面进行放大，使早期软件在高分辨率屏幕上也能以合适的大小显示。然而，由于屏幕画面被操作系统放大，软件识别的分辨率和屏幕的实际分辨率会有所差异。为了方便区分，将屏幕实际的分辨率和像素称为物理分辨率和物理像素，而将软件识别的分辨率和像素称为逻辑分辨率和逻辑像素。

需要注意的是，物理分辨率是屏幕的实际硬件特性，是固定不变的。而逻辑分辨率是通过软件处理和调整的虚拟概念，可以根据需要进行调整和变化。因此，在网页制作过程中，应该参考逻辑分辨率来编写代码。

设备的逻辑分辨率可以使用 JavaScript 代码在网页上进行查询，示例代码如下：

```
console.log('逻辑分辨率: '+ screen.width +'×' + screen.height);
```

在上述示例代码中，screen.width 表示屏幕宽度的逻辑像素，screen.height 表示屏幕高度的逻辑像素。

4.4.2 设备像素比

设备像素比（device pixel ratio，DPR）是设备的物理像素与逻辑像素之间的比例关系，表示了一个逻辑像素中实际包含了多少个物理像素。其计算方式为设备的物理像素数量除以设备的逻辑像素数量。例如，设备物理像素宽度为 4 px，逻辑像素宽度为 2 px，则设备像素比为 2，即在水平方向上一个逻辑像素由 2 个物理像素呈现。同样地，如果设备的物理像素高度为 4 px，逻辑像素高度为 2 px，则设备像素比仍为 2。需要注意的是，使用宽度或高度计算设备像素比的结果是相同的。

设备像素比可以使用 JavaScript 代码在网页上进行查询，示例代码如下：

```
var devicePixelRatio=window.devicePixelRatio;
console.log('设备像素比：' + devicePixelRatio);
```

在上述示例代码中，使用 window.devicePixelRatio 属性可以获取当前设备的像素比。

假设一个设备的物理分辨率为 1 920×1 080，并且设备像素比为 2，那么设备逻辑像素的分辨率为 960×540。在高设备像素比的设备上，若未对网页进行优化，则可能导致图像显示模糊。这是因为浏览器会将图像渲染为逻辑像素大小，再缩放到物理像素上。因此，需要根据设备像素比调整网页元素的大小和布局，以确保在不同分辨率的屏幕上都能获得良好的显示效果。

4.5 视　　口

在移动设备普及之前，网页主要在 PC 设备上显示。由于当时显示器的主流分辨率是 800×600 px 和 1 024×768 px，网页通常按照 800～1 024 px 的宽度设计。然而，随着移动设备的出现，许多网页尚未适配移动设备。因此，移动设备的浏览器在渲染网页时会出现布局混乱、显示不完整等问题。为了解决这一问题，移动设备的浏览器会强制以接近 PC 设备宽度（通常为 980 px）来渲染网页，并将整个网页缩小以适应屏幕尺寸。这样的渲染方式会导致用户体验变差，用户需要通过放大网页并通过水平滚动条和垂直滚动条来浏览页面的内容，操作起来比较麻烦。

为了使用户在移动设备上获得良好的浏览体验，浏览器允许开发人员通过 <meta> 标签对视口（viewport）进行配置。视口是指浏览器显示网页的区域。通过配置视口，可以使浏览器按照指定的视口大小渲染和显示网页，并控制网页的缩放程度以及是否允许用户缩放网页。

使用 <meta> 标签配置视口的语法格式如下：

```
<meta name="viewport" content="参数名 1=参数值 1, 参数名 2=参数值 2">
```

在上述语法格式中，name 属性用于设置网页的视口，content 属性用于设置视口参数的具体值。

content 属性的常用参数见表 4-1。

表 4-1　content 属性的常用参数

参　　数	说　　明
width	视口宽度，可以为正整数（像素）或 device-width（设备宽度）
height	视口高度，可以为正整数（像素）或 device-height（设备高度）
initial-scale	初始缩放比例，即页面加载时的缩放比例，取值为 0.0 和 10.0 之间的正数
maximum-scale	最大缩放比例，取值为 0.0 和 10.0 之间的正数
minimum-scale	最小缩放比例，取值为 0.0 和 10.0 之间的正数
user-scalable	用户是否可以通过手势缩放网页，默认值为 yes，表示允许缩放；若将其设为 no，则表示禁止缩放。此外，也可以使用数字 1，表示允许缩放，使用数字 0 表示禁止缩放

下面演示视口的设置方法，示例代码如下：

```
<meta name="viewport" content="width=device-width, initial-scale=1.0, user-scalable=no">
```

在上述示例代码中，content 属性中的 width=device-width 表示将视口宽度设置为设备宽度；initial-scale=1.0 表示将初始缩放比例设置为 1.0，即不进行缩放；user-scalable=no 表示禁止缩放。

下面通过代码演示视口的使用，并对比网页在未设置视口与设置视口的情况下的区别。设置视口后的示例代码如下：

```
1   <head>
2     <meta name="viewport" content="width=device-width, initial-scale=1.0">
3     <style>
4       .container{
5         width: 80%;
6         margin: 0 auto;
7         text-align: center;
8         background-color: #f0f0f0;
9         padding: 20px;
10        border-radius: 10px;
11        box-shadow: 0 0 10px rgba(0, 0, 0, 0.1);
12      }
13      img{
14        max-width: 100%;
15        height: auto;
16      }
17    </style>
18  </head>
19  <body>
20    <div class="container">
21      <img src="images/flower01.jpg">
22      <h1> 红玫瑰款 </h1>
23      <p> ￥299</p>
24    </div>
25  </body>
```

在上述示例代码中，第 2 行代码设置视口；第 4～12 行代码为具有 .container 类的元素设置样式,包括宽度、居中对齐、背景颜色、内边距、圆角和阴影;第 13～16 行代码为 img 元素设置样式,包括图片的最大宽度为容器的 100%,高度自适应以保持宽高比;第 21 行代码定义商品图像;第 22 行代码定义商品的标题;第 23 行代码定义商品的价钱。

上述示例代码运行后,打开开发者工具,进入移动设备调试模式,将移动设备的视口宽度设置为 375 px,设置视口后的页面效果如图 4-6 所示。

接下来,注释掉上述示例代码中的第 2 行,以便查看未设置视口的页面效果,如图 4-7 所示。

图 4-6 设置视口后的页面效果

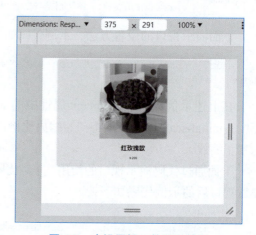
图 4-7 未设置视口的页面效果

从图 4-6 和图 4-7 可以看出,在未设置视口的情况下,浏览器会对整个网页进行缩放,导致网页内容显示得更小。相反,一旦设置了视口,网页就不会被缩小,内容展示得更加清晰和适宜。

4.6 媒体查询

随着移动设备的普及和多样化,用户使用不同尺寸和分辨率的设备浏览网页的需求呈现多样化,为了适应这样的需求,使用媒体查询来实现响应式设计已经成为一个重要的前端开发需求。

媒体查询(media queries)是 CSS3 中的一项技术,它可以根据设备的特性(如屏幕宽度、高度、设备类型等)应用不同的样式。在 CSS 中,媒体查询的代码书写位置与其他 CSS 代码的书写位置相同,既可以写在 <style> 标签中,也可以写在单独的 CSS 文件中,然后通过 <link> 标签引入 CSS 文件。

定义媒体查询的语法格式如下:

```
@media 媒体类型 逻辑操作符 (媒体特性) {
    选择器 {
```

```
        CSS 代码
    }
}
```

下面对上述语法格式中的组成部分进行讲解：

① @media：用于声明媒体查询。

② 媒体类型：用于指定媒体查询的媒体类型，常见的媒体类型包括 screen（屏幕设备）、print（打印机）、speech（屏幕阅读器）。若未指定媒体类型，则默认值为 all，表示所有设备。

③ 逻辑操作符：用于连接多个媒体特性以构建复杂的媒体查询，常见的逻辑操作符有 and（将多个媒体特性联合在一起）、only（指定特定的媒体特性）、not（排除某个媒体特性）。若未指定逻辑操作符，则默认值为 and。

④ 媒体特性：用于指定媒体查询的条件，由"属性：值"的形式组成。常用的媒体特性的属性包括 width（视口宽度）、min-width（视口最小宽度）、max-width（视口最大宽度）等。若未指定媒体特性，则媒体查询会被应用于所有设备和视口大小。

⑤ 选择器：用于设置在指定设备中满足媒体特性的选择器，以确定哪些元素将受到媒体查询的影响。

⑥ CSS 代码：用于设置在指定设备中媒体特性满足时，对应选择器所应用的 CSS 代码。

媒体查询的示例代码如下：

```
@media(max-width: 768px){
  body{
    background-color: #ccc;
  }
}
```

在上述示例代码中，max-width: 768px 表示视口最大宽度为 768 px，即当视口宽度小于或等于 768px 时符合媒体查询条件，此时将 body 元素的背景颜色设置为 #ccc。

下面通过代码演示如何使用媒体查询实现网页在屏幕宽度小于或等于 600 px 时，导航链接垂直堆叠显示，示例代码如下：

```
1   <head>
2     <meta name="viewport" content="width=device-width, initial-scale=1.0">
3     <style>
4       nav{
5         background-color: #333;
6         color: white;
7         text-align: center;
8         padding: 10px;
9       }
10      nav a{
11        color: white;
12        text-decoration: none;
13        padding: 10px 20px;
14        display: inline-block;
15        transition: background-color 0.3s ease;
16      }
17      nav a:hover{
18        background-color: #555;
```

```
19      }
20      @media(max-width: 600px){
21        nav{
22          text-align: left;
23        }
24        nav a{
25          display: block;
26          margin-bottom: 5px;
27        }
28      }
29    </style>
30  </head>
31  <body>
32    <nav>
33      <a href="#">首页</a>
34      <a href="#">关于我们</a>
35      <a href="#">服务</a>
36      <a href="#">联系我们</a>
37    </nav>
38  </body>
```

在上述示例代码中，第 4～9 行代码用于设置导航栏的背景颜色、文字颜色、居中对齐和内边距；第 10～16 行代码用于设置导航链接的颜色、去除下划线、设定内边距、以行内块级元素显示，并添加背景颜色渐变的过渡效果；第 17～19 行代码用于设置导航链接在鼠标指针悬停时的背景颜色；第 20～28 行代码设置当视口宽度小于或等于 600 px 时，导航栏文本对齐方式为左对齐，将导航链接的显示方式改为块级元素并添加一些底部外边距；第 32～37 行代码用于设置导航栏结构，包含 4 个导航链接。

上述示例代码运行后，打开开发者工具，进入移动设备调试模式，将移动设备的视口宽度设置为 601 px，页面效果如图 4-8 所示。

从图 4-8 可以看出，当视口宽度为 601 px 时，导航链接水平排列。

将移动设备的视口宽度设置为 600 px 时，页面效果如图 4-9 所示。

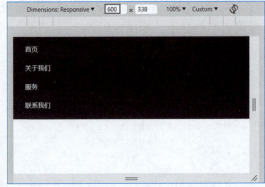

图 4-8　视口宽度为 601 px 时　　　　　图 4-9　视口宽度为 600 px 时

从图 4-9 可以看出，当视口宽度为 600 px 时，导航链接垂直堆叠显示。

通过媒体查询，可以根据不同设备的屏幕尺寸为用户提供更好的体验。在开发中，我们应该考虑不同用户的需求和背景，以确保所有用户都能获得良好的访问体验。因此，在设计界面和提供服务时，我们应以用户为中心，关注每个用户的需求。

多学一招：<link> 标签的 media 属性

如果要为一个外部样式表应用媒体查询，可以在使用 <link> 标签引入 CSS 文件后，为 <link> 标签设置 media 属性，语法格式如下：

```
<link rel="stylesheet" href="样式文件" media="媒体类型 逻辑操作符（媒体特性）">
```

例如，设置 style.css 文件在视口宽度小于 600 px 时生效，示例代码如下：

```
<link rel="stylesheet" href="style.css" media="(max-width: 600px)">
```

在上述示例代码中，外部样式表 style.css 文件仅在视口宽度小于或等于 600 px 时生效。

4.7 二 倍 图

在移动 Web 开发中，为了确保网页中的图像在不同屏幕尺寸的设备中都能够完美呈现，需要解决设备像素比大于 1 时带来的图像模糊问题。当设备像素比大于 1 时，网页在这些设备中会被放大显示，如果网页中图像的分辨率过低，会导致图像模糊。为了在高分辨率屏幕上提供更加清晰、更高质量的图像显示，可以使用二倍图。

二倍图是一种宽度和高度均为原图二倍的图像。通常在二倍图图像的文件名后面加上 @2x，以示区分。这种图像适用于高分辨率屏幕，因为高分辨率具有更高的像素密度，如果只使用原始图像，在高分辨率屏幕上显示时会导致图像模糊、失真或变形的情况。因此，在实际开发中，为了适应不同设备像素比的要求，通常需要同时准备原始图像和对应的二倍图。原始图像用于一般分辨率的屏幕显示，而二倍图则用于高分辨率的屏幕显示。这样，无论是普通屏幕还是高分辨率屏幕，都能够获得最佳的图像显示效果。

考虑到移动端屏幕的设备像素比多种多样，为每一种设备像素比的设备都制作相应的图像是不现实的。因此，在实际开发中，为了平衡图像质量和性能，通常会选择使用二倍图作为通用的解决方案。

在网页中使用 <img> 标签插入二倍图和设置元素的背景图像的二倍图，两种设置方法是不同的，下面将分别进行讲解。

（1）使用 <img> 标签插入二倍图

对于 <img> 标签，可以通过将 width 属性和 height 属性设置为实际图像尺寸的一半，从而实现二倍图的显示效果。例如，二倍图 image@2x.png 的分辨率是 200×200 px，则应将 <img> 标签的 width 属性和 height 属性均设置为 100 px，示例代码如下：

```
<img width="100" height="100" src="image@2x.png">
```

（2）设置元素的背景图像的二倍图

对于使用背景图像的元素，可以通过将其 background-size 属性设置为实际图像尺寸的一半，从而作为背景图像的显示大小。例如，原始图像 bg.png 的分辨率是 200×200 px，则应将对应的二倍图 bg@2x.png 的 background-size 属性设置为 "100px 100px"，示例代码如下：

```
div{
```

```
    width: 100px;
    height: 100px;
    background: url("bg@2x.png") no-repeat;
    background-size: 100px 100px;
}
```

下面演示二倍图的使用，示例代码如下：

```
1  <head>
2    <style>
3      div{
4        width: 50px;
5        height: 50px;
6        background: url("images/business@2x.png") no-repeat;
7        background-size: 50px 50px;
8      }
9    </style>
10 </head>
11 <body>
12   <img src="images/business.png" alt="原图">
13   <img src="images/business@2x.png" alt="二倍图" width="50" height="50">
14   <div></div>
15 </body>
```

在上述示例代码中，第 3 ~ 8 行代码用于设置 div 元素的宽度和高度均为 50 px，并指定了背景图像的路径和不重复平铺背景图像，同时设置背景图像的宽度和高度均为 50 px，以确保背景图像在 div 元素中完整显示且不变形。

第 12 行代码用于展示原图；第 13 行代码用于展示二倍图；第 14 行代码用于展示背景图像的二倍图。

上述示例代码运行后，打开开发者工具，进入移动设备调试模式。在这里仅对比图像的区别，因此将缩放设置为 200%，而无须特别设置移动设备的视口宽度和高度。图像显示效果如图 4-10 所示。

图 4-10　图像显示效果

在图 4-10 中，第 1 行中左侧图像是原图，右侧图像是二倍图，第 2 行中图像也是二倍图。由此可见，二倍图在页面中的显示效果更加清晰。

在开发项目时，合理运用图像能够吸引用户的关注，增强页面的吸引力，提高用户的点击率和参与度。然而，在使用和分享图像时，我们必须时刻具备版权意识。随着互联网的发展，出现了许多提供图像素材的网站，为了确保不侵犯他人的著作权和肖像权，我们不能随意在网络上传播未经授权的图像。作为开发者，我们应该自律自制，承担社会责任，维护良好的网络环境。

4.8 Less

为了提供更强大和灵活的 CSS 编写方式，开发者可以使用 CSS 预处理器，如 Less。它可以通过引入一些额外的功能和语法，使得 CSS 的编写更具表达力和可维护性。本节将详细讲解 Less。

4.8.1 什么是 Less

Less 是一个 CSS 预处理器，为了和 CSS 文件区分，通常将使用 Less 语法编写的代码（简称 Less 代码）保存在扩展名为 .less 的文件中。

与 CSS 相比，Less 具有以下特点：

① Less 不仅支持变量，而且还具有更灵活的变量语法，可以定义并重用变量管理样式属性，这样在整个样式表中需要修改时只需更新变量的值。

② Less 允许样式规则的嵌套，这样可以通过减少重复的选择器名称来简化样式表的书写。

③ Less 支持混入（mixins）功能，可以将一组样式属性封装起来，并在需要时通过调用一个已定义的混合来重用其中封装的样式属性。这样可以避免在多个地方重复编写相同的样式代码，减少了代码的冗余，提高了代码的复用性和可维护性。

由于浏览器无法直接解析 Less 代码，因此需要将 Less 代码先编译成 CSS 代码，然后将编译后的 CSS 代码引入页面中。

在 VS Code 编辑器中，借助 Easy LESS 扩展可以编译 Less 代码。安装该扩展后，在保存 Less 文件时 VS Code 编辑器会自动生成对应的 CSS 文件。

在 VS Code 编辑器中搜索 Easy LESS 即可找到 Easy LESS 扩展，如图 4-11 所示。

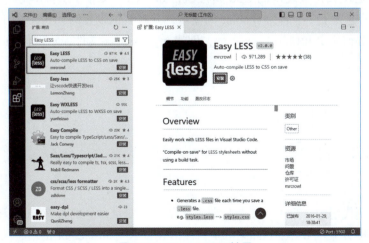

图 4-11　Easy LESS 扩展

在图 4-11 中，找到 Easy LESS 扩展后，单击"安装"按钮进行安装即可。

4.8.2　Less 注释

在日常开发中，为了增强代码的可读性，可以给代码添加注释，注释在程序解析时会被忽略，不会对代码的运行产生任何影响。

Less 中可以使用单行注释和多行注释，单行注释以"//"开始，到该行结束之前的内容都是注释，示例代码如下：

```
h1 {
   color: blue;    // 设置颜色为蓝色
}
```

在上述示例代码中，"//"和后面的"设置颜色为蓝色"是一个单行注释。

多行注释以"/*"开始，以"*/"结束。多行注释中可以嵌套单行注释，但不能再嵌套多行注释，示例代码如下：

```
/*
这是 h1 标题的样式规则。
可以在这里添加更多的说明。
*/
h1{
   color: blue;
}
```

4.8.3　Less 变量

Less 变量的作用与 CSS 变量类似，但不需要定义在选择器的规则块中。定义 Less 变量的语法格式如下：

```
@变量名：变量值；
```

在上述语法格式中，变量的定义需要使用 @ 符号作为前缀，后跟变量名和变量值。变量名可以包含字母、数字、下划线（_）和连字符（-），但不能以数字开头且大小写敏感。而变量值可以是任意符合规定的 CSS 属性值，如颜色、尺寸、字符串等。例如"@color: #ff0000;"表示定义了一个名为 @color 的变量，并将其值设置为 #ff0000（红色）。

下面演示如何定义和使用 Less 变量，创建 **myLess.less** 文件，示例代码如下：

```
1  @color: pink;
2  @font14: 14px;
3  body{
4     background-color: @color;
5  }
6  div{
7     color: @color;
8     font-size: @font14;
9  }
```

在上述示例代码中，第 1～2 行代码定义了两个变量，分别为 @color 和 @font14；第 4 行代码将 body 元素的 background-color 属性值设置为变量 @color 的值；第 6～9 行代码将 div 元素的 color 属性值设置为变量 @color 的值，同时将 font-size 属性值设置为变量 @font14 的值。

保存 myLess.less 文件后，VS Code 编辑器会自动在同目录下生成 myLess.css 文件。myLess.css 文件的代码如下：

```
1  body{
2    background-color: pink;
3  }
4  div{
5    color: pink;
6    font-size: 14px;
7  }
```

从上述代码可以看出，VS Code 编辑器成功地将 myLess.less 文件中的 @color 变量的值设置为 pink，将 @font14 变量的值设置为 14 px。

4.8.4　Less 运算

Less 支持数学运算，包括加（+）、减（-）、乘（*）、除（/）运算符，任何数字、颜色或者变量都可以参与运算。

Less 中关于单位和运算规则的注意事项如下：

① 运算符左右两侧需要留有空格，例如 1px + 5。

② 加、减、乘运算可以直接书写计算表达式，例如 width: 100px + 50px;。

③ 除法运算需要添加小括号或在运算符前添加"."符号，例如 width: (100px / 4); 或 width: 100px ./ 4;。

④ 如果运算涉及两个具有不同单位的值，运算结果将采用第一个值的单位。

⑤ 如果运算涉及两个值，其中只有一个值具有单位，运算结果将采用具有单位的那个值的单位。

下面演示 Less 运算的用法，示例代码如下：

```
@base-size: 16px;
@extra-size: 2;
// 加、减、乘运算可以直接书写计算表达式
.width{
  width: 300px + 50px;                    // 运算结果为：350 px
}
// 除法运算需要添加小括号
.division{
  width:(100px / 4);                      // 运算结果为：25 px
}

// 运算涉及两个具有不同单位的值，运算结果取第一个值的单位
.margin-bottom{
  margin-bottom: 1rem + 2px;              // 运算结果为：3 rem
}
// 运算涉及两个值，其中一个值具有单位，运算结果取具有单位的值的单位
.font-size{
  font-size: @base-size + @extra-size;    // 运算结果为：18 px
}
```

上述示例代码使用 Less 运算符进行简单的数学运算，遵循了 Less 中关于单位和运算的规则和注意事项。

4.8.5　Less嵌套

Less 允许开发者在一个选择器的规则块内部嵌套另一个规则，称为嵌套规则。通过使用嵌套规则，可以显著减少代码量，并使代码结构更加清晰和易读。

在 Less 中，当内层选择器需要与父选择器形成交集、伪类或伪元素选择器时，需要在内层选择器的前面添加 & 符号，这样做可以将其解析为父选择器自身或父选择器的伪类。如果不加 & 符号，则会被解析为父选择器的后代。

下面演示 Less 嵌套规则的使用，在 myLess.less 文件中编写如下代码：

```
1  ……（原有代码）
2  .content{
3    article{
4      h1{
5        color: blue;
6        &:hover {
7          color: green;
8        }
9      }
10     p{
11       padding: 10px;
12     }
13   }
14   aside{
15     background-color: #ccc;
16   }
17 }
```

在上述示例代码中，第 6 行代码中的 & 符号可以将 :hover 伪类选择器解析为 h1:hover，以实现当鼠标悬停在 h1 元素上时，文本颜色将被设置为绿色。

保存上述示例代码，打开自动生成的 myLess.css 文件，编译后的代码如下：

```
1  ……（原有代码）
2  .content article h1{
3    color: blue;
4  }
5  .content article h1:hover{
6    color: green;
7  }
8  .content article p{
9    padding: 10px;
10 }
11 .content aside{
12   background-color: #ccc;
13 }
```

从上述代码可以看出，VS Code 编辑器成功将 Less 规则嵌套的语法转换成普通的 CSS 语法。

4.8.6　Less导入与导出

在 Less 中提供了导入文件和导出文件的方法，下面分别进行讲解。

1. 导入Less文件

在 Less 中，使用 @import 指令可以导入其他的 Less 文件，通常用于导入公共的样式文件。通过 @import 指令，可以将一个 Less 文件中的样式导入到另一个 Less 文件中，从而实现样式的管理和重用。

使用 @import 指令导入 Less 文件的语法格式如下：

```
@import '文件路径';
```

在上述语法格式中，文件路径可以指定为相对路径或绝对路径，如果要导入的文件是 Less 文件，则可以省略文件扩展名。

例如，导入当前目录下的 base.less 文件和 common.less 文件，示例代码如下：

```
@import 'base.less';
@import 'common';
```

以上演示了导入 Less 文件时不省略扩展名和省略扩展名的两种写法。

2. 导出Less文件

通过前面的学习可知，当保存 Less 文件后，VS Code 编辑器会自动在同目录下生成同名的 CSS 文件。如果想要将编译后的 CSS 文件导出到当前目录下的指定文件或者指定目录时，可以通过下面两种方式。

① 将编译后的 CSS 文件导出到当前目录下的 index.css 文件中，示例代码如下：

```
// out: index.css
```

上述示例代码中，在 Less 文件中添加注释"// out: index.css"，这样编译后的 CSS 文件将命名为 index.css，并保存在当前目录下。

② 将编译后的 CSS 文件导出到当前目录下的名为 css 的文件夹中，示例代码如下：

```
// out: css/
```

上述示例代码中，在 Less 文件中添加注释"// out: css"，这样编译后的 CSS 文件将保存在当前目录下的名为 css 的文件夹内。

若想要禁止导出编译后的 CSS 文件，则在 Less 文件的第一行添加注释"// out: false"，示例代码如下：

```
// out: false
```

需要注意的是，这种导出机制通常是由 VS Code 编辑器的 Easy LESS 扩展实现的。

4.9　移动端页面布局适配方案

随着移动设备的普及和多样化，用户对于移动网页的需求也变得更加多样化，因此，设计一个能够适应各种屏幕尺寸和分辨率的页面布局变得至关重要。在移动 Web 开发中，主要有两种适配方案：宽度适配与宽高等比适配。宽度适配是通过百分比单位设置元素的宽度，从而使元素相对于父元素或视口宽度进行自适应调整，以适应不同屏幕尺寸的设备；宽高等比适配是通过保持元素的宽高比例不变，使元素在不同屏幕尺寸的设备上按比例进行缩放，以适应不同分辨率和设备比例。宽度适配常见的有流式布局和弹性盒布局，而宽高等比适配常见的有 rem 布局、vw 和 vh 布局。本节将详细讲解这 4 种布局方式。

4.9.1 流式布局

流式布局也称为百分比布局，它使用百分比单位设置元素的宽度，使得页面元素能够随着屏幕大小的变化而自适应调整布局。

实现流式布局的方法是将 CSS 中的固定像素宽度换算为百分比宽度。这样，目标元素宽度会按照相对于父容器宽度的比例进行计算，从而实现宽度自适应，使得元素能够在不同屏幕尺寸的设备中自动调整大小。

百分比宽度的换算公式如下：

百分比宽度 =（目标元素宽度 / 父容器宽度）× 100%

为了帮助读者更好地理解 CSS 固定像素宽度与百分比宽度之间的换算，下面举例进行说明。假如有一个元素的宽度为 300 px，该元素的外层容器（也就是父盒子）的宽度为 1 200 px，则根据上述公式，该元素的百分比宽度为 25%。

下面通过代码演示如何使用流式布局实现底部标签栏，示例代码如下：

```
1  <head>
2    <meta name="viewport" content="width=device-width, initial-scale=1.0" />
3    <style>
4     .toolbar {
5       width: 100%;
6       height: 50px;
7       border-top: 1px solid #f98c02;
8       position: fixed;
9       left: 0;
10      bottom: 0;
11     }
12    .toolbar ul{
13      margin: 0;
14      padding: 0;
15     }
16    .toolbar li{
17      float: left;
18      width: 20%;
19      height: 50px;
20      text-align: center;
21      list-style: none;
22     }
23    .toolbar img{
24      height: 50px;
25     }
26    </style>
```

```
27    </head>
28    <body>
29      <footer class="toolbar">
30        <ul>
31          <li>
32            <a href="#"><img src="images/home-selected.png"></a>
33          </li>
34          <li>
35            <a href="#"><img src="images/classification.png"></a>
36          </li>
37          <li>
38            <a href="#"><img src="images/sao.png"></a>
39          </li>
40          <li>
41            <a href="#"><img src="images/car.png"></a>
42          </li>
43          <li>
44            <a href="#"><img src="images/my.png"></a>
45          </li>
46        </ul>
47      </div>
48    </body>
```

在上述示例代码中，第 4～11 行代码用于设置具有 .toolbar 类的元素的样式，包括宽度为 100%，高度为 50 px，上边框为 1 px、颜色为 #f98c02 的实线，固定在页面的底部；第 16～22 行代码用于设置具有 .toolbar 类的元素内的 li 元素的样式，包括使列表浮动到左侧、宽度为 20%（一行显示 5 张图像）、高度为 50 px、文本居中对齐、移除默认列表样式；第 23～25 行代码用于设置具有 .toolbar 类的元素内的 img 元素的样式，将高度设置为 50 px。

上述示例代码运行后，打开开发者工具，进入移动设备调试模式，将移动设备的视口宽度设置为 375 px，底部标签栏的页面效果如图 4-12 所示。

图 4-12　底部标签栏的页面效果

从图 4-12 可以看出，使用流式布局成功设置底部标签栏。读者可以尝试调整移动设备的视口宽度，调整后页面宽度会按照一定的比例进行缩放。

4.9.2　弹性盒布局

弹性盒布局又称为 Flex 布局，是一种增加盒子模型灵活性的布局方式。弹性盒布局主要由 Flex 容器和 Flex 元素组成。Flex 容器是应用弹性盒布局的父元素，该容器中的所有子元素被称为 Flex 元素。Flex 容器内包含两根轴：主轴（main axis）和交叉轴（cross axis）。默认情况下，主轴为水平方向，交叉轴为垂直方向。Flex 元素默认沿主轴排列，根据实际需要可以更改 Flex 元素的排列方式。弹性盒布局结构如图 4-13 所示。

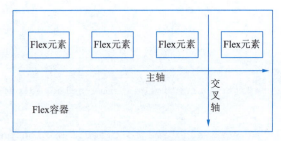

图 4-13　弹性盒布局结构

若要使用弹性盒布局，首先需要将父元素的 display 属性的值设置为 flex，这表示将父元素设置为 Flex 容器。然后，可以利用 Flex 容器和 Flex 元素的属性来控制元素的排列和对齐方式。

下面分别对 Flex 容器、Flex 元素的常用属性进行讲解。

1．Flex容器的常用属性

Flex 容器的常用属性如下：

（1）flex-direction 属性

flex-direction 属性用于设置主轴的方向，即 Flex 元素的排列方向，可选值如下：

① row：默认值，主轴为从左到右的水平方向。

② row-reverse：主轴为从右到左的水平方向。

③ column：主轴为从上到下的垂直方向。

④ column-reverse：主轴为从下到上的垂直方向。

（2）flex-wrap 属性

flex-wrap 属性用于设置是否允许 Flex 元素换行，可选值如下：

① nowrap：默认值，表示不允许换行，Flex 容器为单行，该情况下 Flex 元素可能会溢出 Flex 容器。

② wrap：表示允许换行，如果 Flex 容器为多行，Flex 元素溢出的部分会被放置到新的一行，第一行显示在上方。

③ wrap-reverse：表示按照反方向换行，如果 Flex 容器为多行，Flex 元素溢出的部分会被放置到新的一行，第一行显示在下方。

（3）justify-content 属性

justify-content 属性用于设置 Flex 元素在主轴上的对齐方式，可选值如下：

① flex-start：默认值，Flex 元素与主轴起点对齐。

② flex-end：Flex 元素与主轴终点对齐。

③ center：Flex 元素在主轴上居中对齐。

④ space-between：Flex 元素两端分别对齐主轴的起点与终点，两端的 Flex 元素分别靠向 Flex 容器的两端，Flex 元素的间隔相等。

⑤ space-around：每个 Flex 元素两侧的距离相等，第一个 Flex 元素离主轴起点和最后一个 Flex 元素离主轴终点的距离为中间 Flex 元素间距的一半。

（4）align-items 属性

align-items 属性用于设置 Flex 元素在交叉轴上的对齐方式，常用的可选值如下：

① normal：默认值，表示如果 Flex 元素未设置高度，则会被拉伸以填充交叉轴方向上的剩余空间，即占满整个 Flex 容器的高度；如果 Flex 元素设置了高度，则会垂直居中。

② stretch：Flex 元素会被拉伸以填充交叉轴方向上的剩余空间，即占满整个 Flex 容器的高度。

③ flex-start：Flex 元素顶部与交叉轴起点对齐，即 Flex 元素在交叉轴上的顶部对齐。

④ flex-end：Flex 元素底部与交叉轴终点对齐，即 Flex 元素在交叉轴上的底部对齐。

⑤ center：Flex 元素在交叉轴上居中对齐，即 Flex 元素的中心点与交叉轴中心点对齐。

2．Flex元素的常用属性

Flex 元素的常用属性如下：

（1）order 属性

order 属性用于设置 Flex 元素的排列顺序。order 属性值越小，排列越靠前，默认值为 0。

（2）flex-grow 属性

flex-grow 属性用于设置 Flex 元素的放大比例，默认值为 0，表示即使存在剩余空间，也不放大 Flex 元素。

（3）flex-shrink 属性

flex-shrink 属性用于设置 Flex 元素的缩小比例，默认值为 1，表示如果空间不足，就将 Flex 元素缩小。如果 flex-shrink 属性值为 0，表示 Flex 元素不缩小。

（4）flex-basis 属性

flex-basis 属性用于设置在分配多余空间之前，Flex 元素占据的主轴空间，默认值为 auto，表示 Flex 元素为本来的大小。

（5）flex 属性

flex 属性是 flex-grow 属性、flex-shrink 属性和 flex-basis 属性的组合属性，默认值为 0 1 auto。

下面通过代码演示如何使用弹性盒布局实现卡片效果，示例代码如下：

```
1   <head>
2     <meta name="viewport" content="width=device-width, initial-scale=1.0" />
3     <style>
4       .card-container{
5         width: 100%;
6         display: flex;
7         flex-wrap: wrap;
8         justify-content: space-between;
9       }
10      .card{
11        width: 24%;
12        padding: 20px;
13        border: 1px solid #f2f2f2;
14        text-align: center;
15        margin-bottom: 20px;
```

```
16       box-sizing: border-box;
17     }
18     .card img{
19       width: 100%;
20     }
21     .card h3, .card p{
22       margin: 10px 0;
23       box-sizing: border-box;
24     }
25     @media(max-width: 767px){
26       .card {
27         width: 49%;
28       }
29     }
30   </style>
31 </head>
32 <body>
33   <div class="card-container">
34     <div class="card">
35       <img src="images/hot.png">
36       <h3>热歌榜</h3>
37       <p>热门流行曲目排行榜</p>
38     </div>
39     <div class="card">
40       <img src="images/rise.png">
41       <h3>飙升榜</h3>
42       <p>音乐界新潮歌曲上升榜</p>
43     </div>
44     <div class="card">
45       <img src="images/new.png">
46       <h3>新歌榜</h3>
47       <p>最新发布的音乐作品榜单</p>
48     </div>
49     <div class="card">
50       <img src="images/mv.png">
51       <h3>MV榜</h3>
52       <p>热门音乐视频榜</p>
53     </div>
54   </div>
55 </body>
```

在上述示例代码中，第 4～9 行代码用于设置具有 .card-container 类的元素的样式，包括设置宽度为 100%，采用弹性盒布局，并且在水平方向上对齐 Flex 元素，在垂直方向上换行显示。

第 10～17 行代码用于设置具有 .card 类的元素的样式，包括宽度为 24%，内边距为 20px，边框为 1px 的实线灰色，居中显示文本，下外边距为 20px 等；第 25～29 行代码设置当视口宽度小于或等于 767 px 时，具有 .card 类的元素的宽度为 49%，即一行显示 2 个卡片。

上述示例代码运行后，打开开发者工具，进入移动设备调试模式，将移动设备的视口宽度设置为大于 767 px 时，卡片效果如图 4-14 所示。

从图 4-14 可以看出，当视口宽度大于 767 px 时，一行显示 4 个卡片。

将移动设备的视口宽度设置为小于或等于 767 px 时，卡片效果如图 4-15 所示。

第 4 章　移动 Web 开发基础　159

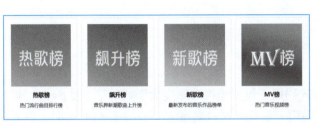

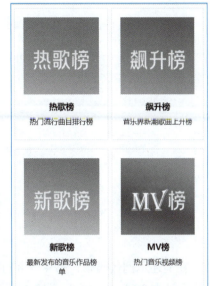

图 4-14　卡片效果（1）　　　　　　　　图 4-15　卡片效果（2）

由图 4-14 和图 4-15 可知，使用弹性盒布局成功实现卡片。

4.9.3　rem 布局

rem 布局是指使用 rem 单位来实现页面布局。rem 单位是 CSS3 中引入的一种相对单位。当使用 rem 单位时，其大小取决于根元素的字号（font-size），换算方式为 1 rem 等于 1 倍根元素的字号。例如，根元素的 font-size 设置为 12 px，那么非根元素设置 width 为 2 rem 时，其宽度为 24 px。

使用 rem 单位的优势在于，只需要调整根元素的字号，就能同时改变整个页面中所有使用 rem 单位的元素的大小，这样可以确保元素在不同设备中不会变形或失真，从而提供一致的视觉体验。

rem 布局常见的实现方式包括使用媒体查询结合 rem 单位的方式和使用 flexible.js 结合 rem 单位的方式，下面分别进行讲解：

（1）使用媒体查询结合 rem 单位的方式

使用媒体查询根据不同设备视口宽度设置根元素的字号，然后使用 rem 单位设置页面元素的大小。

下面演示如何使用媒体查询结合 rem 单位的方式实现元素的等比例缩放，示例代码如下：

```
1  <head>
2    <meta name="viewport" content="width=device-width, initial-scale=1.0">
3    <style>
4      @media(min-width: 375px){
5        :root{
6          font-size: 37.5px;
7        }
```

```
 8      }
 9      @media(min-width: 414px){
10        :root{
11          font-size: 41.4px;
12        }
13      }
14      div{
15        width: 5rem;
16        height: 3rem;
17        background-color: #ccc;
18      }
19    </style>
20  </head>
21  <body>
22    <div></div>
23  </body>
```

在上述示例代码中，第 4 ～ 8 行代码用于设置当视口宽度大于或等于 375 px 时，根元素的字号为 37.5 px；第 9 ～ 13 行代码用于设置当视口宽度大于或等于 414 px 时，根元素的字号为 41.4 px；第 14 ～ 18 行代码将 div 元素的宽度设置为 5 rem、高度设置为 3 rem、背景颜色设置为 #ccc。

上述示例代码运行后，打开开发者工具，进入移动设备调试模式，将移动设备的视口宽度分别设置为 375 px 和 414 px，视口高度不需要特意设置，因为这里重点观察视口宽度的变化，然后将鼠标指针移到 Elements 选项卡中的 <div> 标签上，查看元素的宽度和高度，页面效果如图 4-16 所示。

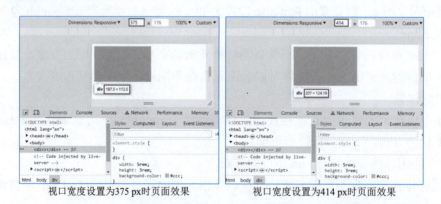

视口宽度设置为375 px时页面效果　　　视口宽度设置为414 px时页面效果

图 4-16　视口宽度分别设置为 375 px 和 414 px 时页面效果

从图 4-16 可以看出，当视口宽度为 375 px 时，div 元素的宽度为 187.5 px，高度为 112.5 px；当视口宽度为 414 px 时，div 元素的宽度为 207 px，高度为 124.19 px。由此可知，元素的宽度和高度会按照根元素字号的变化等比例缩放。

需要说明的是，当视口宽度设置为 414 px 时，根元素的字号为 41.4 px，div 元素的高度为 124.19 px。如果手动计算 3 rem 的大小，则 3×41.4 px = 124.2 px，该结果与 124.19 px 略有差异，这是因为浏览器在进行浮点数运算时产生了精度损失。这个微小的差异通常对大多数网页设计没有影响。

（2）使用 flexible.js 结合 rem 单位的方式

flexible.js 是一个用于移动端屏幕适配的 JavaScript 文件，它会根据视口宽度动态计算出根元素的字号，从而实现页面元素的等比例缩放。通常情况下，flexible.js 会将根元素的字号设置为视口宽度的十分之一。例如，设备屏幕宽度为 375 px，那么根元素的字号将会是 37.5 px。

下面演示如何使用 flexible.js 结合 rem 单位的方式实现元素的等比例缩放，示例代码如下：

```
 1  <head>
 2    <meta name="viewport" content="width=device-width, initial-scale=1.0">
 3    <style>
 4      div{
 5        width: 2rem;
 6        height: 2rem;
 7        background-color: #ccc;
 8      }
 9    </style>
10  </head>
11  <body>
12    <div></div>
13    <script src="js/flexible.js"></script>
14  </body>
```

在上述示例代码中，第 5 行和第 6 行代码使用 rem 单位设置元素的宽度和高度都为 2 rem；第 13 行代码引入 flexible.js 文件，读者可通过本书配套源代码获取该文件。

上述示例代码运行后，打开开发者工具，进入移动设备调试模式，将移动设备的视口宽度分别设置为 375 px 和 750 px，视口高度不需要特意设置，因为这里重点观察视口宽度的变化，然后将鼠标指针移到 Elements 选项卡中的 <div> 标签上，查看元素的宽度和高度，以及根元素的字号，页面效果如图 4-17 所示。

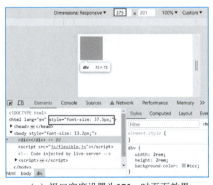 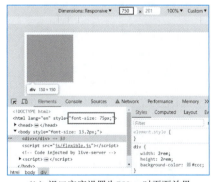

（a）视口宽度设置为375px时页面效果　　　　　（b）视口宽度设置为750px时页面效果

图 4-17　视口宽度分别设置为 375 px 和 750 px 时页面效果

从图 4-17 可以看出，当视口宽度为 375 px 时，根元素的字号为 37.5 px，div 元素的宽度和高度均为 75 px；当视口宽度为 750 px 时，根元素的字号为 75 px，div 元素的宽度和高度均为 150 px。由此可知，元素的宽度和高度会按照根元素字号的变化等比例缩放。

综上所述，使用媒体查询结合 rem 单位的方式与使用 flexible.js 结合 rem 单位的方式都可以实现元素的等比例缩放。但是前者需要为每个媒体查询规则设置不同的根元素字号，从而控制元素的大小。相比之下，后者能够更灵活地实现响应式布局，无须手动设置多个媒体查询规则。在实际开发中，可以根据实际情况进行选择。

4.9.4 vw和vh布局

vw 单位和 vh 单位是以视口的宽度和高度作为参考的相对单位。当使用 vw 单位和 vh 单位时，浏览器会将视口的宽度和高度各分成 100 份，1 vw 占据视口宽度的百分之一，1 vh 占据视口高度的百分之一。例如，如果视口宽度为 375 px，那么 1 vw 就等于 3.75 px，即 375 px ÷ 100。使用 1 vw 作为单位时，元素的大小为相对于视口宽度的百分之一。同理，1 vh 的大小为视口高度的百分之一。

通过使用 vw 单位和 vh 单位，可以使元素的大小和位置能够根据视口的变化而自动调整，以适应不同屏幕尺寸的设备。

在设置元素的宽度和高度时，不建议同时使用 vw 单位和 vh 单位。当混合使用 vw 单位和 vh 单位来设置元素的宽度和高度时，屏幕宽高比的变化可能会导致元素在某些情况下出现变形。例如，假设一个元素使用 vw 单位来设置宽度，使用 vh 单位来设置高度，在宽高比为 16:9 的屏幕上，元素的宽度和高度比例是正确的，但当屏幕切换到宽高比为 4:3 的屏幕时，vw 单位和 vh 单位的计算结果会发生相应变化，元素可能会显示不正确的比例或出现变形。

下面演示如何使用 vh 单位实现元素的等比例缩放，示例代码如下：

```
1  <head>
2    <meta name="viewport" content="width=device-width, initial-scale=1.0">
3    <style>
4      .container{
5        height: 100vh;
6        display: flex;
7        justify-content: center;
8        align-items: center;
9      }
10     .box{
11       width: 50vh;
12       height: 50vh;
13       background-color: #666;
14     }
15     h1{
16       font-size: 5vh;
17       color: white;
18       text-align: center;
19       padding: 10px;
20     }
21   </style>
22 </head>
23 <body>
24   <div class="container">
25     <div class="box">
26       <h1>Hello, World!</h1>
27     </div>
28   </div>
29 </body>
```

在上述示例代码中，第 5 行代码设置具有 .container 类的元素的高度为 100 vh，表示占据整个页面高度；第 11 行代码设置具有 .box 类的元素的宽度为 50 vh，表示宽度为页面高度的一半；第 12 行代码设置具有 .box 类的元素的高度为 50 vh，表示高度为页面高度的一半；第 16 行代码设置 h1 元素的字体大小为 5 vh，表示字体大小为视口高度的 5%。

上述示例代码运行后，打开开发者工具，进入移动设备调试模式，将移动设备的视口高度分别设置为 300 px 和 500 px，视口宽度不需要特意设置，因为这里重点观察视口高度的变化，然后将鼠标指针移到 Elements 选项卡中的 <div> 标签上，查看元素的宽度和高度，页面效果如图 4-18 所示。

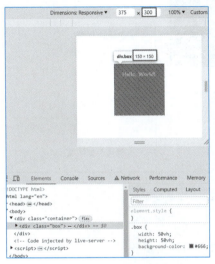

视口高度设置为300 px时页面效果　　视口高度设置为500 px时页面效果

图 4-18　视口高度分别设置为 300 px 和 500 px 时页面效果

从图 4-18 可以看出，当视口高度为 300 px 时，div 元素的宽度为 150 px，高度为 150 px；当视口高度为 500 px 时，div 元素的宽度为 250 px，高度为 250 px。由此可知，div 元素的宽度和高度随着视口高度的变化按 50% 的比例缩放，实现了元素的等比例缩放。

4.10　移动端touch事件

在前端开发中，经常使用事件来为元素添加交互效果。常见的事件包括鼠标事件、键盘事件和其他类型的事件等。然而，有一些事件是专为移动端设计的，只在移动设备中触发，例如与触摸操作相关的 touch 事件。

读者可以扫描二维码，查看 touch 事件的详细讲解。

4.11　阶段项目——线上问诊页面

随着生活节奏的加快，人们面临越来越多来自生活和工作方面的压力，健康问题也日益引起关注。然而，传统的问诊模式需要耗费大量时间和精力：需要排队等候、填写烦琐的问诊表格，还需要费心找到合适的专家。基于这个背景，公司正在开发一个线上医疗项目，目前正在进行线上问诊页面的开发任务，在该页面上，用户能够在线咨询医生，获取医疗建议和诊断结果，为用户提供更为便捷和高效的医疗服务。

本项目需要基于上述需求实现线上问诊页面的开发，线上问诊页面效果如图4-19所示。

图 4-19　线上问诊页面效果

读者可以扫描二维码，查看阶段项目的详细开发步骤。

本 章 小 结

本章主要讲解了移动Web开发的相关技术，首先讲解了移动互联网的发展、移动Web开发概述以及移动端Web开发的主流方案；然后讲解了屏幕分辨率、设备像素比、视口、媒体查询、二倍图和Less等内容；最后讲解了移动端页面布局适配方案和移动端touch事件。通过本章的学习，读者应能够灵活运用移动Web开发的相关技术，为后续学习打下坚实的基础。

课 后 习 题

读者可以扫描二维码，查看本章课后习题。

第 5 章

Bootstrap响应式Web开发

学习目标

知识目标：
- ◎ 了解 Bootstrap 的概念，能够说出什么是 Bootstrap；
- ◎ 熟悉 Bootstrap 的特点和组成，能够归纳 Bootstrap 的特点和组成部分。

能力目标：
- ◎ 掌握 Bootstrap 的下载和引入，能够独立完成 Bootstrap 的下载和引入；
- ◎ 掌握 Bootstrap 布局容器的使用方法，能够使用容器类创建不同特征的布局容器；
- ◎ 掌握 Bootstrap 栅格系统的使用方法，能够运用栅格系统创建页面布局；
- ◎ 掌握 Bootstrap 工具类的使用方法，能够运用工具类根据不同的设备自动应用特定的样式。

素质目标：
- ◎ 保持对 Bootstrap 及其相关技术的关注，不断学习新技术；
- ◎ 面对使用 Bootstrap 时遇到的样式冲突等问题，能够利用开发者工具独立进行问题排查；
- ◎ 遵循团队或行业的代码规范，编写清晰、可维护的 Bootstrap 代码，并撰写必要的开发文档。

在使用 Bootstrap 进行响应式页面开发之前，首先要学习下载和引入 Bootstrap，然后学习 Bootstrap 的布局容器、栅格系统和工具类等知识。只有对这些知识有深入的理解，才能充分发挥 Bootstrap 的优势，并在实际项目中进行灵活且高效的开发。本章将对 Bootstrap 开发基础进行详细讲解。

文档

工匠精神——敬业、精益、专注、创新

5.1 初识Bootstrap

在 Web 前端开发领域，Bootstrap 扮演着重要的角色。作为一款前端 UI 框架，它能够帮助开发者快速构建响应式页面。本节将对 Bootstrap 概述、特点和组成进行详细讲解。

5.1.1　Bootstrap 概述

Bootstrap 是一款开源的前端 UI 框架，用于构建响应式、移动设备优先的项目，因其具有学习成本低、容易上手等优势，深受开发者的欢迎。Bootstrap 提供一套 CSS 样式表和 JavaScript 插件，可以帮助开发者快速搭建具有统一外观的响应式页面。这里所说的响应式页面是一种能够在不同设备中自动适应屏幕尺寸和设备特性的网页，它能够以一种优雅且一致的方式在各种设备上呈现。无论屏幕大小如何变化，响应式页面都能呈现良好的显示效果。

Bootstrap 于 2011 年 8 月在 GitHub 上首次发布，一经发布就受到了广泛的欢迎。在其发展过程中，Bootstrap 经历了五个重大版本更新，具体如下：

① 1.x 版本：初始版本，具有基本的 CSS 样式，为开发者提供一些常用的组件和布局工具。

② 2.x 版本：将响应式功能添加到整个框架中。

③ 3.x 版本：重写了整个框架，并将"移动设备优先"这一理念深刻地融入整个框架中。

④ 4.x 版本：再次重写了框架，其有两个架构方面的关键改变，一个是使用 Sass 编写代码，另一个是采用弹性盒布局。

⑤ 5.x 版本：通过尽量少的代码来改进 4.x 版本。此外，5.x 版本放弃了对老旧浏览器的支持，仅支持较新的浏览器，而且不再依赖 jQuery。

截至本书成稿时，Bootstrap 的最新版本为 5.3.3。因此，本书基于 5.3.3 版本进行讲解。

5.1.2　Bootstrap 特点

Bootstrap 主要具有如下六个特点：

（1）移动设备优先

Bootstrap 的默认样式针对移动设备进行了优化，使得响应式页面在移动设备上展示更好的效果。即在开发过程中，首先需要考虑和优化的是响应式页面在移动设备中的布局和功能。

（2）浏览器支持广泛

Bootstrap 支持主流的浏览器，包括 PC 端浏览器和移动端浏览器，确保在各个浏览器中获得一致的显示效果。

（3）学习成本低、容易上手

只需具备 HTML、CSS 和 JavaScript 的基础知识，即可学习 Bootstrap。

（4）支持响应式设计

Bootstrap 支持响应式设计。响应式设计是一种理念和方法，旨在使网页能够根据不同的用户设备和屏幕尺寸，自动调整和适配其布局、内容和功能。

（5）快速开发

Bootstrap 提供了大量的样式和组件，可以快速构建出美观的页面。开发人员无须从头开始编写 CSS 或 JavaScript，使用 Bootstrap 编写代码可以降低页面的开发难度和时间成本。

（6）易于定制

Bootstrap 具有高度的可定制性，开发者可以根据项目需求和设计要求，选择需要的组件和样式进行自定义。通过定制，开发者可以自由地调整 Bootstrap 的样式和组件，以达到更好的视觉效果。

5.1.3　Bootstrap组成

Bootstrap 主要由 CSS 样式表、组件、JavaScript 插件和图标库组成，具体说明如下：
（1）CSS 样式表
CSS 样式表包含了大量的样式规则和类，用于快速设置页面元素的外观和布局。
（2）组件
Bootstrap 提供了一系列常用的组件，例如按钮、下拉菜单、导航栏、警告框等组件，这些组件可以方便地添加到网页中，使其具备常见的样式和交互功能。
（3）JavaScript 插件
Bootstrap 提供了一系列能实现交互功能的 JavaScript 插件，用于实现模态框、下拉菜单、轮播图等，这些插件能够增强网页的交互性，并且可以根据需要进行定制和配置。
（4）图标库
Bootstrap 拥有开源的图标库。图标文件使用 SVG 格式，可以在任何屏幕尺寸下保持清晰度和质量。开发者只需在网页中引入 CSS 样式表并添加相应的类名，即可轻松地在项目中使用这些图标，并通过 CSS 设置和定制样式。

5.2　Bootstrap下载和引入

在开始使用 Bootstrap 开发项目之前，我们需要完成准备工作，即下载并引入 Bootstrap。本节将对 Bootstrap 下载和引入进行详细讲解。

5.2.1　下载Bootstrap

下载 Bootstrap 的具体步骤如下：
① 在浏览器中访问 Bootstrap 的官方网站，Bootstrap 官方网站首页如图 5-1 所示。

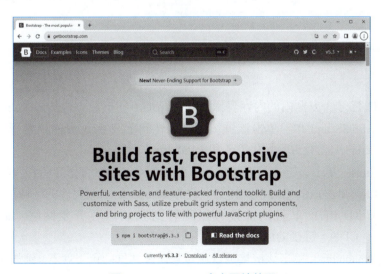

图 5-1　Bootstrap 官方网站首页

② 单击图 5-1 中的"Docs"链接，跳转到 Bootstrap 官方文档页面，如图 5-2 所示。

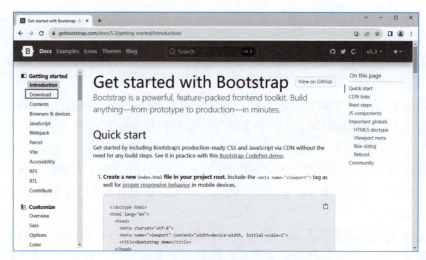

图 5-2　Bootstrap 官方文档页面

③ 单击图 5-2 中的"Download"链接，进入 Bootstrap 下载页面，如图 5-3 所示。

图 5-3　Bootstrap 下载页面

在图 5-3 中，序号①方框内的内容表示 Bootstrap 的不同下载方式的链接，具体解释如下：

- Compiled CSS and JS：单击该链接可以跳转到下载 Bootstrap 预编译文件的区域，预编译文件中包含已编译的 CSS 和 JavaScript 文件。
- Source files：单击该链接可以跳转到下载 Bootstrap 源代码文件的区域。
- Examples：单击该链接可以跳转到下载 Bootstrap 的示例文件的区域。
- CDN via jsDelivr：单击该链接可以跳转到获取内容分发网络（content delivery network，CDN）链接的区域。
- Package managers：单击该链接可以跳转到通过常见的包管理器（例如 npm、yarn 等）下载 Bootstrap 的方法的区域。

本书基于 Compiled CSS and JS 下载方式进行讲解，因为这种方式下载的是编译后的 CSS 文件和 JavaScript 文件，使用起来比较简单，适合不需要进行自定义和定制化开发的场景。但是需要注意的是，预编译文件不包含示例文件和最初的源代码文件。

另外，读者在实际项目中可以根据自身的需求选择合适的下载方式。例如，如果需要进行自定义和定制化开发，可以选择下载 Bootstrap 的源代码文件。如果需要参考示例来理解如何使用 Bootstrap，可以下载并查看示例文件。

④ 单击图 5-3 中序号②方框内的"Download"按钮，将 Bootstrap 下载至本地。下载完成后，在下载目录中找到一个名为"bootstrap-5.3.3-dist.zip"的压缩包文件，如图 5-4 所示。

将 bootstrap-5.3.3-dist.zip 压缩包进行解压缩，保存到 bootstrap 目录，解压缩后的目录结构如下所示：

图 5-4 bootstrap-5.3.3-dist.zip

```
bootstrap/
├── css/
└── js/
```

在 bootstrap 的目录结构中，有两个文件夹，即 css 和 js，具体解释如下：

① css：用于存放 Bootstrap 的 CSS 文件。这些文件包含对各种常见 HTML 元素的样式定义，包括按钮、表格、表单等。通过引入 CSS 文件，可以快速地为 HTML 元素应用预定义的样式类，从而使得网页具有统一的外观和风格。

② js：用于存放 Bootstrap 的 JavaScript 文件。这些文件提供一些组件的交互功能，例如导航栏、模态框、下拉框等。通过引入相应的 JavaScript 文件，可以使用组件的交互功能来增强网页的交互性。

css 文件夹、js 文件夹中的文件分别如图 5-5 和图 5-6 所示。

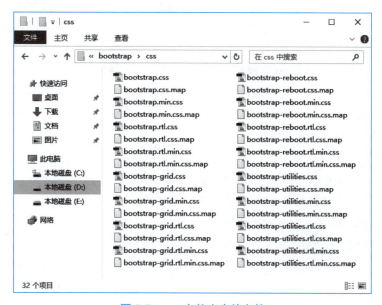

图 5-5 css 文件夹中的文件

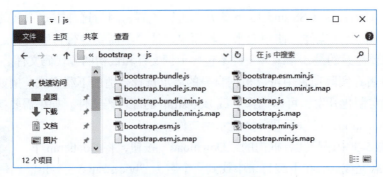

图 5-6　js 文件夹中的文件

下面对 css 文件夹和 js 文件夹中常用的文件进行介绍：

① bootstrap.css、bootstrap.js：未压缩的 CSS、JavaScript 文件。

② bootstrap.css.map、bootstrap.js.map：CSS、JavaScript 源码映射表文件。

③ bootstrap.min.css、bootstrap.min.js：压缩后的 CSS、JavaScript 文件。

④ bootstrap.min.css.map、bootstrap.min.js.map：压缩后的 CSS、JavaScript 源码映射表文件。

⑤ bootstrap.bundle.js：该文件是捆绑了 Bootstrap 和 Popper.js 的 JavaScript 文件。其中，Popper.js 用于计算相对定位或绝对定位元素的位置，在 Bootstrap 中主要用于实现组件的弹出式效果。

⑥ bootstrap.bundle.min.js：压缩后的捆绑了 Bootstrap 和 Popper.js 的 JavaScript 文件。

5.2.2　引入 Bootstrap

在下载完 Bootstrap 后，若要在项目中使用 Bootstrap 来开发响应式网页，需要在 HTML 文件中引入 Bootstrap。为了让网页加载速度更快，建议引入压缩后的文件，例如 bootstrap.min.css、bootstrap.min.js 和 bootstrap.bundle.min.js 等。这些文件占用空间较小，加载速度较快。

在 HTML 中引入 Bootstrap 文件时，需要注意以下三种情况：

① 如果只需要进行页面样式设置，只需引入 bootstrap.min.css 文件即可。

② 如果需要使用具有交互功能的组件，例如轮播图、导航栏等，则需要同时引入 bootstrap.min.css 和 bootstrap.min.js 文件。

③ 如果需要使用具有弹出式功能的组件，例如下拉菜单、工具提示框、弹出提示框等，则需要同时引入 bootstrap.min.css 和 bootstrap.bundle.min.js 文件。

下面讲解在项目中引入 Bootstrap 的方法，具体如下：

① 使用 <link> 标签引入 bootstrap.min.css 文件，示例代码如下：

```
<head>
<link rel="stylesheet" href="bootstrap/css/bootstrap.min.css">
</head>
```

在上述示例代码中，href 属性用于指定要引入的文件路径。引入 bootstrap.min.css 文件后，可以在 HTML 文件中使用 Bootstrap 提供的样式类来实现不同的样式效果。

② 使用 <script> 标签引入 bootstrap.min.js 文件，示例代码如下：

```
<body>
<script src="bootstrap/js/bootstrap.min.js"></script>
</body>
```

在上述示例代码中，src 属性用于指定要引入的文件路径。引入 bootstrap.min.js 文件后，可以在 HTML 文件中实现 Bootstrap 的交互效果。同样地，引入 bootstrap.bundle.min.js 文件的方式与引入 bootstrap.min.js 文件的方式相同，只需使用 src 属性来指定要引入的文件路径即可。

至此，已经成功在项目中引入 Bootstrap。

5.3　Bootstrap布局容器

通过对前面的学习可知，媒体查询可以用来检测视口宽度的变化，并根据不同的宽度应用不同的样式或布局。然而，手动编写媒体查询代码可能会增加开发的复杂性和工作量。为了提高开发效率，Bootstrap 提供了布局容器。布局容器利用 CSS 媒体查询针对不同的视口宽度进行适配，从而实现响应式布局。

在 Bootstrap 中，布局容器用于包裹网页的内容元素。通过 Bootstrap 提供的容器类可以创建布局容器。容器类中定义了预设的样式，例如宽度和边距。因此，通过使用不同的容器类创建的布局容器可以轻松地控制宽度和边距。

Bootstrap 提供了三种内置的容器类，具体如下：

① .container 类：用于创建默认布局容器。容器具有固定的宽度，并且会根据视口宽度进行自动调整宽度。

② .container-fluid 类：用于创建流式布局容器。容器的宽度始终占据整个视口的宽度，即容器宽度为 100% 视口宽度。

③ .container-{sm|md|lg|xl|xxl} 类：用于创建响应式布局容器。其中，sm、md、lg、xl、xxl 统称为类中缀，用于表示不同的断点。

Bootstrap 中的断点有超小、小、中、大、特大和超大之分，这些断点用于根据不同的视口宽度划分设备类型。Bootstrap 中的断点与设备类型、类中缀和视口宽度的关系见表 5-1。

表 5-1　Bootstrap 中的断点与设备类型、类中缀和视口宽度的关系

断　　点	设备类型	类中缀	视 口 宽 度
超小	超小型设备	无	小于 576 px
小	小型设备	sm	大于或等于 576 px 且小于 768 px
中	中型设备	md	大于或等于 768 px 且小于 992 px
大	大型设备	lg	大于或等于 992 px 且小于 1 200 px
特大	特大型设备	xl	大于或等于 1 200 px 且小于 1 400 px
超大	超大型设备	xxl	大于或等于 1 400 px

从表 5-1 可以看出，类中缀 sm、md、lg、xl 和 xxl 分别对应小、中、大、特大和超大断点。超小断点没有对应的类中缀，这是因为 Bootstrap 遵循移动设备优先的原则，超小断点被认为是默认的断点，不需要特定的类中缀来指定超小断点下的样式和布局。

容器类在不同设备中设定的宽度见表 5-2。

表 5-2 容器类在不同设备中设定的宽度

容 器 类	超小型设备	小 型 设 备	中 型 设 备	大 型 设 备	特大型设备	超大型设备
.container	100%	540 px	720 px	960 px	1 140 px	1 320 px
.container-sm	100%	540 px	720 px	960 px	1 140 px	1 320 px
.container-md	100%	100%	720 px	960 px	1 140 px	1 320 px
.container-lg	100%	100%	100%	960 px	1 140 px	1 320 px
.container-xl	100%	100%	100%	100%	1 140 px	1 320 px
.container-xxl	100%	100%	100%	100%	100%	1 320 px
.container-fluid	100%	100%	100%	100%	100%	100%

从表 5-2 可以看出，当设备的宽度未达到指定的断点的视口宽度时，容器类设定的宽度为 100%；一旦设备的宽度达到指定的断点的宽度，容器类会设定一个固定宽度，如 540 px、720 px、960 px 等。例如 .container-md 类会在设备宽度达到中型设备断点的视口宽度时，将容器的宽度设定为固定宽度 720 px。

下面通过代码演示 Bootstrap 布局容器的使用，示例代码如下：

```
1  <head>
2    <meta name="viewport" content="width=device-width, initial-scale=1.0">
3    <link rel="stylesheet" href="bootstrap/css/bootstrap.min.css">
4    <style>
5      .custom-container{
6        margin-top: 20px;
7        border: 1px solid #000;
8        padding: 20px;
9      }
10   </style>
11 </head>
12 <body>
13   <div class="container custom-container">
14     这是一个使用 .container 类的容器。
15   </div>
16   <div class="container-fluid custom-container">
17     这是一个使用 .container-fluid 类的容器。
18   </div>
19   <div class="container-md custom-container">
20     这是一个使用 .container-md 类的容器。
21   </div>
22 </body>
```

在上述示例代码中，分别使用 .container 类、.container-fluid 类和 .container-md 类创建默认布局容器、流式布局容器和响应式布局容器。

上述示例代码运行后，打开开发者工具，进入移动设备调试模式，将移动设备的视口宽度设置为 575 px，以模拟超小型设备。视口高度不需要特意设置，因为这里重点观察视口宽度的变化。将鼠标指针分别移到 Elements 选项卡中的 3 个 div 元素上，单击每个 div 元素，查看该元素的相关信息，如图 5-7 ～图 5-9 所示。

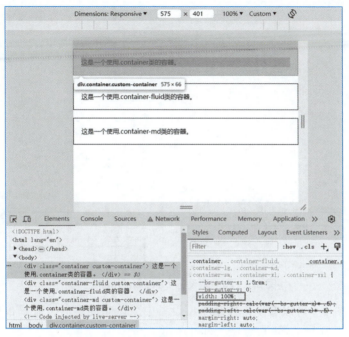

图 5-7　超小型设备（.container 类）

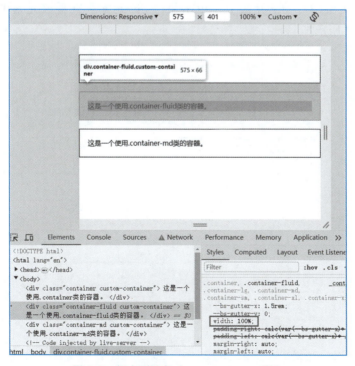

图 5-8　超小型设备（.container-fluid 类）

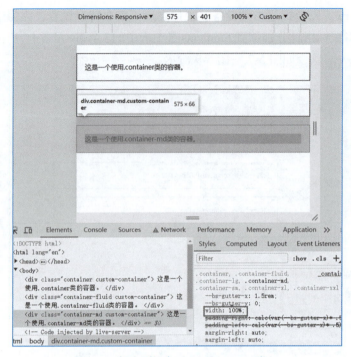

图 5-9　超小型设备（.container-md 类）

从图 5-7～图 5-9 可以看出，在超小型设备中默认布局容器、流式布局容器和响应式布局容器的宽度均为 100% 视口宽度，即 575 px。

将移动设备的视口宽度设置为 767 px，以模拟小型设备。将鼠标指针分别移到 Elements 选项卡中的 3 个 div 元素上，单击每个 div 元素，查看该元素的相关信息，如图 5-10～图 5-12 所示。

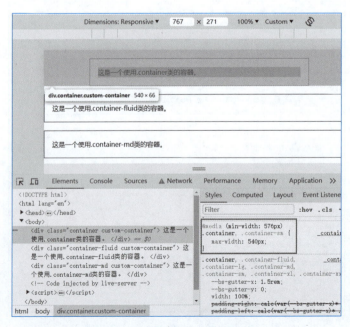

图 5-10　小型设备（.container 类）

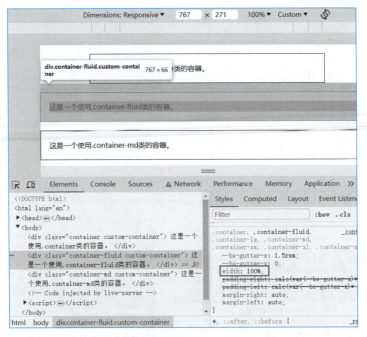

图 5-11　小型设备（.container-fluid 类）

图 5-12　小型设备（.container-md 类）

从图 5-10～图 5-12 可以看出，在小型设备中默认布局容器的宽度为 540 px；流式布局容器和响应式布局容器均为 100% 视口宽度，即 767 px。

将移动设备的视口宽度设置为 768 px，以模拟中型设备。将鼠标指针分别移到 Elements 选项卡中的 3 个 div 元素上，单击每个 div 元素，查看该元素的相关信息，如图 5-13～图 5-15 所示。

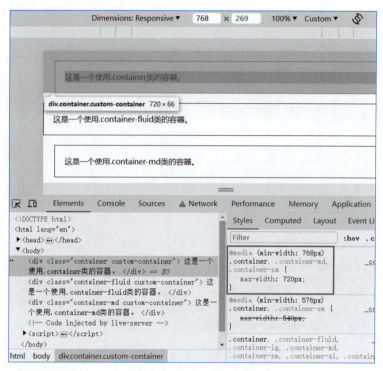

图 5-13　中型设备（.container 类）

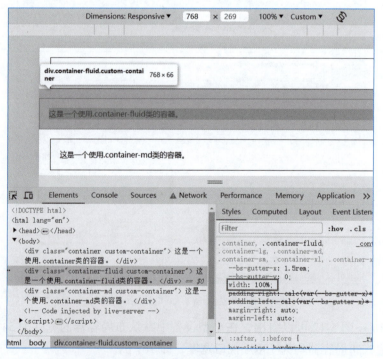

图 5-14　中型设备（.container-fluid 类）

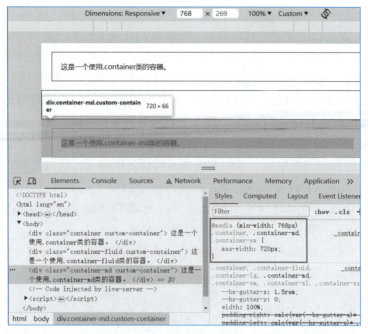

图 5-15　中型设备（.container-md 类）

从图 5-13～图 5-15 可以看出，在中型设备中默认布局容器和响应式容器的宽度均为 720 px，流式容器的宽度为 100% 视口宽度，即 768 px。

5.4　Bootstrap栅格系统

在开发响应式网页时，通常会同时使用 Bootstrap 的布局容器和栅格系统（grid systems）。Bootstrap 栅格系统是基于 12 列布局的系统，通过行（row）和列（column）的组合来创建页面布局。通过将内容分配到列上，开发者可以灵活地控制页面的布局。当视口宽度缩小时，列的宽度会相应地减小，这样可以确保页面内容能够自动适应不同设备的宽度，从而实现响应式的布局效果。

Bootstrap 的栅格系统提供一组类用于定义行容器和列容器，将这些类添加到 <div> 标签中，可以实现在不同视口宽度下的灵活布局。下面分别讲解行容器与列容器的定义方式。

1. 定义行容器

定义行容器的类为 .row，它主要用于将元素组合成行。除了 .row 类之外，Bootstrap 还提供了 .row-cols 类，用于设置行容器内部列的数量，其语法格式如下：

```
.row-cols-{sm|md|lg|xl|xxl}-{value}
```

针对上述语法格式的介绍如下：

① row：表示行。

② cols：表示列。

③ {sm|md|lg|xl|xxl}：表示断点的类中缀，用于为特定设备设置列。使用超小断点时，

应省略类中缀及其前面的"-"。

④ {value}：表示每行容器中列的数量，取值为 auto 或 1～6 的整数。当设置为 auto 时，列的宽度会根据内容自动调整。当设置为整数时，表示每行容器中具有的固定列数。例如，取值为 1 表示每行只有 1 列，取值为 2 表示每行有 2 列，依此类推。

在 Bootstrap 的栅格系统中，可以同时使用多个类指定行容器中列的个数，例如 .row-cols-{value} 类、.row-cols-sm-{value} 类、.row-cols-md-{value} 类、.row-cols-lg-{value} 类、.row-cols-xl-{value} 类和 .row-cols-xxl-{value} 类。当同时设置多个类时，程序会根据当前视口宽度来使相应的类生效，从而实现在不同设备中展示不同的页面布局。

如果没有为当前设备设置相应的类，Bootstrap 会自动使用小于当前设备的类中最接近当前设备的类。例如，当同时设置 .row-cols-{value} 类和 .row-cols-md-{value} 类时，如果当前设备是小型设备，则 .row-cols-{value} 类将会生效。

下面通过代码演示如何创建一个具有响应式布局的行容器，并在其中添加列容器，示例代码如下：

```
1  <head>
2    <meta name="viewport" content="width=device-width, initial-scale=1.0">
3    <link rel="stylesheet" href="bootstrap/css/bootstrap.min.css">
4  </head>
5  <body>
6    <div class="container">
7      <div class="row row-cols-2 row-cols-sm-3 row-cols-md-4 row-cols-lg-6">
8        <div class="col">1</div>
9        <div class="col">2</div>
10       <div class="col">3</div>
11       <div class="col">4</div>
12       <div class="col">5</div>
13       <div class="col">6</div>
14     </div>
15   </div>
16 </body>
```

在上述示例代码中，使用 .container 类创建了一个布局容器，并在其中定义了一个使用 .row 类创建的行容器，为了在不同视口宽度中显示不同列数，使用 .row-cols-* 类来指定每行容器的列数。具体为：在超小型设备中每行容器显示 2 列，在小型设备中每行容器显示 3 列，在中型设备中每行容器显示 4 列，在大型及以上设备中每行容器显示 6 列。

上述示例代码运行后，打开开发者工具，进入移动设备调试模式，并依次将移动设备的视口宽度设置为 575 px、576 px、768 px、992 px，以模拟超小型设备、小型设备、中型设备、大型及以上设备。观察测试结果发现，在超小型设备中，每行容器显示 2 列；在小型设备中，每行容器显示 3 列；在中型设备中，每行容器显示 4 列；在大型及以上设备中，每行容器显示 6 列。说明实现了响应式设计。

2. 定义列容器

定义列容器的类的语法格式如下：

```
.col-{sm|md|lg|xl|xxl}-{value}
```

针对上述语法格式的介绍如下：

① col：表示列。

② {sm|md|lg|xl|xxl}：表示断点的类中缀，用于为特定设备设置列。使用超小断点时，应省略类中缀及其前面的"-"。

③ {value}：表示元素在一行中所占的列数，取值为 auto 或 1～12。当取值为 auto 时，列的宽度会根据内容自动调整。当取值为 1～12 时，列会被固定为等宽的列，其中，12 表示一整行的宽度。如果 1 行中的列总和超过 12，超出的列会自动进行换行处理，以确保布局的正确显示。

在 Bootstrap 的栅格系统中，可以同时使用多个类来定义列容器的宽度，例如 .col-{value} 类、.col-sm-{value} 类、.col-md-{value} 类、.col-lg-{value} 类、.col-xl-{value} 类和 .col-xxl-{value} 类。当同时设置多个类时，程序会根据当前视口宽度来使相应的类生效，从而实现在不同设备中展示不同的页面布局。

如果没有为当前设备设置相应的类，Bootstrap 会自动使用小于当前设备的类中最接近当前设备的类。例如，当同时设置 .col-{value} 类和 .col-md-{value} 类时，如果当前设备是小型设备，则 .col-{value} 类将会生效。

下面通过代码演示如何在布局容器中创建一个行容器，并在其中添加具有响应式布局的列容器，示例代码如下：

```
1   <head>
2     <meta name="viewport" content="width=device-width, initial-scale=1.0">
3     <link rel="stylesheet" href="bootstrap/css/bootstrap.min.css">
4   </head>
5   <body>
6     <div class="container">
7       <div class="row">
8         <div class="col-md-4 col-lg-3">1</div>
9         <div class="col-md-4 col-lg-3">2</div>
10        <div class="col-md-4 col-lg-3">3</div>
11        <div class="col-md-4 col-lg-3">4</div>
12      </div>
13    </div>
14  </body>
```

在上述示例代码中，在 <div> 标签中添加了 .row 类定义一个行容器，在行容器的内部，使用 4 个 <div> 标签，并添加 .col-md-4 类和 .col-lg-3 类定义 4 个列容器，用于设置列容器在中型设备中占据行容器 4 列的宽度，即每行容器显示 3 列；列容器在大型及以上设备中占据 3 列的宽度，即每行容器显示 4 列。

上述示例代码运行后，打开开发者工具，进入移动设备调试模式，并依次将移动设备的视口宽度设置为 768 px、992 px，以模拟中型设备、大型及以上设备。观察测试结果发现，在中型设备中，每行容器显示 3 列；在大型及以上设备中，每行容器显示 4 列。说明实现了响应式设计。

Bootstrap 栅格系统支持在列容器中嵌套行容器，示例代码如下：

```
1   <head>
```

```html
 2    <meta name="viewport" content="width=device-width, initial-scale=1.0">
 3    <link rel="stylesheet" href="bootstrap/css/bootstrap.min.css">
 4    <style>
 5      .col-4 {
 6        border: 1px solid #000;
 7      }
 8      .col-6 {
 9        background-color: #999;
10        color: #fff;
11      }
12      .col-6:nth-child(2) {
13        background-color: #333;
14      }
15    </style>
16  </head>
17  <body>
18    <div class="container">
19      <div class="row">
20        <div class="col-4">这是第一列
21          <div class="row">
22            <div class="col-6">1</div>
23            <div class="col-6">2</div>
24          </div>
25        </div>
26        <div class="col-4">这是第二列
27          <div class="row">
28            <div class="col-6">1</div>
29            <div class="col-6">2</div>
30          </div>
31        </div>
32        <div class="col-4">这是第三列
33          <div class="row">
34            <div class="col-6">1</div>
35            <div class="col-6">2</div>
36          </div>
37        </div>
38      </div>
39    </div>
40  </body>
```

在上述示例代码中，第 5 ～ 7 行代码为具有 .col 类的元素设置 1 px 的黑色实线边框，以便更清晰地区分各列内容；第 8 ～ 11 行代码将具有 .col-6 类的元素的背景颜色设置为 #999（浅灰色），文本颜色设置为 #fff（白色）；第 12 ～ 14 行代码选择第二个具有 .col-6 类的元素，并将其背景颜色设置为 #333（深灰色）；第 19 ～ 38 行代码在 .col-4 类的列容器中嵌套行容器，该行容器内又包含两个具有 .col-6 类的列容器，表示每个列容器占据行容器宽度的 50%。

上述示例代码运行后，栅格系统的嵌套效果如图 5-16 所示。

图 5-16　栅格系统的嵌套效果

除此之外，Bootstrap 栅格系统还提供了 .offset-{sm|md|lg|xl|xxl}-{value} 类，用于将列容器向右侧偏移。该类主要通过增加当前元素的左外边距（margin-left）实现，value 的取值范围为 1～12，表示偏移的列数。

通过学习栅格系统，我们明白了通过设置不同列可以调整网页布局，以确保在不同设备上都能呈现出良好的效果。在团队中，每个成员都有自己的专长和责任，就像栅格系统中的列一样。通过合理分配和协调工作任务，团队成员可以充分发挥各自的能力和技能，形成一个高效的工作流程。团队成员之间的协作和沟通至关重要，这有助于促进信息共享、问题解决和决策制定。相互支持和配合有助于应对团队面临的挑战，并取得更好的结果。

5.5　Bootstrap工具类

在 Bootstrap 中，工具类用于使设备的视口宽度自动应用特定的样式。常用的 Bootstrap 工具类有显示方式工具类、边距工具类、弹性盒布局工具类、间距工具类。本节将对这三种工具类进行详细讲解。

5.5.1　显示方式工具类

在屏幕尺寸较大的设备中，因设备拥有较大的屏幕，所以可以显示更多的信息；而在屏幕尺寸较小的设备中，展示过多的信息会导致页面过于"拥挤"。因此，在进行响应式页面开发时，常常需要根据不同的设备类型控制元素的显示与隐藏，这时可以借助显示方式工具类来实现。

显示方式工具类的语法格式如下：

```
.d-{sm|md|lg|xl|xxl}-{value}
```

针对上述语法格式的介绍如下：

① d：表示 display，取自 display 的首字母，以便于理解和记忆。

② {sm|md|lg|xl|xxl}：表示断点的类中缀，用于为特定设备设置显示方式。使用超小断点时，应省略类中缀及其前面的"-"。

③ {value}：表示 d 的不同取值，包括 none（隐藏）、block（块）、inline（行内）、inline-block（行内块）、flex（Flex 容器）、inline-flex（内联的 Flex 容器）等。

根据显示方式工具类的命名格式，可以选取不同的类中缀和值来使用显示方式工具类。例如，.d-none 类表示在所有设备中隐藏元素，.d-sm-none 类表示在小型及以上设备中隐藏元素，.d-md-none 类表示在中型及以上设备中隐藏元素；.d-lg-none 类表示在大型及以上设备中隐藏元素；.d-xl-none 类表示在特大型及以上设备中隐藏元素；.d-xxl-none 类表示在超大型及以上设备中隐藏元素。

通过显示方式工具类可以轻松控制元素在特定设备中的显示方式。控制元素在特定设备中显示与隐藏的示例分别见表 5-3 和表 5-4。

表 5-3　控制元素在特定设备中显示的示例

示　　例	超小型设备	小型设备	中型设备	大型设备	特大型设备	超大型设备
.d-sm-none	显示	隐藏	隐藏	隐藏	隐藏	隐藏
.d-none .d-sm-block .d-md-none	隐藏	显示	隐藏	隐藏	隐藏	隐藏
.d-none .d-md-block .d-lg-none	隐藏	隐藏	显示	隐藏	隐藏	隐藏
.d-none .d-lg-block .d-xl-none	隐藏	隐藏	隐藏	显示	隐藏	隐藏
.d-none .d-xl-block .d-xxl-none	隐藏	隐藏	隐藏	隐藏	显示	隐藏
.d-none .d-xxl-block	隐藏	隐藏	隐藏	隐藏	隐藏	显示

表 5-4　控制元素在特定设备中隐藏的示例

示　　例	超小型设备	小型设备	中型设备	大型设备	特大型设备	超大型设备
.d-none .d-sm-block	隐藏	显示	显示	显示	显示	显示
.d-sm-none .d-md-block	显示	隐藏	显示	显示	显示	显示
.d-md-none .d-lg-block	显示	显示	隐藏	显示	显示	显示
.d-lg-none .d-xl-block	显示	显示	显示	隐藏	显示	显示
.d-xl-none .d-xxl-block	显示	显示	显示	显示	隐藏	显示
.d-xxl-none	显示	显示	显示	显示	显示	隐藏

下面通过代码演示如何使用显示方式工具类实现元素在不同设备中的显示与隐藏，示例代码如下：

```
1   <head>
2     <meta name="viewport" content="width=device-width, initial-scale=1.0">
3     <link rel="stylesheet" href="bootstrap/css/bootstrap.min.css">
4   </head>
5   <body>
6     <div class="container">
7       <div class="row">
8         <div class="col-2 col-sm-2 col-md-2 col-lg-1 d-none d-sm-block">
9           <img src="images/tools.jpg">
10        </div>
11        <div class="col-10 col-sm-10 col-md-10 col-lg-11">
12          <h5>JDK</h5>
13          <p>JDK 是针对 Java 开发人员的软件开发工具包。自从 Java 推出以来，JDK 已经成为使用最广泛的 Java SDK。</p>
14        </div>
15      </div>
16    </div>
17  </body>
```

在上述示例代码中，第 8 ～ 10 行代码用于设置左侧内容。其中，第 8 行代码为 div 元素同时添加 .d-none 类和 .d-sm-block 类，用于设置在超小型设备上隐藏左侧内容，在小型及以上设备中显示左侧内容；第 11 ～ 14 行代码用于设置右侧内容。

上述示例代码运行后，打开开发者工具，进入移动设备调试模式，将移动设备的视口宽度设置为 575 px，以模拟超小型设备。视口高度不需要特意设置，因为这里重点观察视口宽度的变化。将鼠标指针移到 Elements 选项卡中具有 .d-none 类的 div 元素上，单击该元素，查看该元素的相关信息。显示方式工具类在超小型设备中的页面效果如图 5-17 所示。

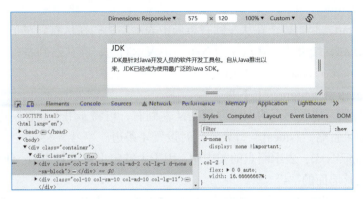

图 5-17　显示方式工具类在超小型设备中的页面效果

从图 5-17 可以看出，在超小型设备中左侧内容隐藏，右侧内容显示。

将移动设备的视口宽度设置为 576 px，以模拟小型设备。将鼠标指针移到 Elements 选项卡中具有 .d-none 类的 div 元素上，单击该元素，查看该元素的相关信息。显示方式工具类在小型设备中的页面效果如图 5-18 所示。

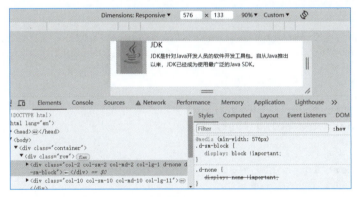

图 5-18　显示方式工具类在小型设备中的页面效果

从图 5-18 可以看出，在小型设备中左侧内容和右侧内容均显示。

5.5.2　边距工具类

在 CSS 中，通常使用 margin 属性和 padding 属性来设置元素的外边距和内边距。其中，margin 属性用于设置元素与其相邻外部元素之间的距离，而 padding 属性用于设置元素与其内部子元素之间的距离。Bootstrap 提供一系列用于设置外边距和内边距的工具类。

边距工具类的语法格式如下：

```
.{property}{sides}-{sm|md|lg|xl|xxl}-{size}
```

针对上述语法格式的介绍如下：

① {property}：表示具体的属性名称，可选值为 m、p，分别表示 margin 属性、padding 属性。

② {sides}：表示具体的边的名称，可选值如下：

- t：表示 top，上边。
- b：表示 bottom，下边。
- s：表示 start，起始边，在从左到右布局中表示左边；在从右到左布局中表示右边。
- e：表示 end，结束边，在从左到右布局中表示右边；在从右到左布局中表示左边。
- x：表示 start 和 end，左右两边。
- y：表示 top 和 bottom，上下两边。

需要说明的是，如果网页的布局方向是从左到右，可将 s 用于设置左边距，将 e 用于设置右边距。如果省略"{sides}"，表示同时设置 4 条边。

③ {sm|md|lg|xl|xxl}：表示断点的类中缀，用于为特定设备设置边距。使用超小断点时，则省略类中缀及其前面的"-"。

④ {size}：表示边距的大小，可选值为 0～5 和 auto，其中，1～5 分别表示 0.25 rem、0.5 rem、1 rem、1.5 rem 和 3 rem；当取值为 auto 时，表示自动计算边距。

根据边距工具类的命名格式，可以选取不同的值来定义设置元素的边距的类。例如，.mt-5 类表示在所有设备中元素的上外边距为 3 rem，.pb-sm-1 类表示在小型及以上设备中元素的下内边距为 0.25 rem。

下面通过代码演示边距工具类的使用，示例代码如下：

```
1  <head>
2    <meta name="viewport" content="width=device-width, initial-scale=1.0">
3    <link rel="stylesheet" href="bootstrap/css/bootstrap.min.css">
4    <style>
5      .content {
6        width: 10rem;
7        height: 8rem;
8        border: 1px solid #999;
9      }
10     .box {
11       border: 1px solid #999;
12     }
13   </style>
14 </head>
15 <body>
16   <div class="content">
17     <div class="box m-sm-2 m-md-4 p-md-4">
18       设置内外边距
19     </div>
20   </div>
21 </body>
```

在上述代码中，第 17 行代码为 <div> 标签添加 .m-sm-2、.m-md-4、.p-md-4 类，用于设置在小型设备中外边距为 0.5rem、在中型及以上设备中内边距和外边距为 1.5rem。

上述示例代码运行后，打开开发者工具，进入移动设备调试模式，将移动设备的视口宽度设置为 576 px，以模拟小型设备。视口高度不需要特意设置，因为这里重点观察视口宽度的变化。将鼠标指针移到 Elements 选项卡中具有 .box 类的 div 元素上，单击该元素，查看该元素的相关信息。内外边距类在小型设备中的页面效果如图 5-19 所示。

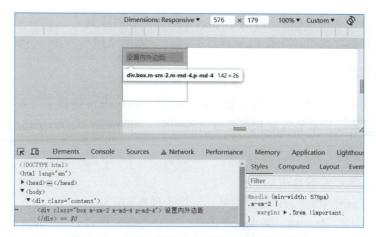

图 5-19　内外边距类在小型设备中的页面效果

从图 5-19 可以看出，在小型设备中具有 .box 类的 div 元素的外边距为 0.5 rem。

将移动设备的视口宽度设置为 768 px，以模拟中型设备。将鼠标指针移到 Elements 选项卡中具有 .box 类的 div 元素上，单击该元素，查看该元素的相关信息。内外边距类在中型设备中的页面效果如图 5-20 所示。

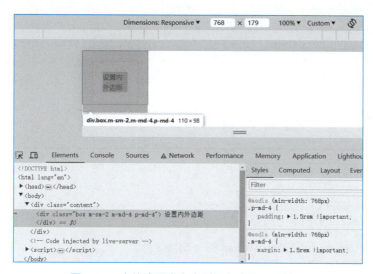

图 5-20　内外边距类在中型设备中的页面效果

从图 5-20 可以看出，在中型设备中具有 .box 类的 div 元素的内边距和外边距均为 1.5 rem。

5.5.3　弹性盒布局工具类

为了方便使用弹性盒布局，Bootstrap 提供了弹性盒布局工具类，可用于控制父元素（Flex 容器）和子元素（Flex 元素）的排列和对齐方式。

首先，通过为父元素添加 .d-{sm|md|lg|xl|xxl}-flex 类，将其设置为 Flex 容器，用于根据不同的断点指定是否在特定屏幕尺寸下启用弹性盒布局。一旦将父元素设置为 Flex 容器，该容器中的所有子元素自动成为容器成员，称为 Flex 元素，这些 Flex 元素可以根据 Flex 容器的设置自动调整大小和布局。然后，可以通过为

5.5.3
弹性盒布局工具类

Flex 容器和 Flex 元素添加相应的类来控制元素的排列和对齐方式。

读者可以扫描二维码，查看 Flex 容器和 Flex 元素的常用类的详细讲解。

5.5.4 间距工具类

在页面布局中，经常需要设置元素之间的距离。Bootstrap 提供了一系列间距工具类，用于快速地为元素设置水平方向和垂直方向的间距，间距工具类的语法格式如下：

```
.g-{sm|md|lg|xl|xxl}-{value}
```

针对上述语法格式的介绍如下：

① g：表示 gap，取自 gap 的首字母，以便于理解和记忆。

② {sm|md|lg|xl|xxl}：表示断点的类中缀，用于为特定设备设置元素的间距。使用超小断点时，应省略类中缀及其前面的"-"。

③ {value}：表示间距的数值，取值为 0～5，分别表示间距为 0、0.25 rem、0.5 rem、1 rem、1.5 rem 和 3 rem。此外，若只想设置水平方向的间距可以使用 .gx-{sm|md|lg|xl|xxl}-{value} 类，只想设置垂直方向的间距可以使用 .gy-{sm|md|lg|xl|xxl}-{value} 类。

下面通过代码演示间距工具类的使用，示例代码如下：

```
 1  <head>
 2    <meta name="viewport" content="width=device-width, initial-scale=1.0">
 3    <link rel="stylesheet" href="bootstrap/css/bootstrap.min.css">
 4    <style>
 5      img {
 6        width: 100%;
 7      }
 8      .container {
 9        background-color: #f1f1f1;
10        text-align: center;
11      }
12    </style>
13  </head>
14  <body>
15    <div class="container my-5">
16      <div class="row g-3">
17        <div class="col">
18          <img src="images/orange.png">
19          <span> 橙子 </span>
20        </div>
21        <div class="col">
22          <img src="images/mango.png">
23          <span> 芒果 </span>
24        </div>
25        <div class="col">
26          <img src="images/avocado.png">
27          <span> 牛油果 </span>
28        </div>
29        <div class="col">
30          <img src="images/wax-apple.png">
31          <span> 莲雾 </span>
32        </div>
33      </div>
34    </div>
35  </body>
```

在上述示例代码中,第 16 行代码在 <div> 标签中添加 .row 类用于定义一个行容器,同时添加 .g-3 类,设置行容器中所有列之间的间隙为 1rem。在行容器的内部,使用 4 个 <div> 标签,并添加 .col 类定义 4 个列容器。

上述示例代码运行后,使用间距工具类的页面效果如图 5-21 所示。

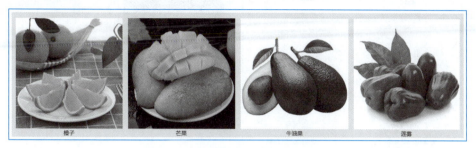

图 5-21　使用间距工具类的页面效果

5.6　阶段项目——旅行指南列表页面

随着科技的不断进步和经济的发展,旅游行业越来越多地采用数字技术和互联网平台来提供更便捷和个性化的服务。某旅游公司正在使用 Bootstrap 开发一个旅游平台,当前正在进行旅行指南列表的开发任务。制作旅行指南列表页面的具体要求如下:

① 旅行指南列表页面布局:在中型及以上设备中每行呈现 3 个列表项,在小型设备中每行呈现 2 个列表项。

② 列表项内容:每个列表项包含图像、标题、介绍信息以及一个超链接。

③ 鼠标悬停效果:当鼠标指针悬停在列表项上时,将图像的颜色进行反转,将介绍信息的文本颜色设置为白色,将超链接的文本颜色和边框颜色设置为白色。

④ 动画过渡效果:鼠标悬停效果的触发和恢复都应该有平滑的动画过渡,确保视觉效果的连贯性和流畅性。

本项目需要基于上述需求实现旅行指南列表页面的开发。在中型及以上设备中旅行指南列表页面效果如图 5-22 所示。

(a)初始页面　　　　　　　　　　　　　　(b)鼠标指针移入列表项上时

图 5-22　在中型及以上设备中旅行指南列表页面效果

在小型设备中旅行指南列表页面效果如图 5-23 所示。

（a）初始页面

（b）鼠标指针移入列表项上时

图 5-23　在小型设备中旅行指南列表页面效果

阶段项目——旅行指南列表页面

读者可以扫描二维码，查看阶段项目的详细开发步骤。

本 章 小 结

本章主要讲解了 Bootstrap 的基础知识。首先讲解了 Bootstrap 的概述、特点和组成；然后讲解了如何下载和引入 Bootstrap；最后讲解了 Bootstrap 的布局容器、栅格系统和工具类。通过对本章的学习，读者应能够掌握 Bootstrap 的基础知识，为后续的学习打下坚实的基础。

课 后 习 题

读者可以扫描二维码，查看本章课后习题。

第 6 章

Bootstrap常用样式

知识目标：

◎ 熟悉Bootstrap Icons字体图标样式的使用方法，能够归纳字体图标的使用步骤。

能力目标：

◎ 掌握标题样式的使用方法，能够灵活设置标题的样式；

◎ 掌握文本样式的使用方法，能够按需设置文本的颜色、对齐方式、变换、换行、字体、装饰效果、字号和行高；

◎ 掌握背景样式使用方法，能够为元素添加背景颜色；

◎ 掌握边框样式的使用方法，能够为元素添加或移除边框、设置边框的宽度、圆角和圆角大小；

◎ 掌握列表样式的使用方法，能够去除默认列表样式，以及实现列表项一行显示；

◎ 掌握定位样式和浮动样式的使用方法，能够灵活设置元素的位置和浮动状态；

◎ 掌握图像样式的使用方法，能够设置图像的展示方式和对齐方式；

◎ 掌握阴影样式的使用方法，能够添加或去除阴影效果；

◎ 掌握宽度和高度样式的使用方法，能够设置元素的宽度和高度；

◎ 掌握表单控件样式的使用方法，能够灵活设置输入框、输入组、单选按钮、复选框和下拉菜单的样式；

◎ 掌握表单验证样式的使用方法，能够定义表单控件的正确和错误状态样式。

素质目标：

◎ 学会在团队中分享Bootstrap样式使用的最佳实践，共同提升团队代码质量和项目可维护性；

◎ 在掌握Bootstrap基本样式的基础上，尝试进行自定义样式开发，通过修改CSS或利用Sass、Less等工具，创造出独特且符合项目需求的界面风格。

文　档

自立自强——有志者，事竟成

在日常生活中，人们通常会注重自身的外表，通过衣着来展示个人风格。同样地，在Web开发中，样式是至关重要的。作为一款流行的前端框架，Bootstrap提供了丰富的样式，能够帮助开发人员快速构建美观的页面。本章将详细讲解Bootstrap中常用样式的使用方法。

6.1 标题样式

俗话说"看书先看皮,看报先看题",当我们浏览新闻类网站时,首先关注的是文章的标题。为了让标题的视觉效果更为突出,往往需要进行一定的样式设置。Bootstrap 提供了丰富的标题样式,可以快速、方便地创建各种精美的标题样式。

Bootstrap 中有三种设置标题样式的方式,分别是使用 <h1> 到 <h6> 标签定义具有标题样式的标题、使用 .h1 到 .h6 类设置标题样式和使用 .display-1 到 .display-6 类设置标题样式,下面分别进行讲解。

6.1.1 使用<h1>到<h6>标签定义具有标题样式的标题

Bootstrap 为 <h1> 到 <h6> 标签预定义了标题样式,因此,当使用 <h1> 到 <h6> 标签时,可以应用 Bootstrap 的标题样式。

在默认情况下,对于特大型及以上设备(视口宽度≥ 1 200 px),Bootstrap 为 <h1> 到 <h6> 标签设置的标题字号分别为 2.5 rem、2 rem、1.75 rem、1.5 rem、1.25 rem 和 1 rem。而对于特大型以下设备(视口宽度 <1 200 px),Bootstrap 会根据其响应式规则自动调整 <h1> 到 <h4> 标签的标题字号,例如 <h2> 标签的字号为 calc(1.3 rem + .6 vw),而 <h5> 标签和 <h6> 标签的标题字号分别为 1.25 rem 和 1 rem。

下面通过代码演示如何使用 <h1> 到 <h6> 标签定义标题,示例代码如下:

```
1   <head>
2     <meta name="viewport"content="width=device-width, initial-scale=1.0">
3     <link rel="stylesheet" href="bootstrap/css/bootstrap.min.css">
4   </head>
5   <body>
6     <h1> 一级标题 </h1>
7     <h2> 二级标题 </h2>
8     <h3> 三级标题 </h3>
9     <h4> 四级标题 </h4>
10    <h5> 五级标题 </h5>
11    <h6> 六级标题 </h6>
12  </body>
```

在上述示例代码中,第 6 ~ 11 行代码定义了 <h1> 到 <h6> 标签,用于设置一级标题到六级标题的样式。

上述示例代码运行后,使用 <h1> 到 <h6> 标签实现标题效果如图 6-1 所示。

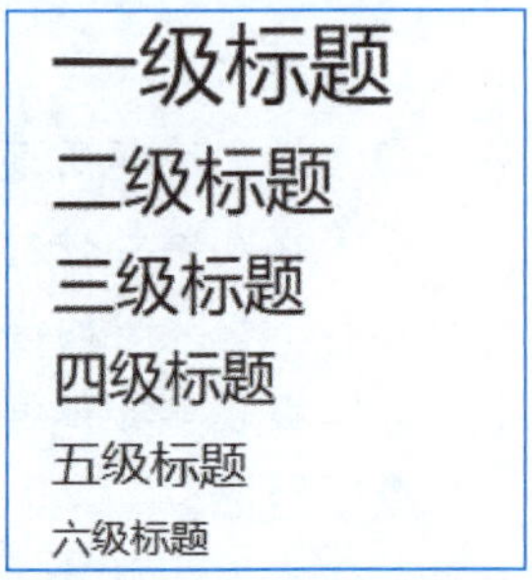

图 6-1 使用 <h1> 到 <h6> 标签实现标题效果

6.1.2 使用.h1到.h6类设置标题样式

在 Bootstrap 中,可以使用 .h1 到 .h6 类将标题样式应用于任意标签,从而为非标题元素添加标题样式,提升文本的可读性和展示良好的视觉效果。使用 .h1 到 .h6 类定义的标题字号与使用 <h1> 到 <h6> 标签定义的标题字号相同。

需要注意的是,.h1 到 .h6 类并不会将文档的非标题元素变成实际标题元素,也不影响文档的结构或语义,它们仅用于样式的呈现。

下面通过代码演示如何使用 .h1 到 .h6 类实现标题效果，示例代码如下：

```
1  <head>
2    <meta name="viewport" content="width=device-width, initial-scale=1.0">
3    <link rel="stylesheet" href="bootstrap/css/bootstrap.min.css">
4  </head>
5  <body>
6    <p class="h1"> 一级标题 </p>
7    <p class="h2"> 二级标题 </p>
8    <div class="h3"> 三级标题 </div>
9    <span class="h4"> 四级标题 </span>
10   <a href="#" class="h5"> 五级标题 </a>
11   <span class="h6"> 六级标题 </span>
12 </body>
```

在上述示例代码中，第 6 ~ 11 行代码为不同的标签添加 .h1 到 .h6 类，用于设置一级标题到六级标题的样式。因为 span 元素和 a 元素都为行内元素，不独占一行，所以会在同一行显示。

上述示例代码运行后，使用 .h1 到 .h6 类实现标题效果如图 6-2 所示。

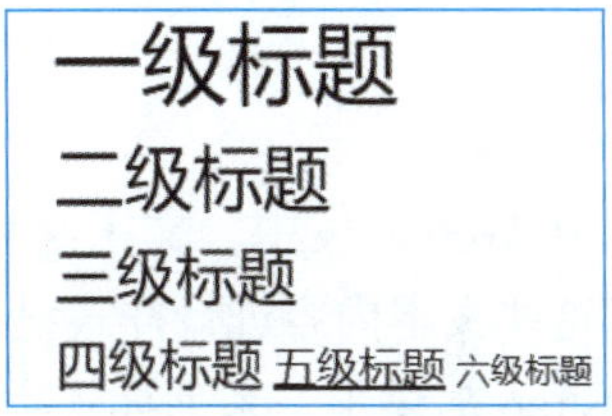

图 6-2　使用 .h1 到 .h6 类实现标题效果

6.1.3　使用 .display-1 到 .display-6 类设置标题样式

在 Bootstrap 中，使用 .display-1 到 .display-6 类可以将标题样式应用于任意标签，这些类提供标题字号和其他样式，使标题更醒目和突出。

在默认情况下，对于特大型及以上设备（视口宽度 ≥ 1 200 px），Bootstrap 为 .display-1 到 .display-6 类设置的标题字号分别为 5 rem、4.5 rem、4 rem、3.5 rem、3 rem 和 2.5 rem。而对于特大型以下设备（视口宽度 <1 200 px），Bootstrap 会根据其响应式规则自动调整标题字号。

下面通过代码演示如何使用 .display-1 到 .display-6 类实现标题效果，示例代码如下：

```
1  <head>
2    <meta name="viewport"content="width=device-width, initial-scale=1.0">
3    <link rel="stylesheet" href="bootstrap/css/bootstrap.min.css">
4  </head>
5  <body>
6    <h2 class="display-1"> 一级标题 </h2>
7    <p class="display-2"> 二级标题 </p>
8    <div class="display-3"> 三级标题 </div>
9    <p class="display-4"> 四级标题 </p>
10   <span class="display-5"> 五级标题 </span>
11   <a href="#" class="display-6"> 六级标题 </a>
12 </body>
```

在上述代码中，第 6 ~ 11 行代码为不同的标签添加 .display-1 到 .display-6 类，用于设置一级标题到六级标题的样式。

上述示例代码运行后，使用 .display-1 到 .display-6 类实现标题效果如图 6-3 所示。

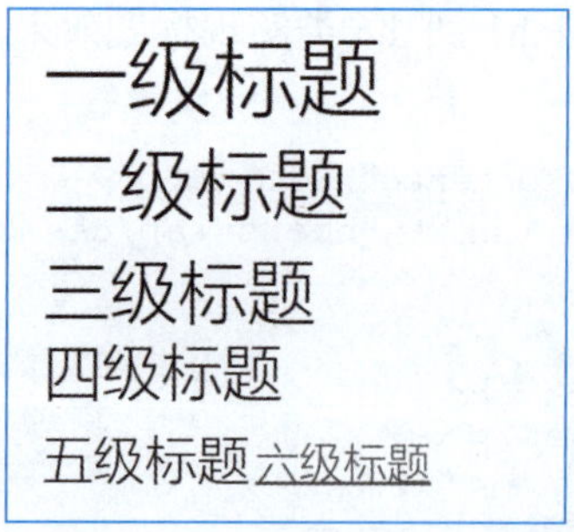

图 6-3　使用 .display-1 到 .display-6 类实现标题效果

6.2　文本样式

在 Web 开发中，文字是重要的信息传达方式之一。为了突出某些重要的文本内容可以对这些文本内容进行样式设置，例如设置文本的颜色、对齐方式、字体、行号和字号等。Bootstrap 提供了一系列样式类，可以帮助开发者轻松地对文本内容进行样式设置，以突出重要信息或美化页面。本节将详细讲解如何利用 Bootstrap 提供的样式类来设置文本的颜色、对齐方式、字体、行高和字号等样式。

6.2.1　文本颜色

在 Bootstrap 中可以使用预定义的文本颜色类设置文本的颜色，让文本展示不同的情景色，从而表达不同的含义。文本颜色类可以应用于多种标签，例如 <p> 标签、<span> 标签或 <h1> 标签等。

常见的文本颜色类见表 6-1。

表 6-1　常见的文本颜色类

类	描　　述
.text-primary	蓝色文本，用于表示重要信息的颜色
.text-secondary	灰色文本，用于表示次要信息或副标题的颜色
.text-success	绿色文本，用于表示成功或积极状态的颜色
.text-danger	红色文本，用于表示错误或危险状态的颜色
.text-info	青蓝色文本，用于表示一般信息的颜色
.text-warning	黄色文本，用于表示警告或需要注意的颜色
.text-dark	深色文本，用于在浅色背景上展示深色文本的颜色
.text-light	浅色文本，用于在深色背景上展示浅色文本的颜色
.text-body	默认正文文本颜色，与 body 元素的文本颜色相同
.text-white	白色文本
.text-black	黑色文本

默认情况下，表 6-1 中列举的类的不透明度为 1，但是可以与 .text-opacity-{value} 类

结合使用，以调整文本的不透明度。其中，value 可以为 25、50 或 75，分别表示将文本的不透明度设置为 0.25、0.5 和 0.75。

此外，Bootstrap 还提供了强调的文本颜色类，使得文本颜色比较突出。常见的强调文本颜色类见表 6-2。

表 6-2　常见的强调文本颜色类

类	描　　述
.text-primary-emphasis	深蓝色文本
.text-secondary-emphasis	极暗度的深灰色文本
.text-success-emphasis	深墨绿色文本
.text-danger-emphasis	深红色文本
.text-info-emphasis	深绿色文本
.text-warning-emphasis	深棕色文本
.text-dark-emphasis	中等暗度的深灰色文本，与 .text-light-emphasis 类的颜色相同
.text-light-emphasis	中等暗度的深灰色文本，与 .text-dark-emphasis 类的颜色相同
.text-body-emphasis	黑色文本
.text-body-secondary	黑色文本不透明度为 0.75
.text-body-tertiary	黑色文本不透明度为 0.5

下面通过代码演示如何使用文本颜色类设置文本的颜色，示例代码如下：

```
1  <head>
2    <meta name=""viewport"content="width=device-width, initial-scale=1.0">
3    <link rel="stylesheet" href="bootstrap/css/bootstrap.min.css">
4  </head>
5  <body>
6    <div class="container">
7      <div class="row">
8        <div class="col">
9          <p class="text-primary">.text-primary 类：蓝色文本 </p>
10         <p class="text-secondary">.text-secondary 类：灰色文本 </p>
11         <p class="text-success">.text-success 类：绿色文本 </p>
12         <p class="text-danger">.text-danger 类：红色文本 </p>
13         <p class="text-info">.text-info 类：青蓝色文本 </p>
14         <p class="text-warning text-opacity-50">.text-warning 类：黄色文本不透明度为 0.5</p>
15         <p class="text-dark">.text-dark 类：深色文本 </p>
16         <p class="text-light" style="background-color: #000;" >.text-light 类：浅色文本 </p>
17         <p class="text-body">.text-body 类：正文文本 </p>
18         <p class="text-white" style="background-color: #000;">.text-white 类：白色文本 </p>
19         <p class="text-black">.text-black 类：黑色文本 </p>
20       </div>
21       <div class="col">
22         <p class="text-primary-emphasis">.text-primary-emphasis 类：深蓝色文本 </p>
23         <p class="text-secondary-emphasis">.text-secondary-emphasis 类：极暗度的深灰色文本 </p>
```

```
24            <p class="text-success-emphasis">.text-success-emphasis 类：深墨绿色文本 </p>
25            <p class="text-danger-emphasis">.text-danger-emphasis 类：深红色文本 </p>
26            <p class="text-info-emphasis">.text-info-emphasis 类：深绿色文本 </p>
27            <p class="text-warning-emphasis">.text-warning-emphasis 类：深棕色文本 </p>
28            <p class="text-dark-emphasis">.text-dark-emphasis 类：中等暗度的深灰色文本 </p>
29            <p class="text-light-emphasis">.text-light-emphasis 类：中等暗度的深灰色文本 </p>
30            <p class="text-body-emphasis">.text-body-emphasis 类：黑色文本 </p>
31            <p class="text-body-secondary">.text-body-secondary 类：黑色文本不透明度为 0.75</p>
32            <p class="text-body-tertiary">.text-body-tertiary 类：黑色文本不透明度为 0.5</p>
33         </div>
34      </div>
35    </div>
36 </body>
```

在上述示例代码中，第 9～19 行代码和第 22～32 行代码定义了多个 <p> 标签，并应用了不同的文本颜色类。其中，第 14 行代码添加 .text-opacity-50 类，设置文本的不透明度为 0.5；第 16 行代码为文本添加黑色背景，突出显示浅色文本；第 18 行代码为文本添加一个黑色背景，突出显示白色文本。

上述示例代码运行后，文本颜色效果如图 6-4 所示，请扫描二维码查看彩色图片。

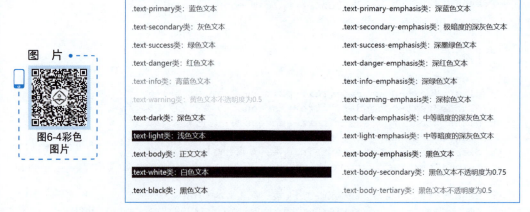

图 6-4　文本颜色效果

6.2.2　文本对齐

在实际开发中，经常需要对文本进行布局和排版。无论是博客、新闻网站还是企业官网，都需要对标题、正文等文本进行合理的对齐处理，以提升页面的整体美观性和可读性。为了简化这一过程，Bootstrap 提供了一系列文本对齐样式类用于设置文本对齐方式，常见的文本对齐样式类见表 6-3。

表 6-3　常见的文本对齐样式类

类	描 述
.text-start	用于设置文本左对齐，默认由浏览器决定
.text-center	用于设置文本居中对齐
.text-end	用于设置文本右对齐
.text-{sm|md|lg|xl|xxl}-{start|center|end}	用于设置文本在 sm（小型及以上设备）、md（中型及以上设备）、lg（大型及以上设备）、xl（特大型及以上设备）、xxl（超大型及以上设备）中的对齐方式（左对齐、居中对齐、右对齐）

下面通过代码演示文本对齐样式类的使用，示例代码如下：

```
1  <head>
2    <meta name="viewport"content="width=device-width, initial-scale=1.0">
3    <link rel="stylesheet" href="bootstrap/css/bootstrap.min.css">
4  </head>
5  <body>
6    <p class="text-start">左对齐</p>
7    <p class="text-center">居中对齐</p>
8    <p class="text-end">右对齐</p>
9    <p class="text-sm-center">小型及以上设备中居中对齐</p>
10 </body>
```

在上述示例代码中，第 6～9 行代码定义 4 个 `<p>` 标签，并应用了不同的文本对齐样式类。其中，第 9 行代码添加 .text-sm-center 类，设置文本在小型及以上设备中居中对齐，而在超小型设备中左对齐。

上述示例代码运行后，打开开发者工具，进入移动设备调试模式，将移动设备的视口宽度设置为 575 px，以模拟超小型设备。视口高度不需要特意设置，因为这里重点观察视口宽度的变化。文本对齐样式在超小型设备中的页面效果如图 6-5 所示。

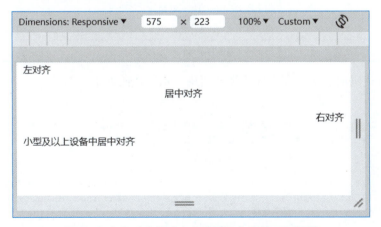

图 6-5　文本对齐样式在超小型设备中的页面效果

将移动设备的视口宽度设置为 576 px，以模拟小型设备。文本对齐样式在小型设备中的页面效果如图 6-6 所示。

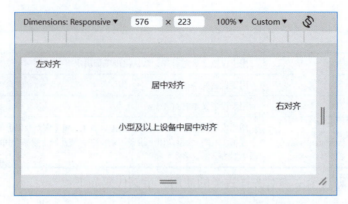

图 6-6　文本对齐样式在小型设备中的页面效果

由图 6-5 和图 6-6 可知，实现了具有 .text-sm-center 类的 p 元素在超小型设备中左对齐，而在小型设备中居中对齐的效果。

6.2.3　文本变换

在实际开发中，经常需要对文本进行大小写的变换，以满足不同设计需求和用户体验。例如，在社交媒体应用程序中，用户可能希望在发布内容时将一部分字母转换为大写，以强调重要信息或者表示强烈情绪。而在其他情境下，可能需要将标题文本包含的字母统一转换为小写，以保持页面的整洁和一致性。在这些场景下，可以利用 Bootstrap 提供的一系列文本变换样式类来快速设置文本的大小写变换。

常见的文本变换样式类见表 6-4。

表 6-4　常见的文本变换样式类

类	描　　述
.text-uppercase	用于将文本的所有字母转换为大写形式
.text-lowercase	用于将文本的所有字母转换为小写形式
.text-capitalize	用于将文本的首字母转换为大写形式

下面通过代码演示文本变换样式类的使用，示例代码如下：

```
1  <head>
2    <meta name="viewport"content="width=device-width, initial-scale=1.0">
3    <link rel="stylesheet" href="bootstrap/css/bootstrap.min.css">
4  </head>
5  <body>
6    <p>将 hello 转换为大写：<span class="text-uppercase">hello</span></p>
7    <p>将 HELLO 转换为小写：<span class="text-lowercase">HELLO</span></p>
8     <p>将 hello world 的首字母转换为大写：<span class="text-capitalize">hello world </span></p>
9  </body>
```

在上述示例代码中，第 6～8 行代码定义 3 个 <p> 标签，在 <p> 标签内分别嵌套 <span> 标签，并为 <span> 标签应用不同的文本变换样式类。

上述示例代码运行后，文本变换样式效果如图 6-7 所示。

> 将hello转换为大写：HELLO
>
> 将HELLO转换为小写：hello
>
> 将hello world的首字母转换为大写：Hello World

图 6-7　文本变换样式效果

6.2.4　文本换行

在实际开发中，经常需要处理文本换行样式，以确保页面的美观性和可读性。例如，在设计响应式网页时，需要考虑不同屏幕尺寸下文本的换行方式，以便在各种设备上都能够清晰地显示内容。在这种情况下，可以利用 Bootstrap 提供的一系列文本换行样式类来设置文本的换行方式，确保页面在不同设备上都能够呈现出最佳的效果。

常见的文本换行样式类见表 6-5。

表 6-5　常见的文本换行样式类

类	描　　述
.text-nowrap	用于禁止文本换行，文本将会在一行内显示，超出部分将被裁剪
.text-wrap	用于允许文本换行，当文本内容超出容器宽度时自动换行
.text-break	用于允许在单词内换行，适用于长单词或链接文本
.text-truncate	当文本内容超出容器宽度时裁剪文本并显示省略号

下面通过代码演示文本换行样式类的使用，示例代码如下：

```
1  <head>
2    <meta name="viewport"content="width=device-width, initial-scale=1.0">
3    <link rel="stylesheet"href="bootstrap/css/bootstrap.min.css">
4    <style>
5      p{
6        width: 9rem;
7        border: 1px dashed #999;
8      }
9    </style>
10 </head>
11 <body>
12   <p class="text-nowrap"> 禁止文本换行，文本将会在一行内显示，超出部分将被裁剪 </p>
13   <p class="text-wrap"> 当文本内容超出容器宽度时自动换行 </p>
14   <p class="text-break">wordwrapwordbreak 允许在单词内换行，适用于长单词或链接文本 </p>
15   <p class="text-truncate"> 当文本内容超出容器宽度时裁剪文本并显示省略号 </p>
16 </body>
```

在上述示例代码中，第 5 ～ 8 行代码设置 p 元素的样式，包括宽度为 9 rem、1 px 的灰色虚线边框，以区分段落内容；第 12 ～ 15 行代码定义 4 个 <p> 标签，并为 <p> 标签应用不同的文本换行样式类。

上述示例代码运行后，文本换行样式效果如图 6-8 所示。

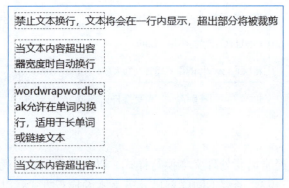

图 6-8　文本换行样式效果

6.2.5　文本字体

在实际开发中，经常需要对文本进行加粗、倾斜等处理，以突出某些信息、增强视觉效果或者吸引用户的注意力。例如，在设计电子商务网站时，可以在商品列表中对特价商品使用加粗、倾斜等样式来突出显示其折扣优惠信息。通过 Bootstrap 提供的文本字体样式类，可以轻松地实现这些效果，而无须手动编写复杂的 CSS 样式。

常见的文本字体样式类见表 6-6。

表 6-6　常见的文本字体样式类

类	描　　述
.fw-bold	用于将文本加粗显示，默认粗体，粗细程度为 700
.fw-bolder	用于将文本加粗显示，比默认粗体略粗
.fw-semibold	用于将文本加粗显示，粗细程度为 600
.fw-medium	用于将文本加粗显示，粗细程度为 500
.fw-normal	用于将文本恢复为默认的字体粗细程度，粗细程度为 400
.fw-light	用于将文本显示为轻字体（较细），粗细程度为 300
.fw-lighter	用于将文本显示为更轻的字体（更细）
.fst-italic	用于将文本显示为斜体
.fst-normal	用于将文本的字体样式恢复为普通，默认没有斜体

下面通过代码演示文本字体样式类的使用，示例代码如下：

```
1  <head>
2    <meta name="viewport"content="width=device-width, initial-scale=1.0">
3    <link rel="stylesheet"href="bootstrap/css/bootstrap.min.css">
4  </head>
5  <body>
6    <p class="fw-bold">将文本加粗显示，默认粗体，粗细程度为 700</p>
7    <p class="fw-bolder">将文本加粗显示，比默认粗体略粗 </p>
8    <p class="fw-semibold">将文本加粗显示，粗细程度为 600</p>
9    <p class="fw-medium">将文本加粗显示，粗细程度为 500</p>
10   <p class="fw-normal">将文本恢复为默认的字体粗细程度，粗细程度为 400</p>
11   <p class="fw-light">将文本显示为轻字体（较细），粗细程度为 300</p>
12   <p class="fw-lighter">将文本显示为更轻的字体（更细）</p>
```

```
13    <p class="fst-italic">将文本显示为斜体</p>
14    <p class="fst-normal">将文本的字体样式恢复为普通,默认没有斜体</p>
15 </body>
```

在上述示例代码中,第 6~14 行代码定义 9 个 <p> 标签,并应用了不同的文本字体样式类。

上述示例代码运行后,文本字体样式效果如图 6-9 所示。

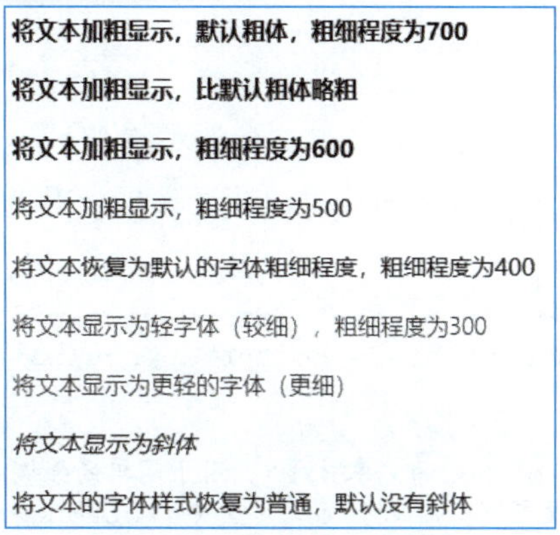

图 6-9 文本字体样式效果

多学一招:内联文本标签

在实际开发中,内联文本标签可以为文本添加特定的样式或语义,从而增强页面的表现力和用户体验。例如,在一个在线新闻平台上,可能需要在文章中标记出引用的部分或者作者的姓名;在博客平台或者论坛上,用户可能会在发表评论时使用一些特殊的格式来强调重点或者表达情感。例如,突出显示重要信息,加粗文本以增强语气,使用斜体显示以示强调等。

Bootstrap 为一些常用的内联文本标签设置了样式,对重要内容进行强化以突出,从而实现风格统一、布局美观的效果。常用的内联文本标签如下:

① <b> 和 <strong> 标签:用于将文本设置为粗体。前者用于将其包裹的文本设置为粗体,仅仅是视觉上的样式修饰;而后者具有更强的语义含义,表示强调的文本在上下文中具有重要性或者权重。

② <del> 和 <s> 标签:用于为文本添加删除线。前者通常表示被从文档中删除的内容,常用于在需要显示修改记录或者源代码存在差异的情况下使用;而后者不带特定的语义含义,仅仅是视觉上的效果,表示文本是被删除的。

③ <ins> 和 <u> 标签:用于为文本添加下划线。前者通常表示文档中新插入的内容,与之前的版本相比是新增的内容;而后者不带特定的语义含义,仅仅是视觉上的效果,用于为文本添加下划线。

④ <em> 和 <i> 标签:用于将文本设置为斜体。前者用于强调某个词或短语,在语义上起到突出或重要的作用;而后者没有特定的语义含义,仅仅是视觉上的效果,用于将其包裹的文本设置为斜体。

⑤ <mark> 标签：用于对文本进行标记或突出显示，通常会以黄色或其他醒目的背景色显示，被标记的文本在上下文中具有一定的重要性或者需要引起注意。

⑥ <address> 标签：用于标记联系信息或作者信息，通常用于显示地址、电话号码、电子邮件地址等。

⑦ <footer> 和 <cite> 标签：前者用于表示文档或文章的页脚部分，通常包含文档的作者、版权信息和联系方式等内容；而后者表示对某种引用的引用，通常用来标记书籍、文章、论文等引用内容的标题。

⑧ <abbr> 标签：用于表示缩写或首字母缩写。当鼠标指针悬停在该文本上时，浏览器会显示一个提示，提示内容为 title 属性定义的完整词或扩展。

下面通过代码演示内联文本标签的使用，示例代码如下：

```
1   <head>
2     <meta name="viewport"content="width=device-width, initial-scale=1.0">
3     <link rel="stylesheet" href="bootstrap/css/bootstrap.min.css">
4   </head>
5   <body>
6     <p>b 标签：这是一段 <b> 加粗的文本 </b>，用于简单的强调效果。</p>
7     <p>strong 标签：这段文字非常 <strong> 重要 </strong>，请务必认真阅读。</p>
8     <p>del 标签：这段文字中包含了 <del> 已经过时的信息 </del>，请注意更新。</p>
9     <p>s 标签：这些数据 <s> 已经不再有效 </s>，请查看最新的数据。</p>
10    <p>ins 标签：这段文字中 <ins> 新增了一些额外的信息 </ins>，请注意查看。</p>
11    <p>u 标签：这个术语 <u> 被下划线标记 </u> 以便读者更容易注意到。</p>
12    <p>em 标签：这段文字中 <em> 特别需要强调的部分 </em> 请务必留意。</p>
13    <p>i 标签：这个术语 <i> 以斜体形式显示 </i>，但并没有特别的强调含义。</p>
14    <p>mark 标签：在这篇论文中，我们着重研究了 <mark> 气候变化 </mark> 对冰川的影响。</p>
15    <div>
16      使用 address 标签展示作者的联系信息：
17      <address>
18        联系作者：<a href="mailto:author@example.com">author@example.com</a><br>
19        作者网站：<a href="http://www.example.com">www.example.com</a>
20      </address>
21    </div>
22    <div>
23      使用 footer 标签展示网页的底部：
24      <footer>
25        <p>Copyright &copy; 2024 Example Company. All rights reserved.</p>
26        <nav>
27          <ul>
28            <li><a href="/">Home</a></li>
29            <li><a href="/about">About</a></li>
30            <li><a href="/contact">Contact</a></li>
31          </ul>
32        </nav>
33      </footer>
34    </div>
35    <p>cite 标签：在这篇文章中，作者提到了《<cite> 麦田里的守望者 </cite>》，强调了其对青少年成长的重要性。</p>
36    <p>abbr 标签：HTML 是 <abbr title="HyperText Markup Language"> 超文本标记语言 </abbr> 的缩写。</p>
37  </body>
```

上述示例代码运行后，内联文本标签效果如图 6-10 所示。

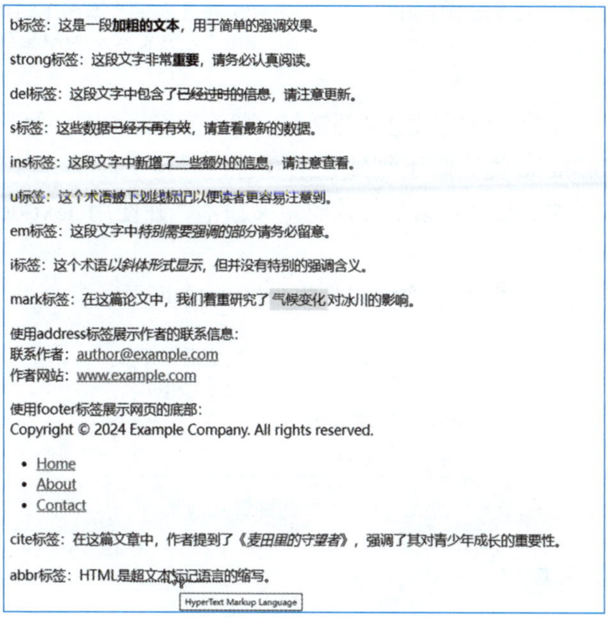

图 6-10　内联文本标签效果

在图 6-10 中，当鼠标指针悬停在"超文本标记语言"上时，浏览器显示了一个提示"HyperText Markup Language"。

6.2.6　文本装饰

在实际开发中，经常需要对文本进行装饰，以增强页面的视觉吸引力和信息传达效果。例如，在电子商务网站上，商品价格通常会采用删除线来显示原价并添加特价，以吸引用户的注意力并传达优惠信息；在博客平台上，作者可能希望对一些关键词或者名词进行下划线装饰，以突出重点内容。在这些场景下，可以利用 Bootstrap 提供的一系列文本装饰样式类来快速设置文本的装饰样式，例如删除下划线、添加下划线和添加删除线等。

常见的文本装饰样式类见表 6-7。

表 6-7　常见的文本装饰样式类

类	描　　述
.text-decoration-none	用于去除文本的装饰效果，例如去除文本的下划线和删除线等
.text-decoration-underline	用于在文本下方添加下划线
.text-decoration-line-through	用于为文本添加删除线

下面通过代码演示文本装饰样式类的使用，示例代码如下：

```
1  <head>
2      <meta name="viewport"content="width=device-width, initial-scale=1.0">
3      <link rel="stylesheet" href="bootstrap/css/bootstrap.min.css">
4  </head>
5  <body>
```

```
6      <a href="#"> 超链接，默认带有下划线 </a><br>
7      <a class="text-decoration-none"> 去除文本的下划线，去除了超链接的下划线 </a>
8      <p class="text-decoration-underline"> 在文本下方添加下划线 </p>
9      <p class="text-decoration-line-through"> 为文本添加删除线 </p>
10   </body>
```

在上述示例代码中，第 6 行代码定义超链接，默认带有下划线；第 7 行代码定义超链接，并使用 .text-decoration-none 类去除下划线；第 8 行代码定义段落，并使用 .text-decoration-underline 类，为文本添加下划线；第 9 行代码定义段落，并使用 .text-decoration-line-through 类，为文本添加删除线。

上述示例代码运行后，文本装饰样式效果如图 6-11 所示。

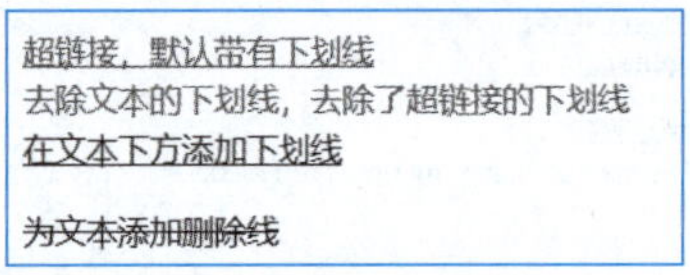

图 6-11　文本装饰样式效果

6.2.7　文本字号和行高

在实际开发中，经常需要调整文本的字号和行高，以提升页面的可读性和排版效果。例如，在新闻网站上，标题通常会采用较大的字号和较大的行高，以突出重要新闻信息并让用户更容易阅读；在个人博客中，作者可能会调整正文文本的字号和行高，使其更符合阅读习惯和舒适度。在这些场景下，可以利用 Bootstrap 提供的一系列文本字号样式类和行高样式类来快速设置文本的字号和行高样式。

常见的文本字号样式类和行高样式类见表 6-8。

表 6-8　常见的文本字号样式类和行高样式类

类	描述
.fs-{1|2|3|4|5|6}	用于设置文本的字号
.lh-{1|sm|base|lg}	用于设置文本的行高为 1（紧凑的行高）、1.25（稍微紧凑的行高）、1.5（默认行高）和 2（较大的行高）

在表 6-8 中，默认情况下，对于特大型及以上设备（视口宽度≥ 1 200 px），使用 .fs-{1\|2\|3\|4\|5\|6} 类设置的文本字号分别为 2.5 rem、2 rem、1.75 rem、1.5 rem、1.25 rem 和 1 rem。而对于特大型以下设备（视口宽度 <1 200 px），Bootstrap 会根据其响应式规则自动调整 .fs-{1\|2\|3\|4} 类设置的文本字号，而 .fs-5 类和 .fs-6 类设置的文本字号分别为 1.25 rem 和 1 rem。

下面通过代码演示如何使用文本字号样式类和行高样式类设置文本的字号和行高，示例代码如下：

```
1   <head>
2     <meta name="viewport"content="width=device-width, initial-scale=1.0">
3     <link rel="stylesheet" href="bootstrap/css/bootstrap.min.css">
4   </head>
```

```
5   <body>
6     <p class="fs-1"> 字号 </p>
7     <p class="fs-2"> 字号 </p>
8     <p class="fs-3"> 字号 </p>
9     <p class="fs-4"> 字号 </p>
10    <p class="fs-5"> 字号 </p>
11    <p class="fs-6"> 字号 </p>
12    <p class="lh-1">1.当生活给你带来挑战时，不要忘记你内心的力量。每一次的困难都是一次成长的机会，每一次的挫折都是一次迈向成功的跳板。</p>
13    <p class="lh-sm">2.勇敢地面对，坚定地前行，相信自己的能力，你定能战胜一切困难，实现自己的梦想。</p>
14    <p class="lh-base">3.在人生的道路上，不要停下脚步，因为只有持续奋斗，才能创造出辉煌的未来。愿你勇敢地追逐梦想，坚定地走向成功的彼岸！</p>
15    <p class="lh-lg">4.愿你永远怀揣着坚定的信念，勇敢地去追逐心中的梦想，因为你的努力终将开启属于你的辉煌之路。</p>
16  </body>
```

在上述示例代码中，第 6 ～ 11 行代码定义 6 个 <p> 标签，并应用了不同的文本字号样式类；第 12 ～ 15 行代码定义 4 个 <p> 标签，并应用了不同的文本行高样式类。

上述示例代码运行后，文本字号样式和行高样式效果如图 6-12 所示。

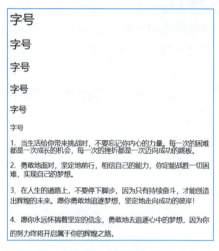

图 6-12　文本字号样式和行高样式效果

6.3　背景颜色

在 Bootstrap 中，使用背景颜色类可以为元素设置背景颜色。背景颜色类适用于各种 HTML 标签，例如 <div>、<p>、<span> 等标签。通过将背景颜色类与文本颜色类结合使用，可以确保文本内容在具有背景颜色的元素中清晰可见。同时，Bootstrap 还提供了 .text-bg-* 类，它能够简化设置文本颜色和背景颜色的过程。* 可以是 primary、secondary、success、danger、info、warning 或者 dark。这些类会自动根据特定的背景颜色确定对比色，将文本颜色设置为与背景颜色对比度较高的颜色，以确保文本清晰可读。此外，还可以将背景颜色类与 .bg-gradient 类结合使用，实现渐变的背景颜色。

常用的背景颜色类见表6-9。

表6-9 常用的背景颜色类

类	描 述
.bg-primary	蓝色背景，用于表示重要信息的背景颜色
.bg-secondary	灰色背景，用于表示次要信息或副标题的背景颜色
.bg-success	绿色背景，用于表示成功或积极状态的背景颜色
.bg-danger	红色背景，用于表示错误或危险状态的背景颜色
.bg-info	青蓝色背景，用于表示一般信息的背景颜色
.bg-warning	黄色背景，用于表示警告或需要注意的背景颜色
.bg-dark	深色背景
.bg-light	浅色背景
.bg-body	默认正文背景颜色，与body元素的背景颜色相同
.bg-black	黑色背景
.bg-white	白色背景
.bg-transparent	透明背景

默认情况下，表6-9中列举的类的不透明度为1，但是可以与 .bg-opacity-{value} 类结合使用，以调整背景的不透明度。其中，value 可以为 10、25、50 和 75，分别表示将背景的不透明度设置为 0.1、0.25、0.5 和 0.75。

此外，Bootstrap 还提供了更加柔和的背景颜色类，使得背景颜色不会过于显眼或者突出。常见的柔和背景颜色类见表6-10。

表6-10 常见的柔和背景颜色类

类	描 述	类	描 述
.bg-primary-subtle	浅蓝色背景	.bg-warning-subtle	浅黄色背景
.bg-secondary-subtle	浅灰色背景	.bg-dark-subtle	浅蓝灰色背景
.bg-success-subtle	浅绿色背景	.bg-light-subtle	极浅的灰色背景，近乎白色
.bg-danger-subtle	浅红色背景	.bg-body-tertiary	较浅的灰色背景
.bg-info-subtle	浅青蓝色背景	.bg-body-secondary	银白色背景，略带灰色调的白色

下面通过代码演示背景颜色类的使用，示例代码如下：

```
1  <head>
2    <meta name="viewport"content="width=device-width, initial-scale=1.0">
3    <link rel="stylesheet" href="bootstrap/css/bootstrap.min.css">
4  </head>
5  <body>
6    <div class="container">
7      <div class="row">
8        <div class="col">
9          <p class="text-bg-primary bg-gradient">.bg-primary 类：蓝色背景 </p>
10         <p class="text-bg-secondary">.bg-secondary 类：灰色背景 </p>
11         <p class="text-bg-success">.bg-success 类：绿色背景 </p>
12         <p class="text-bg-danger">.bg-danger 类：红色背景 </p>
13         <p class="text-bg-info">.bg-info 类：青蓝色背景 </p>
```

```
14        <p class="text-bg-warning">.bg-warning 类：黄色背景 </p>
15        <p class="text-bg-dark">.bg-dark 类：深色背景 </p>
16        <p class="text-dark bg-light">.bg-light 类：浅色背景 </p>
17        <p class="text-dark bg-body">.bg-body 类：默认正文背景颜色 </p>
18        <p class="text-dark bg-white">.bg-white 类：白色背景 </p>
19        <p class="text-dark bg-transparent">.bg-transparent 类：透明背景 </p>
20        <p class="text-white bg-black">.bg-black 类：黑色背景 </p>
21     </div>
22     <div class="col">
23        <p class="bg-primary-subtle">.bg-primary-subtle 类：浅蓝色背景 </p>
24        <p class="bg-secondary-subtle">.bg-secondary-subtle 类：浅灰色背景 </p>
25        <p class="bg-success-subtle">.bg-success-subtle 类：浅绿色背景 </p>
26        <p class="bg-danger-subtle">.bg-danger-subtle 类：浅红色背景 </p>
27        <p class="bg-info-subtle">.bg-info-subtle 类：浅青蓝色背景 </p>
28        <p class="bg-warning-subtle">.bg-warning-subtle 类：浅黄色背景 </p>
29        <p class="bg-dark-subtle bg-gradient">.bg-dark-subtle 类：浅蓝灰色背景 </p>
30        <p class="bg-light-subtle">.bg-light-subtle 类：极浅的灰色背景，近乎白色 </p>
31        <p class="bg-body-tertiary">.bg-body-tertiary 类：较浅的灰色背景 </p>
32        <p class="bg-body-secondary">.bg-body-secondary 类：银白色背景，略带灰色
调的白色 </p>
33     </div>
34   </div>
35  </div>
36 </body>
```

在上述示例代码中，第 9～15 行代码定义 7 个 <p> 标签，并分别添加 .text-bg-* 类设置文本颜色和背景颜色，第 9 行代码还添加 .bg-gradient 类设置渐变的蓝色背景；第 16～20 行代码定义 5 个 <p> 标签，并分别添加 .text-* 类和 .bg-* 类设置文本颜色和背景颜色；第 23～32 行代码定义 10 个 <p> 标签，并分别添加 .bg-*-secondary 类设置柔和的背景颜色。

上述示例代码运行后，背景颜色效果如图 6-13 所示，请扫描二维码查看彩色图片。

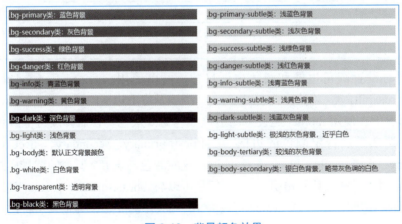

图 6-13　背景颜色效果

6.4　边框样式

在 Bootstrap 中，使用边框样式类可以设置元素的边框样式，从而轻松地添加、移除

或自定义元素的边框。边框样式类适用于各种 HTML 标签,例如 <div> 标签、<img> 标签和 <table> 标签等。

常用的边框样式类见表 6-11。

表 6-11　常用的边框样式类

样　式	类	描　　述
添加边框	.border	添加上、右、下、左边框样式
	.border-top	添加上边框样式
	.border-end	添加右边框样式
	.border-bottom	添加下边框样式
	.border-start	添加左边框样式
移除边框	.border-0	移除全部边框样式
	.border-top-0	移除上边框样式
	.border-end-0	移除右边框样式
	.border-bottom-0	移除下边框样式
	.border-start-0	移除左边框样式
边框宽度	.border-{1|2|3|4|5}	边框的宽度级别,数字越大,线框越粗。1～5 分别表示 1、2、3、4、5,单位 px
圆角边框	.rounded	添加上、右、下、左边框的圆角样式
	.rounded-top	添加上边框的圆角样式
	.rounded-end	添加右边框的圆角样式
	.rounded-bottom	添加下边框的圆角样式
	.rounded-start	添加左边框的圆角样式
	.rounded-circle	添加圆形边框样式
	.rounded-pill	添加椭圆形边框样式
圆角边框尺寸	.rounded-{0|1|2|3|4|5}	圆角大小,数字越大,圆角越大;0 表示没有圆角。1~5 分别表示 0.25、0.375、0.5、1、2,单位 rem

若要同时设置圆角边框和圆角边框尺寸,可以使用 .rounded-{top\|end\|bottom\|start}-{0\|1\|2\|3\|4\|5\|circle\|pill} 类。例如,.rounded-top-2 类表示将上边框的圆角为 0.375 rem。

默认情况下,使用 .border 类设置的边框颜色为淡灰色。若需修改边框颜色,可以使用 .border-* 类来添加特定颜色的边框,* 可以为 primary、secondary、success、danger、info、warning、dark、light、black 或者 white,这些颜色与表 6-9 所列的背景样式类的颜色相对应。.border-* 类的默认不透明度为 1,但是可以与 .border-opacity-{value} 类结合使用,以调整边框的不透明度。其中,value 可以为 10、25、50 和 75,分别表示将边框的不透明度设置为 0.1、0.25、0.5 和 0.75。

此外,还可以使用 .border-*-subtle 类为边框添加柔和的颜色,* 可以为 primary、secondary、success、danger、info、warning、dark 或者 light,边框的颜色与表 6-10 中所列的柔和背景样式类的颜色相对应。

下面通过代码演示边框样式类的使用,示例代码如下:

```html
1  <head>
2    <meta name="viewport"content="width=device-width,initial-scale=1.0">
3    <link rel="stylesheet" href="bootstrap/css/bootstrap.min.css">
4    <style>
5      span{
6        width: 200px;
7        height: 200px;
8        text-align: center;
9        margin: 5px;
10       display: inline-block;
11       line-height: 25px;
12     }
13   </style>
14 </head>
15 <body>
16   <div class="container">
17     <div class="row">
18       <div class="col">
19         <span class="border border-0">移除边框样式</span>
20         <span class="border border-3 border-primary border-end-0">移除右边框样式，边框宽度为3px</span>
21       </div>
22       <div class="col">
23         <span class="border border-1 border-primary">添加默认的边框样式，边框宽度为1px</span>
24         <span class="border border-4 border-primary border-bottom-0">移除下边框样式，边框宽度为4px</span>
25       </div>
26       <div class="col">
27         <span class="border border-2 border-primary border-top-0">移除上边框样式，边框宽度为2px</span>
28         <span class="border border-5 border-primary border-start-0">移除左边框样式，边框宽度为5px</span>
29       </div>
30     </div>
31     <div class="row">
32       <div class="col">
33         <span class="border border-primary rounded-top-1">添加上边框的圆角样式，圆角为0.25rem</span>
34         <span class="border border-primary rounded-start-2">添加左边框的圆角样式，圆角为0.375rem</span>
35         <span class="border border-primary rounded-bottom-3">添加下边框的圆角样式，圆角为0.5rem</span>
36         <span class="border border-primary rounded-end-circle">添加右边框的圆角样式，圆角为圆形</span>
37       </div>
38     </div>
39   </div>
40 </body>
```

在上述示例代码中，第 5～12 行代码为 span 元素设置宽度、高度、文本水平居中对齐、外边距、以行内块级元素来显示和行高。

上述示例代码运行后，边框样式效果如图 6-14 所示。

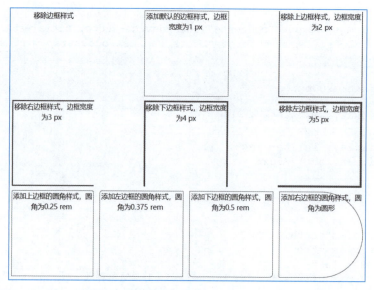

图 6-14　边框样式效果

6.5　Bootstrap Icons字体图标样式

Bootstrap Icons 是一套基于矢量图形的图标库，由 Bootstrap 框架提供。这些图标具有可缩放性，因此无论放大还是缩小，图标的清晰度和细节都不会受损。此外，使用 Bootstrap Icons 能够为网页或应用程序添加简洁和易于识别的图标，且可以通过修改 CSS 样式来改变图标的颜色、大小和其他属性，实现自定义效果。

Bootstrap Icons 遵循了一套统一的类名和代码规则，通过为元素添加相应的类名，即可在页面上显示出对应的图标。这些字体图标可以用于各种元素，包括按钮、导航菜单、表单控件等，为用户提供更好的交互体验。相对于传统的图像文件，字体图标可以减少对图像文件的依赖，提高了页面加载速度和性能。

6.5 Bootstrap Icons 字体图标样式

截至本书成稿时，Bootstrap Icons 的最新版本为 1.11.3。因此，本书基于 1.11.3 版本进行讲解。

读者可以扫描二维码，查看 Bootstrap Icons 的下载和使用的详细讲解。

6.6　列　表　样　式

Bootstrap 支持 HTML 提供的无序列表（<ul>）、有序列表（<ol>）和定义列表（<dl>），无序列表和有序列表默认带有项目符号或数字等列表样式，但在某些情况下需要去除这些默认的列表样式。使用 Bootstrap 提供的列表样式类可以对列表进行样式设置和美化。

常用的列表样式类如下：

- .list-unstyled 类：去除无序列表和有序列表的默认样式，应用于 <ul> 标签或 <ol> 标签。

- .list-inline 类和 .list-inline-item 类：设置水平排列的列表。其中 .list-inline 类应用于 <ul> 标签或 <ol> 标签，用于使列表项水平排列；而 .list-inline-item 类应用于每个 <li> 标签，使其成为行内元素，确保每个列表项都能正确地显示在一行中。

下面通过代码演示如何使用列表样式类实现包含新增、删除、修改和查询的水平图标列表，示例代码如下：

```
1  <head>
2      <meta name="viewport" content="width=device-width, initial-scale=1.0">
3      <link rel="stylesheet" href="bootstrap/css/bootstrap.min.css">
4      <link rel="stylesheet" href="bootstrap-icons/font/bootstrap-icons.min.css">
5  </head>
6  <body>
7      <div class="container">
8          <ul class="list-inline">
9              <li class="list-inline-item me-3"><i class="bi bi-plus-circle-fill"> </i>新增 </li>
10             <li class="list-inline-item me-3"><i class="bi bi-trash-fill"></i>删除 </li>
11             <li class="list-inline-item me-3"><i class="bi bi-pencil-fill"></i>修改 </li>
12             <li class="list-inline-item me-3"><i class="bi bi-search-heart-fill"> </i>查询 </li>
13         </ul>
14     </div>
15 </body>
```

在上述示例代码中，第 8 行代码为 <ul> 标签添加 .list-inline 类，用于设置列表项一行显示；第 9 ～ 12 行代码定义 4 个 <li> 标签，并分别添加 .list-inline-item 类用于设置列表项为内联元素，文本内容分别为新增、删除、修改和查询，同时在 <li> 标签内嵌套了一个 <i> 标签，并应用相应的类以设置图标样式。

上述示例代码运行后，图标列表效果如图 6-15 所示。

图 6-15　图标列表效果

6.7　定 位 样 式

在网页设计中，布局的合理性和元素的位置至关重要。例如，在设计在线新闻门户网站时，新闻列表页面通常展示多条新闻。此时可以使用定位样式类来实现热搜标识的显示，使其在页面中合适的位置，从而吸引用户的注意力。

在 Bootstrap 中，使用定位样式类可以设置元素的位置。常见的定位样式类见表 6-12。

表 6-12　常见的定位样式类

类	描　　述
.position-static	静态定位，默认定位值，即元素根据正常文档流进行定位
.position-relative	相对定位，相对于元素自身在正常文档流中的位置进行定位
.position-absolute	绝对定位，相对于最近的非静态定位祖先元素进行定位
.position-fixed	固定定位，相对于浏览器窗口进行定位
.position-sticky	黏性定位，根据用户滚动的位置来确定定位方式
.{top|bottom|start|end}-{value}	设置元素相对于顶部、底部、左侧、右侧的偏移量，value 可以为 0、50、100，单位为百分比（%）

续表

类	描述
.z-index-{value}	设置具有定位元素的堆叠顺序，value 可以为正整数、负整数或 0，默认值为 0。value 值越大，表示该元素在堆叠中的层级就越高
.translate-middle	将元素在水平和垂直方向上分别向左和向上移动自身宽度和高度的一半，用于实现元素的水平垂直居中对齐
.translate-middle-x	将元素在水平方向上向左移动自身宽度的一半，通常用于实现元素在水平方向上的居中对齐
.translate-middle-y	将元素在垂直方向上向上移动自身高度的一半，通常用于实现元素在垂直方向上的居中对齐

下面通过代码演示定位样式类的使用，示例代码如下：

```
1  <head>
2    <meta name="viewport" content="width=device-width, initial-scale=1.0">
3    <link rel="stylesheet" href="bootstrap/css/bootstrap.min.css">
4  </head>
5  <body>
6    <div class="container">
7      <div class="row">
8        <div class="col">
9          <div class="news-item border p-2 rounded-2 position-relative">
10            <h5 class="fw-semibold">《傲慢与偏见》出版210周年</h5>
11            <p class="text-truncate text-body-secondary">1813年1月28日，《傲慢与偏见》出版，当年10月便发行了第二版。至今年，简·奥斯丁的这部经典作品出版整整210周年了。</p>
12            <span class="position-absolute top-0 end-0 bg-danger text-white px-2 py-1 mt-1 me-1 rounded-3">热搜</span>
13          </div>
14          <div class="news-item border my-2 p-2 rounded-2">
15            <h5 class="fw-semibold">新技术推动在线学习成主流</h5>
16            <p class="text-truncate text-body-secondary">随着新技术的不断发展，越来越多的学生和教育机构转向在线学习。这一趋势改变了传统的教育方式，提供了更加灵活和便捷的学习途径，受到了广泛欢迎。</p>
17          </div>
18        </div>
19      </div>
20    </div>
21  </body>
```

在上述示例代码中，第 9～13 行代码定义第一个新闻类目，包含新闻标题和内容，并带有一个热搜标识。其中，第 9 行代码使用 .position-relative 类设置元素相对定位，第 12 行代码设置热搜标识相对于具有 .position-relative 类的元素进行定位；第 14～17 行代码定义第二个新闻条目，没有热搜标识，只包含新闻标题和内容，没有使用相对定位或其他定位样式类。

上述示例代码运行后，定位样式效果如图 6-16 所示。

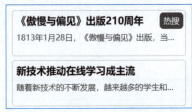

图 6-16 定位样式效果

6.8 浮动样式

在网页设计中，元素的排列方式是关乎用户体验和页面美观度的重要因素。例如，在设计网站的导航栏时，通常希望导航链接水平排列，并且它们之间保持一定的间距，以确保整体布局美观且易于浏览。在这种情况下，可以通过使用 Bootstrap 提供的浮动样式类来实现所需的布局效果。

在 Bootstrap 中，使用浮动样式类可以设置元素向左浮动、向右浮动或者取消浮动。常见的浮动样式类见表 6-13。

表 6-13 常见的浮动样式类

类	描 述
.float-start	用于设置元素向左浮动
.float-end	用于设置元素向右浮动
.float-none	用于取消元素的浮动
.float-{sm|md|lg|xl|xxl}-{start|end|none}	设置元素在 sm（小型及以上设备）、md（中型及以上设备）、lg（大型及以上设备）、xl（特大型及以上设备）、xxl（超大型及以上设备）中的浮动方式（向左浮动、向右浮动、取消浮动）
.clearfix	清除浮动效果，通常用于处理浮动元素造成的父元素塌陷的问题

在表 6-13 中，如果在页面中使用了浮动元素，并且希望避免浮动元素引起的布局问题，可以在浮动元素的父元素上添加 .clearfix 类以清除浮动效果。

下面通过代码演示浮动样式类的使用，示例代码如下：

```
1   <head>
2     <meta name="viewport" content="width=device-width, initial-scale=1.0">
3     <link rel="stylesheet" href="bootstrap/css/bootstrap.min.css">
4   </head>
5   <body>
6     <div class="clearfix">
7       <img src="images/bootstrap-logo-shadow.png" width="100" class="float-start pe-2">
8       <p>
9         <strong>Bootstrap</strong>是一款开源的前端UI框架，用于构建响应式、移动设备优先的项目，因其具有学习成本低、容易上手等优势，深受开发者的欢迎。Bootstrap提供一套<em>CSS样式表</em>和<em>JavaScript插件</em>，可以帮助开发者快速搭建具有统一外观的响应式页面。
10      </p>
11    </div>
12  </body>
```

在上述示例代码中，第 6 行代码使用 .clearfix 类清除浮动效果，确保子元素不受浮动的影响；第 7 行代码为 <img> 标签添加 .float-start 类，将图像向左浮动，使文本环绕在图像的右侧。

上述示例代码运行后，浮动样式效果如图 6-17 所示。

图 6-17 浮动样式效果

6.9 图像样式

在网页设计中，图像不仅仅是提供视觉内容的方式，它们还扮演着吸引访问者、传达信息和增强用户体验的重要角色。Bootstrap 中提供了一些预定义的图像样式类，可以直接应用于 <img> 标签来快速实现对图像的美化和排版，从而提升页面整体的美观度。

常见的图像样式类见表 6-14。

表 6-14　常见的图像样式类

类	描　　述
.img-fluid	使图像在容器内以响应式的方式自适应其父容器的大小，并保持宽高比例
.img-thumbnail	使图像在容器内以响应式的方式自适应其父容器的大小，保持宽高比例，并为图像添加带有圆角的外边框效果，使其具有缩略图的样式

若要设置图像的对齐方式，可以使用浮动样式类或文本对齐样式类。例如使用浮动样式类 .float-start 类可以使图像向左浮动，与周围的内容对齐并将其他内容环绕在其右侧；.float-end 类可以使图像向右浮动，与周围的内容对齐并将其他内容环绕在其左侧。此外，也可以通过文本对齐样式类控制图像的对齐方式，例如使用 .text-start 类可以实现图像左对齐，.text-center 类可以实现图像居中对齐，而 .text-end 类则可将图像右对齐。对于块级元素，还可以利用 .mx-auto 类使图像在容器中水平居中对齐。

下面通过代码演示如何使用图像样式类实现图像预览功能，示例代码如下：

```
1  <head>
2    <meta name="viewport" content="width=device-width, initial-scale=1.0">
3    <link rel="stylesheet" href="bootstrap/css/bootstrap.min.css">
4    <style>
5      .img-thumbnail{
6        width: 150px;
7        height: 150px;
8        cursor: pointer;
9      }
10     .full-image-container{
11       display: none;
12     }
13     .full-image-container span{
14       cursor: pointer;
15     }
16   </style>
17 </head>
18 <body>
19   <h4 class="text-center mt-5">单击缩略图以查看原始大小的图片</h4>
20   <div class="d-flex flex-wrap justify-content-center align-items-center m-2">
21     <img src="images/orange.png" class="img-thumbnail m-1" onclick="showFullImage('images/orange.png')">
22     <img src="images/banana.png" class="img-thumbnail m-1" onclick="showFullImage('images/banana.png')">
23     <img src="images/mango.png" class="img-thumbnail m-1" onclick="showFullImage('images/mango.png')">
24   </div>
25   <div id="fullImageContainer" class="full-image-container position-fixed top-50 start-50 translate-middle bg-white p-3 rounded-4 shadow-lg">
26     <span onclick="hideFullImage()" class="position-absolute end-0 top-0 bg-primary text-white rounded-2 px-2">X</span>
27     <img id="fullImage" src="" class="img-fluid">
28   </div>
29   <script>
30     function showFullImage(imageSrc){
```

```
31        var fullImageContainer=document.getElementById('fullImageContainer');
32        var fullImage=document.getElementById('fullImage');
33        fullImage.src=imageSrc;
34        fullImageContainer.style.display='block';
35      }
36      function hideFullImage(){
37        var fullImageContainer=document.getElementById('fullImageContainer');
38        fullImageContainer.style.display='none';
39      }
40    </script>
41  </body>
```

在上述示例代码中，第 5～9 行代码设置缩略图的样式，包括宽度和高度均为 150 px，鼠标指针为手型，用于提示用户可以单击查看原图；第 10～12 行代码设置完整容器的样式，默认为隐藏，后续通过 JavaScript 控制显示。

第 21～23 行代码使用 3 个 <img> 标签定义 3 个缩略图，每个缩略图添加 .img-thumbnail 类，当单击时调用 showFullImage() 函数，并传入相应的图像路径；第 25～28 行代码设置完整图像容器，其中第 26 行代码设置"X"按钮，单击后调用 hideFullImage() 函数隐藏完整图像容器。第 27 行代码中，<img> 标签的 src 属性值为空，表示初始时没有图像路径，后续通过 JavaScript 动态设置。

第 30～35 行代码定义 showFullImage(imageSrc) 函数，用于显示完整的图像。该函数接收一个图像路径参数，将该路径赋给完整图像的 <img> 标签，将完整图像容器显示出来；第 36～39 行代码定义 hideFullImage() 函数，用于隐藏完整图像容器，即当用户单击"X"按钮时触发。

上述示例代码运行后，图像预览效果如图 6-18 所示。

（a）初始页面

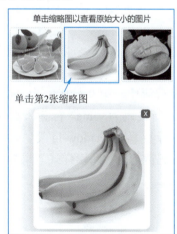

（b）预览第2张图像

图 6-18　图像预览效果

6.10　阴　影　样　式

在实际开发中，添加阴影效果可以使元素在页面上更加生动和立体。例如，在设计电子商务网站的产品展示页面时,可以为每个产品图添加阴影效果,突出显示,以吸引用户的注意力。

在 Bootstrap 中,使用阴影样式类可以设置元素的阴影效果。阴影样式类适用于多种 HTML 标签,例如 <div> 标签、<table> 标签、<p> 标签等。

常见的阴影样式类见表 6-15。

表 6-15 常见的阴影样式类

类	描述	类	描述
.shadow	设置默认阴影	.shadow-lg	设置大的阴影
.shadow-sm	设置小的阴影	.shadow-none	去除阴影

下面通过代码演示阴影样式类的使用,示例代码如下:

```
1  <head>
2    <meta name="viewport" content="width=device-width, initial-scale=1.0">
3    <link rel="stylesheet" href="bootstrap/css/bootstrap.min.css">
4  </head>
5  <body>
6    <div class="container">
7      <div class="row">
8        <div class="col-4">
9          <img src="images/avocado.png" class="shadow-sm rounded-3 img-fluid">
10       </div>
11       <div class="col-4">
12         <img src="images/avocado.png" class="shadow rounded-3 img-fluid">
13       </div>
14       <div class="col-4">
15         <img src="images/avocado.png" class="shadow-lg rounded-3 img-fluid">
16       </div>
17     </div>
18   </div>
19 </body>
```

在上述示例代码中,第 9 行代码为 <img> 标签添加 .shadow-sm 类,用于为图像添加小的阴影;第 12 行代码为 <img> 标签添加 .shadow 类,用于为图像添加默认阴影;第 15 行代码为 <img> 标签添加 .shadow-lg 类,用于为图像添加大的阴影。

上述示例代码运行后,阴影样式效果如图 6-19 所示。

图 6-19 阴影样式效果

6.11 宽度和高度样式

在创建响应式网页时，经常需要确保元素的宽度和高度能够适应不同大小的屏幕和设备。例如，在电子商务网站中，产品列表页面包含多个产品列表项，每个产品列表项包括产品图像、标题、价格等信息。为了提供一致的用户体验，产品列表项需要在不同设备上呈现出合适的尺寸。通过 Bootstrap 的宽度样式类和高度样式类，可以方便地设置元素的宽度和高度，确保元素在各种设备上都能够正确地布局。

常见的宽度样式类和高度样式类见表 6-16。

表 6-16 常见的宽度样式类和高度样式类

类	描 述
.w-{25|50|75|100|auto}	设置宽度为 25%、50%、75%、100% 或自适应内容的宽度
.h-{25|50|75|100|auto}	设置高度为 25%、50%、75%、100% 或自适应内容的高度
.mw-100	设置最大宽度为 100%
.hw-100	设置最大高度为 100%
.min-vw-100	设置最小宽度为视口宽度的 100%
.min-vh-100	设置最小高度为视口高度的 100%
.vw-100	设置宽度为视口宽度的 100%
.vh-100	设置高度为视口高度的 100%

下面通过代码演示宽度样式类和高度样式类的使用，示例代码如下：

```
1  <head>
2    <meta name="viewport" content="width=device-width, initial-scale=1.0">
3    <link rel="stylesheet" href="bootstrap/css/bootstrap.min.css">
4  </head>
5  <body>
6    <h6 class="text-center"> 宽度样式 </h6>
7    <div>
8      <div class="w-25 bg-primary-subtle">width 为 25% </div>
9      <div class="w-50 bg-secondary-subtle">width 为 50%</div>
10     <div class="w-75 bg-success-subtle">width 为 75%</div>
11     <div class="w-100 bg-danger-subtle">width 为 100%</div>
12     <div class="w-auto bg-info-subtle">width 为 auto</div>
13   </div>
14   <hr>
15   <h6 class="text-center"> 高度样式 </h6>
16   <div class="bg-body-tertiary" style="height: 100px;">
17     <div class="h-25 d-inline-block bg-primary-subtle">height 为 25%</div>
18     <div class="h-50 d-inline-block bg-secondary-subtle">height 为 50%</div>
19     <div class="h-75 d-inline-block bg-success-subtle">height 为 75%</div>
20     <div class="h-100 d-inline-block bg-danger-subtle">height 为 100%</div>
21     <div class="h-auto d-inline-block bg-info-subtle">height 为 auto</div>
22   </div>
23 </body>
```

在上述示例代码中，第 8～12 行代码定义 5 个 <div> 标签，分别添加 .w-25 类、.w-50

类、.w-75 类、.w-100 类、.w-auto 类，用于将元素的宽度设置为 25%、50%、75%、100% 或自适应内容的宽度；第 16 行代码设置 <div> 标签的高度为 100 px，其子元素高度基于父元素高度 100 px 进行设定；第 17～21 行代码定义 5 个 <div> 标签，分别添加 .h-25 类、.h-50 类、.h-75 类、.h-100 类、.h-auto 类，用于将元素的高度设置为 25%、50%、75%、100% 或自适应内容的高度。

上述示例代码运行后，宽度样式和高度样式效果如图 6-20 所示。

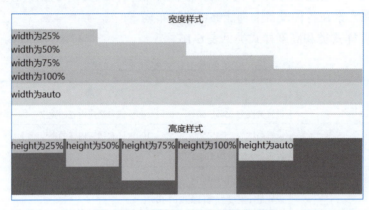

图 6-20　宽度样式和高度样式效果

6.12　表单控件样式

6.12 表单控件样式

在 Web 开发中，表单是网页常见的组成部分，用于实现用户注册、登录、留言等功能。常见的表单控件包括输入框、单选按钮、复选框和下拉菜单等。使用表单控件，可以方便地构建用户友好的表单界面。

读者可以扫描二维码，查看表单控件样式的详细讲解。

6.13　表单验证样式

6.13 表单验证样式

Bootstrap 提供了内置的表单验证样式类，用于显示表单控件的正确状态或错误状态，通过验证样式的变化，用户可以清楚地知道哪些输入是有效的，哪些输入存在错误。

读者可以扫描二维码，查看表单验证样式类的详细讲解。

6.14　阶段项目——用户注册页面

某科技公司致力于为用户打造个性化定制和舒适的智能家居生态系统，以提供智能、便捷和舒适的生活体验。为了进一步提升用户体验，该公司正在开发一个在线平台项目，在这个项目中，领导安排前端开发工程师小磊负责用户注册前端页面的开发任务。任务要求小磊使用 Bootstrap 设计一个界面简洁、易于使用的注册页面，以方便用户轻松创建账户，具体要求如下：

① 设计一个包含用户名、密码和确认密码字段的用户注册表单。在中型及以上设备中呈水平布局，在中型以下设备中呈垂直布局。

② 用户名验证：当用户输入用户名时，立即检测用户名格式的正确性，并根据不同情况显示相应的提示信息，具体如下：

- 如果用户名为空，则显示提示信息"请输入用户名"。
- 如果用户名不为空，但不符合有效的用户名格式，则显示提示信息"用户名必须由 3 到 20 个字符组成"。
- 如果用户名不为空且符合有效的用户名格式，则显示提示信息"用户名可用"。

③ 密码验证：当用户输入密码时，立即检测密码格式的正确性，并根据不同情况显示相应的提示信息，具体如下：

- 如果密码为空，则显示提示信息"请输入密码"。
- 如果密码不为空，但不符合有效的密码格式，则显示提示信息"密码长度应该至少为 6 个字符"。
- 如果密码不为空且符合有效的密码格式，则显示提示信息"密码可用"。

④ 确认密码验证：当用户输入确认密码时，立即检测确认密码和密码是否一致，并根据不同情况显示相应的提示信息，具体如下：

- 如果确认密码为空，则显示提示信息"请再次输入密码"。
- 如果确认密码与密码不一致，则显示提示信息"两次密码输入不一致"。
- 如果确认密码与密码一致，则显示提示信息"密码输入正确"。

⑤ 表单提交：当用户单击"注册"按钮时，检测用户名、密码和确认密码字段的有效性，如果所有字段都通过验证，则弹出一个内容为"表单验证通过！"的警告框。

用户注册页面效果如图 6-21 所示。

（a）验证通过

（b）验证未通过

图 6-21 用户注册页面效果

读者可以扫描二维码，查看阶段项目的详细开发步骤。

阶段项目——
用户注册页面

本章小结

本章主要讲解了Bootstrap常用样式的使用方法。首先讲解了标题样式、文本样式、背景样式和边框样式；其次讲解了Bootstrap Icons字体图标样式、列表样式、定位样式、浮动样式；然后讲解了图像样式、阴影样式、宽度和高度样式；最后讲解了表单控件样式和表单验证样式。通过本章的学习，读者应能够灵活运用Bootstrap提供的丰富样式实现优雅美观的页面布局。

课后习题

请读者扫描二维码，查看本章课后习题。

第 7 章

Bootstrap常用组件

学习目标

知识目标：
◎了解组件的概念，能够说出 Bootstrap 组件的优势。

能力目标：
◎掌握 Bootstrap 组件的基本使用方法，能够通过查阅官方文档的方式学习 Bootstrap 组件；
◎掌握按钮组件的使用方法，能够创建基础按钮、轮廓按钮、超链接按钮和组合按钮等；
◎掌握导航栏组件的使用方法，能够创建基础导航栏、折叠式导航栏和侧边导航栏；
◎掌握下拉菜单组件的使用方法，能够创建下拉菜单按钮和下拉菜单导航栏；
◎掌握轮播组件的使用方法，能够创建轮播图；
◎掌握卡片组件的使用方法，能够创建基础卡片、图文卡片和背景图卡片。

素质目标：
◎探索 Bootstrap 与其他前端技术的结合应用，创造出更具创意和实用性的前端解决方案；
◎培养对界面美观度的敏感性，能够在保持功能性的同时，提升用户体验和界面的视觉吸引力。

在前端开发中，开发人员经常会遇到编写相似或重复代码的情况，同时需要确保整体外观和样式的一致性。现在移动设备的使用越来越广泛，响应式设计变得越来越重要。然而，构建适应不同屏幕尺寸和设备的页面可能会很复杂且耗时。为了解决这些问题，我们可以使用 Bootstrap 组件。开发人员可以借助 Bootstrap 组件快速构建具有统一样式和响应式设计的项目，从而减少开发时间和工作量，为用户提供更好的体验。本章将对 Bootstrap 常用组件的使用方法进行讲解。

文档

爱岗敬业——忠于职守的事业精神

7.1 初识组件

在项目开发的过程中，经常会用到组件。为了更好地学习 Bootstrap 常用组件的内容，本节将详细讲解组件以及组件的基本使用。

7.1.1　什么是组件

组件是独立的代码块，具有特定的功能和样式，并且可以在页面中独立使用和重复使用。组件类似我们生活中的汽车发动机，不同型号的汽车可以使用同一款发动机，这样就不需要为每一辆汽车生产一款发动机。

Bootstrap 为开发人员提供了许多可重用的组件，包括按钮组件、导航栏组件、下拉菜单组件、轮播组件和卡片组件等。我们可以通过简单地添加相应的 HTML 标签和 Bootstrap 的 CSS 类来使用组件，而无须自己编写复杂的样式和脚本。使用组件可以大大加快开发速度，并且通过组合和定制组件，可以快速构建网站和应用程序。

Bootstrap 中组件的优势如下：

① 易于使用。开发人员只需要在 HTML 中添加相应的标签和 Bootstrap 的 CSS 类，即可快速插入并使用组件。同时，Bootstrap 提供了详细的文档和示例，以帮助开发人员理解和使用组件。

② 响应式设计。Bootstrap 的组件都支持响应式设计，可以自动适应各种屏幕尺寸和设备。用户在 PC 设备和移动设备中访问网页时，能够获得良好的用户体验。

③ 可定制化。Bootstrap 的组件提供了多种样式和组合方式，开发者可以根据需求进行调整和自定义。

7.1.2　Bootstrap组件的基本使用方法

Bootstrap 的官方网站提供了示例代码，用于展示组件的实际应用，这些示例代码可以帮助开发人员了解如何使用 Bootstrap 的 CSS 类和样式。此外，Bootstrap 官方网站还提供了详细的开发文档，以帮助开发人员更好地理解和应用组件。

对于初学者而言，在刚接触 Bootstrap 组件时，建议先查阅官方文档，通过官方文档获取组件的相关信息。

通过查阅官方文档的方式学习 Bootstrap 组件的基本流程如下：

① 在 Bootstrap 官方网站中找到所需组件的示例代码。

② 将示例代码复制到项目的 HTML 文件中的适当位置。

③ 根据实际需求和设计要求，调整和修改代码。

④ 在浏览器中打开 HTML 文件，查看组件的效果，如果效果与实际需求有差异，可以根据需要进一步调整和修改代码，以达到期望的效果。

下面演示如何通过查阅官方文档的方式实现徽章效果，具体步骤如下：

① 创建 D:\code\chapter07 目录，将本章配套源代码中的 bootstrap 文件夹复制到该目录下，并使用 VS Code 编辑器打开该目录。

② 创建 example.html 文件，并引入 bootstrap.min.css 文件。

③ 在 Bootstrap 官方网站中找到 Badge 组件的示例代码。在浏览器中访问 Bootstrap 的官方网站，Bootstrap 官方网站首页如图 7-1 所示。

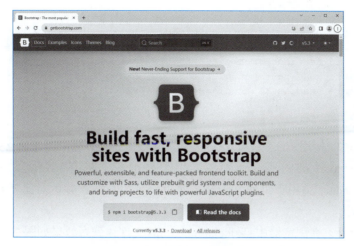

图 7-1　Bootstrap 官方网站首页

④ 单击图 7-1 中的 "Docs" 链接，跳转到 Bootstrap 官方文档页面，在该页面中会看到一个名为 "Components" 的侧边栏，其中列出了所有可用的组件，每个组件都有详细的文档、示例代码和演示。单击该侧边栏中的 "Badge" 链接，即可进入 Badge 组件页面，如图 7-2 所示。

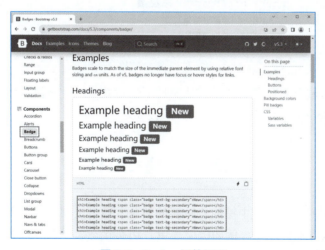

图 7-2　Badge 组件页面

图 7-2 中展示了 Badge 组件的结构代码，我们需要复制线框内的代码。

⑤ 将步骤④中复制的代码，粘贴到 example.html 文件中，具体代码如下：

```
1  <!DOCTYPE html>
2  <html>
3  <head>
4    <meta charset="UTF-8">
5    <meta name="viewport" content="width=device-width, initial-scale=1.0">
6    <title>Badge 组件 </title>
7    <link rel="stylesheet" href="bootstrap/css/bootstrap.min.css">
8  </head>
9  <body>
```

```
10    <h1>Example heading <span class="badge text-bg-secondary">New</span></h1>
11    <h2>Example heading <span class="badge text-bg-secondary">New</span></h2>
12    <h3>Example heading <span class="badge text-bg-secondary">New</span></h3>
13    <h4>Example heading <span class="badge text-bg-secondary">New</span></h4>
14    <h5>Example heading <span class="badge text-bg-secondary">New</span></h5>
15    <h6>Example heading <span class="badge text-bg-secondary">New</span></h6>
16  </body>
17  </html>
```

在上述代码中，使用 <h1> 到 <h6> 标签定义了 5 个标题，每个标题包含一个带有 .badge 类和 .text-bg-secondary 类的 <span> 标签，用于显示一个带有 "New" 文本的徽章。其中，.text-bg-secondary 类用于将徽章的文本颜色设置为与背景颜色对比度较高的颜色，以确保文本清晰可读。

保存上述代码，在浏览器中打开 example.html 文件，徽章效果如图 7-3 所示。

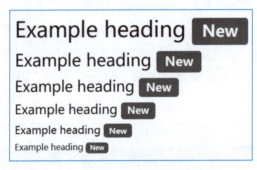

图 7-3　徽章效果

至此，已经通过查阅官方文档，成功实现了徽章效果。此时读者无须深入分析代码，只需要掌握学习 Bootstrap 组件的基本流程即可。

7.2　按 钮 组 件

按钮组件在用户界面设计中扮演着重要的角色，通过按钮，用户可以方便地与应用程序进行交互，并执行各种操作。例如提交表单、切换状态、展开或折叠内容等。按钮组件可以创建不同类型的按钮，包括基础按钮、轮廓按钮、超链接按钮等。下面将分别进行讲解。

7.2.1　基础按钮

Bootstrap 框架提供了 .btn 类，用于统一设置按钮的基本样式，包括内边距、边框以及文字对齐等。通常会将 .btn 类与 <button> 标签结合使用，但 .btn 类同样适用于 <a> 标签或 <input> 标签，从而确保在网页上创建的按钮具有统一的风格。当使用 <a> 标签作为按钮，特别是用于触发页面内的功能（例如展开或收起内容）时，而不是用于导航到新的页面或当前页面的其他部分，建议添加 role="button" 属性，有助于屏幕阅读器正确识别该元素为按钮，从而提升网站的无障碍访问性。

此外，Bootstrap 还提供了一系列主题颜色类，用于快速创建具有特定背景颜色、文本颜色、边框和悬停效果的按钮样式，以区分不同按钮的用途。当使用主题颜色类时，需要与 .btn 类结合，以确保按钮不仅具有基本的按钮样式，而且具有主题颜色类的样式。常用的主题颜色类见表 7-1。

表 7-1 常用的主题颜色类

类	描 述
.btn-primary	蓝色按钮，用于表示主要的操作
.btn-secondary	灰色按钮，用于表示次要的操作
.btn-success	绿色按钮，用于表示成功或积极状态的操作
.btn-danger	红色按钮，用于表示危险或错误状态的操作
.btn-info	青蓝色按钮，用于表示一般信息的操作
.btn-warning	黄色按钮，用于表示警告或需要注意的操作
.btn-dark	深色按钮
.btn-light	浅色按钮

在一般情况下，如果在浅色背景下使用浅色按钮，或在深色背景下使用深色按钮，可能会导致按钮在视觉上显示得不够明显。为了解决这个问题，建议根据背景的亮度选择相应的按钮颜色。如果背景比较浅，建议选择较深的按钮颜色，以增加按钮的对比度。而如果背景比较深，建议使用较浅的按钮颜色，以便按钮在背景中更加明显。

若要设置按钮的尺寸，可以使用 .btn-lg 类设置大尺寸的按钮，使用 .btn-sm 类设置小尺寸的按钮。

下面通过代码演示如何实现基础按钮，示例代码如下：

```
1  <head>
2    <meta name="viewport" content="width=device-width, initial-scale=1.0">
3    <link rel="stylesheet" href="bootstrap/css/bootstrap.min.css">
4  </head>
5  <body>
6    <button type="button" class="m-1 btn btn-primary btn-lg">主要按钮</button>
7    <button type="button" class="m-1 btn btn-secondary">次要按钮</button>
8    <button type="button" class="m-1 btn btn-success btn-sm">成功按钮</button>
9    <button type="button" class="m-1 btn btn-danger">危险按钮</button>
10   <a href="#" role="button" class="m-1 btn btn-info">信息按钮</a>
11   <input type="submit" class="m-1 btn btn-warning" value="警告按钮">
12   <input type="button" class="m-1 btn btn-dark" value="深色按钮">
13   <input type="reset" class="m-1 btn btn-light" value="浅色按钮">
14 </body>
```

在上述示例代码中，使用 <button>、<a> 和 <input> 标签，并分别添加 .btn 类和相应的主题颜色类，创建不同类型和主题颜色的按钮。对于 <button> 标签，通过设置 type 属性值为 button，表示该按钮是普通按钮；将 type 属性值设置为 submit，表示该按钮是提交按钮；将 type 属性值设置为 reset，表示该按钮是重置按钮。对于 <a> 标签，可以通过添加 role 属性并将其值设置为 button，有助于屏幕阅读器正确识别该元素为按钮。

上述示例代码运行后，基础按钮效果如图 7-4 所示，请扫描二维码查看彩色图片。

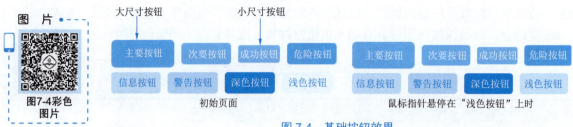

图 7-4 基础按钮效果

从图 7-4 可以看出,当鼠标指针悬停在"浅色按钮"上时,该按钮的背景颜色加深了。

7.2.2 轮廓按钮

Bootstrap 提供了一系列轮廓样式类,用于创建具有透明背景,而文本和边框显示为主题颜色的轮廓按钮。当鼠标指针悬停在按钮上时,按钮的背景颜色会从透明变为相应的主题颜色,从而提供一种视觉上的交互反馈。

当使用轮廓样式类时,需要与 .btn 类结合,以确保按钮不仅具有基本的按钮样式,而且具有轮廓样式类的样式。常用的轮廓样式类见表 7-2。

表 7-2 常用的轮廓样式类

类	描述
.btn-outline-primary	蓝色轮廓按钮,用于表示主要的操作
.btn-outline-secondary	灰色轮廓按钮,用于表示次要的操作
.btn-outline-success	绿色轮廓按钮,用于表示成功或积极状态的操作
.btn-outline-danger	红色轮廓按钮,用于表示危险或错误状态的操作
.btn-outline-info	青蓝色轮廓按钮,用于表示一般信息的操作
.btn-outline-warning	黄色轮廓按钮,用于表示警告或需要注意的操作
.btn-outline-dark	深色轮廓按钮
.btn-outline-light	浅色轮廓按钮

下面通过代码演示如何实现轮廓按钮,示例代码如下:

```
1  <head>
2    <meta name="viewport" content="width=device-width, initial-scale=1.0">
3    <link rel="stylesheet" href="bootstrap/css/bootstrap.min.css">
4  </head>
5  <body class="bg-secondary bg-opacity-50">
6    <button type="button" class="m-1 btn btn-outline-primary">主要按钮</button>
7    <button type="button" class="m-1 btn btn-outline-secondary">次要按钮</button>
8    <button type="button" class="m-1 btn btn-outline-success">成功按钮</button>
9    <button type="button" class="m-1 btn btn-outline-danger">危险按钮</button>
10   <button type="button" class="m-1 btn btn-outline-info">信息按钮</button>
11   <button type="button" class="m-1 btn btn-outline-warning">警告按钮</button>
12   <button type="button" class="m-1 btn btn-outline-dark">深色按钮</button>
13   <button type="button" class="m-1 btn btn-outline-light">浅色按钮</button>
14 </body>
```

在上述示例代码中,第 5 行代码为 <body> 标签添加了一个灰色的背景色,以突出显示浅色按钮;第 6~13 行代码定义 8 个按钮,并为每个按钮添加了不同的轮廓样式类,设置按钮的样式。

保存上述示例代码，轮廓按钮效果如图 7-5 所示，请扫描二维码查看彩色图片。

图 7-5　轮廓按钮效果

可以看出，当鼠标指针悬停在"警告按钮"上时，该按钮的背景颜色为黄色，文本颜色为黑色。

7.2.3　超链接按钮

Bootstrap 框架还提供了 .btn-link 类，用于为按钮元素添加样式，它会给按钮添加一个透明的背景，使其看起来像是一个普通的超链接。然而，尽管在外观上像是一个超链接，但仍然保留了按钮的行为。使用 .btn-link 类，开发者可以在保留按钮交互性的情况下，为网站添加一种更加简洁和现代的按钮样式。

下面通过代码演示如何实现链接按钮，示例代码如下：

```
1  <head>
2    <meta name="viewport" content="width=device-width, initial-scale=1.0">
3    <link rel="stylesheet" href="bootstrap/css/bootstrap.min.css">
4  </head>
5  <body>
6    <button type="button" class="btn btn-link">超链接按钮1</button>
7    <a href="#" class="btn btn-link" role="button">超链接按钮2</a>
8    <input type="button" class="btn btn-link" value="超链接按钮3">
9  </body>
```

在上述示例代码中，使用 <button>、<a> 和 <input> 标签，并分别添加 .btn 类和 .btn-link 类，创建超链接按钮。

保存上述示例代码，超链接按钮效果如图 7-6 所示。

图 7-6　超链接按钮效果

从图 7-6 可以看出，当鼠标指针悬停在"超链接按钮 2"上时，该按钮的文本颜色加深了。

7.2.4　组合按钮

组合按钮用于将多个相关按钮组合在一起，形成按钮组或按钮工具栏。它通常位于菜单栏或导航栏中，用于执行一系列相关的操作，例如，一个按钮组可能包含"保存""取消""删除"按钮，这些按钮共同组成了一个逻辑上的操作集合，用户可以通过单击按钮来完成一系列连贯的任务。

Bootstrap 提供了一系列常用的组合样式类，用于简化按钮组和按钮工具栏的创建，见表 7-3。

表 7-3 常用的组合样式类

类	描 述
.btn-group	用于将多个按钮组合成一个按钮组。按钮会水平排列，且彼此之间没有间距
.btn-group-vertical	与 .btn-group 类似，用于将按钮垂直排列
.btn-toolbar	用于将多个按钮组合在一起，创建一个按钮工具栏。按钮工具栏可以将按钮组和其他元素（如输入框、下拉菜单）放置在同一行中
.btn-group-lg	用于设置大尺寸的按钮组
.btn-group-sm	用于设置小尺寸的按钮组

在表 7-3 中，.btn-group-lg 类和 .btn-group-sm 类通常与 .btn-group 类一起使用，以设置按钮组的大小。

若要设置按钮的状态，可以使用 .active 类设置按钮为激活状态，该类会为按钮添加一个高亮效果，表明该按钮当前是激活的或者是被选中的；使用 .disabled 类设置按钮为禁用状态，当按钮被禁用时，用户无法与其交互，按钮通常会呈现为灰色或暗淡的样式。

下面通过代码如何实现水平按钮组和垂直按钮组，示例代码如下：

```
1  <head>
2    <meta name="viewport" content="width=device-width, initial-scale=1.0">
3    <link rel="stylesheet" href="bootstrap/css/bootstrap.min.css">
4  </head>
5  <body>
6    <div class="border m-2 p-2">
7      <h6>水平按钮组</h6>
8      <div class="btn-group" role="group" aria-label="水平按钮组">
9        <button type="button" class="btn btn-secondary">左</button>
10       <button type="button" class="btn btn-secondary active">中</button>
11       <button type="button" class="btn btn-secondary">右</button>
12     </div>
13   </div>
14   <div class="border m-2 p-2">
15     <h6>垂直按钮组</h6>
16     <div class="btn-group-vertical btn-group-lg" role="group" aria-label="垂直按钮组">
17       <button type="button" class="btn btn-outline-secondary">顶部</button>
18       <button type="button" class="btn btn-outline-secondary">中间</button>
19       <button type="button" class="btn btn-outline-secondary disabled">底部</button>
20     </div>
21   </div>
22 </body>
```

在上述示例代码中，第 8～12 行代码使用 .btn-group 类定义一个水平按钮组，内容为左、中、右。其中，第 10 行代码使用 .active 类激活按钮；第 16～20 行代码使用 .btn-group-vertical 类定义一个垂直按钮组，内容为顶部、中间、底部。其中，第 19 行代码使用 .disabled 类禁用按钮。

上述示例代码运行后，组合按钮效果如图7-7所示，请扫描二维码查看彩色图片。

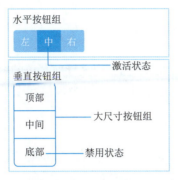

图7-7 组合按钮效果

图7-7彩色图片

7.3 导航栏组件

导航栏是网页中常见的元素，用于展示网页的导航结构和提供网页导航功能。导航栏通常被放置在页面的顶部或侧边栏，以便用户轻松找到和使用导航功能，从而提高网站的可用性和可访问性。在 Bootstrap 中，可以使用导航栏组件实现基础导航栏、折叠式导航栏和侧边导航栏，下面将分别进行讲解。

7.3.1 基础导航栏

基础导航栏通常包含品牌标识和导航菜单两部分核心内容。其中，品牌标识用于展示网站或应用程序的品牌名称或标志，可以通过文本或图像的方式呈现；导航菜单包含了各种导航链接，引导用户访问网站或应用的不同部分。此外，根据具体的设计需求，基础导航栏还可以添加一些可选内容，例如表单、按钮或下拉菜单等。

使用导航栏组件实现基础导航栏的基本方法如下。

（1）创建导航栏的容器

创建一个导航栏的容器，并设置导航栏的展示方式和位置，基本实现步骤如下：

① 使用 <div> 标签或 <nav> 标签定义导航栏的容器，并添加 .navbar 类，以便应用基础导航栏容器的样式。

② 添加 .navbar-expand-{sm|md|lg|xl|xxl} 类设置导航栏在不同设备中的展示方式。例如 .navbar-expand-md 类用于设置导航栏在中型以下设备中自动堆叠，导航内容垂直排列，而在中型及以上设备中保持展开状态，导航内容水平排列，且不换行。

③ 设置 data-bs-theme 属性，该属性值可以是 light（明亮模式）或 dark（暗黑模式），用于设置导航栏的明亮或暗黑效果。

④ 设置导航栏的位置，通过添加 .fixed-top 类设置导航栏固定在顶部；通过添加 .fixed-bottom 类设置导航栏固定在底部；通过添加 .sticky-top 类使导航栏在滚动到特定位置时"粘"

在顶部；通过添加 .sticky-bottom 类使导航栏在滚动到特定位置时"粘"在底部。

（2）添加品牌标识

在导航栏容器中，通常使用 <a> 标签定义导航栏的品牌标识，并添加 .navbar-brand 类，以便应用品牌标识的样式。如果品牌标识是纯文本，则会使文字稍微放大显示。

（3）创建导航菜单的容器

在导航栏容器中，通常使用 <div> 标签定义导航菜单的容器，并添加 .navbar-collapse 类，以控制导航菜单项在不同设备中的展示方式。当视口宽度不满足展开条件时，导航菜单项会以垂直堆叠的方式展示。

（4）添加导航菜单列表

在导航菜单容器中，创建导航菜单列表的基本实现步骤如下：

① 通常使用 <ul> 标签或 <ol> 标签定义导航菜单列表，并添加 .navbar-nav 类，以便应用导航菜单列表的样式。

② 在导航菜单列表中，使用 <li> 标签来创建导航菜单项，并添加 .nav-item 类，以便应用导航菜单项的样式。

③ 在导航菜单项中，使用 <a> 标签来定义导航链接，并添加 .nav-link 类，以便应用导航链接的样式。如果要禁用某个导航链接，可以为其添加 .disabled 类；如果要激活某个导航链接，可以为其添加 .active 类。

下面通过代码演示如何实现中红网导航栏，示例代码如下：

```
1  <head>
2    <meta name="viewport" content="width=device-width, initial-scale=1.0">
3    <link rel="stylesheet" href="bootstrap/css/bootstrap.min.css">
4  </head>
5  <body>
6    <nav class="navbar navbar-expand-sm bg-danger" data-bs-theme="dark">
7      <div class="container">
8        <a class="navbar-brand" href="#"> 中红网 </a>
9        <div class="navbar-collapse">
10         <ul class="navbar-nav">
11           <li class="nav-item">
12             <a class="nav-link" href="#"> 思想理论 </a>
13           </li>
14           <li class="nav-item">
15             <a class="nav-link" href="#"> 红色记忆 </a>
16           </li>
17           <li class="nav-item">
18             <a class="nav-link" href="#"> 专题调研 </a>
19           </li>
20           <li class="nav-item">
21             <a class="nav-link active" href="#"> 时代先锋 </a>
22           </li>
23           <li class="nav-item">
24             <a class="nav-link" href="#"> 在线视频 </a>
25           </li>
26         </ul>
27       </div>
28     </div>
```

```
29        </nav>
30 </body>
```

在上述示例代码中，第 6 行代码使用 .navbar-expand-sm 类，设置导航栏在小型以下设备中自动堆叠，导航内容垂直排列，而在小型及以上设备中为展开状态，导航内容水平排列；第 8 行代码将品牌标识设置为"中红网"；第 11～25 行代码定义 5 个导航项，其中第 21 行代码使用 .active 类标识"时代先锋"为当前激活的导航链接。

上述示例代码运行后，基础导航栏效果如图 7-8 所示。

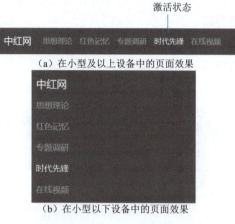

图 7-8　基础导航栏效果

从图 7-8 可以看出，导航栏在小型及以上设备中为展开状态，导航内容水平排列，而在小型以下设备中自动堆叠，导航内容垂直排列。

7.3.2　折叠式导航栏

折叠式导航栏是一种响应式设计的导航栏，适用于在移动设备或屏幕较小的设备中展示更多导航项的场景。通过一个按钮来触发展开或折叠导航内容，折叠式导航栏在设备屏幕空间有限的情况下能够在用户需要时展开显示所有的导航内容，而在不需要时则折叠起来，只显示一个触发按钮或图标。

在基础导航栏的基础上，实现折叠式导航栏时，需要注意以下三点：

（1）添加折叠按钮

在导航栏容器中添加一个折叠按钮，基本实现步骤如下：

① 使用 <a> 标签或 <button> 标签定义折叠按钮，并添加 .navbar-toggler 类，以便应用折叠按钮的样式。

② 设置 data-bs-toggle 属性，并将其属性值设置为 collapse，指定该元素将触发折叠内容的展开或折叠行为。

③ 设置 data-bs-target 属性，其属性值为 #id（id 为导航菜单容器的 id 属性值），用于指定折叠按钮单击后要展开或折叠的目标元素。注意，# 不能省略。

（2）添加折叠按钮的图标

在折叠按钮（<a> 标签或 <button> 标签）的内部使用 <span> 标签定义折叠按钮的图标，并添加 .navbar-toggler-icon 类，以便应用图标的样式。

（3）设置导航菜单容器与折叠按钮相关联

当单击折叠按钮时，相关的导航菜单容器会展开或折叠，基本实现步骤如下：

① 在导航菜单容器的 .navbar-collapse 类后添加一个 .collapse 类，以便应用导航菜单容器折叠或展开时的样式。

② 设置 id 属性，并将其属性值设置为与折叠按钮的 data-bs-target 属性值相对应，以将导航菜单与折叠按钮相关联。

下面通过代码演示如何实现折叠式导航栏。在中型以下设备中显示折叠按钮，单击该按钮可以展开或折叠导航内容，示例代码如下：

```
1  <head>
2    <meta name="viewport" content="width=device-width, initial-scale=1.0">
3    <link rel="stylesheet" href="bootstrap/css/bootstrap.min.css">
4  </head>
5  <body>
6    <nav class="navbar navbar-expand-sm bg-danger" data-bs-theme="dark">
7      <div class="container">
8        <a class="navbar-brand" href="#"> 中红网 </a>
9        <button type="button" class="navbar-toggler" data-bs-toggle= "collapse" data-bs-target="#collapse">
10         <span class="navbar-toggler-icon"></span>
11       </button>
12       <div class="navbar-collapse collapse" id="collapse">
13         <ul class="navbar-nav">
14           <li class="nav-item">
15             <a class="nav-link" href="#"> 思想理论 </a>
16           </li>
17           <li class="nav-item">
18             <a class="nav-link" href="#"> 红色记忆 </a>
19           </li>
20           <li class="nav-item">
21             <a class="nav-link" href="#"> 专题调研 </a>
22           </li>
23           <li class="nav-item">
24             <a class="nav-link active" href="#"> 时代先锋 </a>
25           </li>
26           <li class="nav-item">
27             <a class="nav-link" href="#"> 在线视频 </a>
28           </li>
29         </ul>
30       </div>
31     </div>
32   </nav>
33   <script src="bootstrap/js/bootstrap.min.js"></script>
34 </body>
```

在上述示例代码中，第 9～11 行代码定义折叠按钮，其中 data-bs-target 属性指定了折叠按钮要控制的元素是 id 属性值为 collapse 的元素；第 12 行代码中为 <div> 标签添加

了 .collapse 类和 id 属性，并将 id 属性值设置为 collapse，将导航菜单与折叠按钮相关联。当单击折叠按钮时，将会控制 id 属性值为 collapse 的元素的展开或折叠行为。

上述示例代码运行后，折叠式导航栏效果如图 7-9 所示。

图 7-9　折叠式导航栏效果

从图 7-9 可以看出，导航栏在小型及以上设备中为展开状态，导航内容水平排列，而在小型以下设备中被折叠了，并且导航栏的右上角出现了折叠按钮"■"。单击折叠按钮即可展开导航内容，再次单击即可将导航内容折叠起来。

7.3.3　侧边导航栏

侧边导航栏默认隐藏在屏幕侧边，用户可以通过触发元素（如按钮）使其从屏幕边缘滑入屏幕，从而可以在不离开当前页面的情况下与导航栏进行交互。侧边导航栏在移动设备上广受欢迎，因为它不仅可以节省屏幕空间，还为用户提供便捷的途径来浏览和选择导航链接。同时，由于其响应式的设计特点，也能很好地适应 PC 端网站，尤其是在屏幕宽度有限或内容需要更多展示空间时，能够有效地提升用户体验。

使用导航栏组件实现侧边导航栏的基本方法如下：

（1）创建导航栏的容器

创建导航栏的容器的具体实现方式参考 7.3.1 小节。

（2）添加品牌标识

添加品牌标识的具体实现方式参考 7.3.1 小节。

（3）添加折叠按钮

在导航栏容器中添加一个折叠按钮，基本实现步骤如下：

① 使用 <a> 标签或 <button> 标签定义折叠按钮，并添加 .navbar-toggler 类，以便应用折叠按钮的样式。

② 设置 data-bs-toggle 属性，并将其属性值设置为 offcanvas，指定该元素将触发折叠内容的展开或折叠行为。

③ 设置 data-bs-target 属性，其属性值为 #id（id 为侧边导航栏容器的 id 属性值），用于指定折叠按钮单击后要展开或折叠的目标元素。注意，# 不能省略。

（4）添加折叠按钮的图标

添加折叠按钮的图标的具体实现方式参考 7.3.2 小节。

（5）创建侧边导航栏的容器

在导航栏容器中，创建一个侧边导航栏的容器，并设置侧边导航栏的位置，具体实现步骤如下：

① 通常使用 <div> 标签定义侧边导航栏的容器，并添加 .offcanvas 类，以便应用侧边导航栏的样式，默认为隐藏状态。

② 设置 id 属性，并将其属性值设置为与折叠按钮的 data-bs-target 属性值相对应，以将侧边导航栏容器与折叠按钮相关联。

③ 设置侧边导航栏的位置，通过添加 .offcanvas-start 类设置侧边导航栏固定在左侧；通过添加 .offcanvas-end 类设置侧边导航栏固定在右侧；通过添加 .offcanvas-top 类设置侧边导航栏固定在顶部；通过添加 .offcanvas-bottom 类设置导航栏固定在底部。

（6）添加侧边导航栏的头部

在侧边导航栏的容器中，添加标题和关闭按钮，具体实现步骤如下：

① 通常使用 <div> 标签定义侧边导航栏的头部，并添加 .offcanvas-header 类，以便应用头部的样式。

② 通常 <h1> ~ <h6> 标签设置标题，并添加 .offcanvas-title 类，以便应用标题的样式。

③ 使用 <a> 标签或 <button> 标签设置关闭按钮，并添加 .btn-close 类，以便应用关闭按钮的样式；设置 data-bs-dismiss 属性，并将其属性值设置为 offcanvas。当单击关闭按钮时，Bootstrap 会自动关闭与 data-bs-dismiss="offcanvas" 关联的侧边导航栏。

（7）添加侧边导航栏的主体

在侧边导航栏的容器中，添加主体内容，具体实现步骤如下：

① 通常使用 <div> 标签定义侧边导航栏的主体，并添加 .offcanvas-body 类，以便应用主体的样式。

② 在主体中，通常使用 <ul> 标签或 <ol> 标签定义导航菜单列表，并添加 .navbar-nav 类，以便应用导航菜单列表的样式。

③ 在导航菜单列表中，使用 <li> 标签来创建导航菜单项，并添加 .nav-item 类，以便应用导航菜单项的样式。

④ 在导航菜单项中，使用 <a> 标签来定义导航链接，并添加 .nav-link 类，以便应用导航链接的样式。如果要禁用某个导航链接，可以为其添加 .disabled 类；如果要激活某个导航链接，可以为其添加 .active 类。

下面通过代码演示如何实现一个保护环境导航栏。在中型以下设备中显示折叠按钮，单击该按钮从屏幕左侧滑出导航栏，示例代码如下：

```
1  <head>
2    <meta name="viewport" content="width=device-width, initial-scale=1.0">
3    <link rel="stylesheet" href="bootstrap/css/bootstrap.min.css">
4    <link rel="stylesheet" href="bootstrap-icons/font/bootstrap-icons.min.css">
5  </head>
6  <body>
7    <nav class="navbar navbar-expand-md bg-dark" data-bs-theme="dark">
8      <div class="container-fluid">
9        <a class="navbar-brand" href="#">环境保护网</a>
```

```
10      <button class="navbar-toggler" type="button" data-bs-toggle="offcanvas" data-bs-target="#offcanvasNavbar">
11        <span class="navbar-toggler-icon"></span>
12      </button>
13      <div class="offcanvas offcanvas-start" tabindex="-1" id="offcanvasNavbar">
14        <div class="offcanvas-header">
15          <h5 class="offcanvas-title"> 环境保护网 </h5>
16          <button type="button"class="btn-close" data-bs-dismiss="offcanvas"></button>
17        </div>
18        <div class="offcanvas-body">
19          <ul class="navbar-nav justify-content-end align-items-center flex-grow-1 pe-3">
20            <li class="nav-item">
21              <a class="nav-link active" href="#"> 首页 </a>
22            </li>
23            <li class="nav-item">
24              <a class="nav-link" href="#"> 法规规划 </a>
25            </li>
26            <li class="nav-item">
27              <a class="nav-link" href="#"> 绿色发展 </a>
28            </li>
29            <li class="nav-item">
30              <a class="nav-link" href="#"> 保护动态 </a>
31            </li>
32          </ul>
33          <form class="d-flex">
34            <div class="input-group">
35              <input class="form-control rounded-start-5" type="search" placeholder= " 关键词搜索 ">
36              <button type="button" class="input-group-text bi bi-search rounded-end-5 fs-5"></button>
37            </div>
38          </form>
39        </div>
40      </div>
41    </div>
42  </nav>
43  <script src="bootstrap/js/bootstrap.min.js"></script>
44 </body>
```

在上述示例代码中，第 10 ～ 12 行代码定义折叠按钮，其中 data-bs-target 属性指定了折叠按钮要控制的元素是 id 属性值为 offcanvasNavbar 的元素；第 13 行代码为 <div> 标签添加了 .offcanvas 类和 .offcanvas-start 类，设置侧边导航栏固定在左侧且为隐藏状态，将 id 属性值设置为 offcanvasNavbar，将侧边导航栏与折叠按钮相关联。当单击折叠按钮时，将会控制 id 属性值为 offcanvasNavbar 的元素的显示或隐藏行为。

上述示例代码运行后，侧边导航栏效果如图 7-10 所示。

从图 7-10 可以看出，导航栏在小型及以上设备中为展开状态，导航内容水平排列，而在小型以下设备中被折叠了，并且导航栏的右上角出现了折叠按钮"▇"。通过测试可知，单击折叠按钮，侧边导航栏会从左侧滑出，此时，单击"✕"或导航栏之外的地方即可将侧边导航栏关闭。

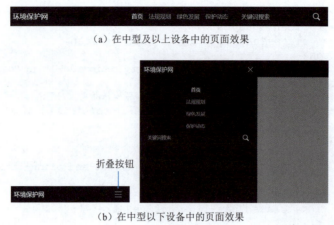

（a）在中型及以上设备中的页面效果

（b）在中型以下设备中的页面效果

图 7-10 侧边导航栏效果

7.4 下拉菜单组件

在网页中使用下拉菜单可以让用户方便地在多个选项中进行选择，通常用于悬浮菜单、下拉框、筛选等需要显示或隐藏内容的场景。下拉菜单组件是一个独立的组件，可以灵活地应用在需要下拉菜单的场景中，并且可以与其他组件如按钮、导航栏等一起使用。在 Bootstrap 中，可以使用下拉菜单组件实现下拉菜单按钮和下拉菜单导航栏，下面将分别进行讲解。

7.4.1 下拉菜单按钮

下拉菜单按钮通常由按钮和下拉菜单两部分组成，使用下拉菜单组件实现下拉菜单按钮的基本方法如下：

（1）创建下拉菜单按钮的容器

创建一个下拉菜单按钮的容器，并设置下拉菜单的弹出方向，具体实现步骤如下：

① 通常使用 <div> 标签定义下拉菜单按钮的容器。在不添加特定类的情况下，下拉菜单默认会向下弹出，这与为容器添加 .dropdown 类的效果相同。

② 设置下拉菜单的弹出方向，可以使用 .dropdown-center 类（使其向下弹出且垂直居中对齐）、.dropup 类（使其向上弹出）、.dropstart 类（使其向左弹出）、.dropend 类（使其向右弹出）、.dropup-center 类（使其向上弹出且垂直居中对齐）。

（2）添加按钮

在下拉菜单容器中添加一个按钮，用于控制下拉菜单的触发，基本实现步骤如下：

① 通常使用 <button> 标签或 <a> 标签定义按钮，并添加 .dropdown-toggle 类，以便应用按钮的样式，实现按钮文本不换行。

② 设置 data-bs-toggle 属性，并将其属性值设置为 dropdown，用于切换下拉菜单的显示或隐藏。

（3）添加下拉菜单

在下拉菜单容器中添加一个下拉菜单，并设置它的对齐方式，基本实现步骤如下：

① 通常使用 <ul> 标签或 <ol> 标签定义下拉菜单的容器，并添加 .dropdown-menu 类，以便应用下拉菜单容器的样式。

② 添加 .dropdown-menu-end 类设置下拉菜单右对齐。默认情况下，下拉菜单相对于父容器左对齐。

③ 添加 .dropdown-menu-{sm|md|lg|xl|xxl}-{start|end} 类设置下拉菜单在不同设备中的对齐方式。例如 .dropdown-menu-md-start 用于设置下拉菜单在中型及以上设备中左对齐。

④ 添加 .dropdown-menu-dark 类设置深色背景的下拉菜单。

（4）添加菜单项

在下拉菜单容器中添加菜单项，基本实现步骤如下：

① 使用 <li> 标签创建每个菜单项。

② 在菜单项中，使用 <a>、<button>、<div> 等标签来定义菜单项的内容，并添加 .dropdown-item 类以便应用菜单项内的样式。如果要禁用某个菜单项，可以为其添加 .disabled 类；如果要激活某个菜单项，可以为其添加 .active 类。

除此之外，还可以为菜单项添加一些类来细化下拉菜单的样式，具体介绍如下：

- 使用 .dropdown-header 类设置分组标题，用于标记不同的内容，该类通常应用于标题标签、<li> 标签等。
- 使用 .dropdown-divider 类设置分隔线，用于分隔相关菜单项，该类通常应用于 <hr> 标签、<li> 标签、<div> 标签等。

需要注意的是，在使用 Bootstrap 的下拉菜单组件时，需要在 HTML 文件中引入 bootstrap.bundle.min.js 文件。

下面通过代码演示如何实现单击按钮显示或隐藏下拉菜单，具体代码如下：

```
1  <head>
2    <meta name="viewport" content="width=device-width, initial-scale=1.0">
3    <link rel="stylesheet" href="bootstrap/css/bootstrap.min.css">
4  </head>
5  <body>
6    <div class="dropdown">
7      <button class="btn btn-primary dropdown-toggle" data-bs-toggle= "dropdown">Web 前端开发技术 </button>
8      <ul class="dropdown-menu dropdown-menu-end dropdown-menu-md-start">
9        <li><a class="dropdown-item" href="#">HTML5</a></li>
10       <li><a class="dropdown-item" href="#">CSS3</a></li>
11       <li><a class="dropdown-item" href="#">JavaScript</a></li>
12     </ul>
13   </div>
14   <script src="bootstrap/js/bootstrap.bundle.min.js"></script>
15 </body>
```

在上述示例代码中，第 7 行代码定义 "Web 前端开发技术" 按钮，并添加 .btn 类、.btn-primary 类和 .dropdown-toggle 类设置按钮的样式。此外，该按钮还添加 data-bs-toggle 属性，并设置为 dropdown，表示单击该按钮时，切换下拉菜单的显示或隐藏。

第 8～12 行代码定义下拉菜单，并添加 .dropdown-menu 类、.dropdown-menu-end 类和 .dropdown-menu-md-start 类，设置下拉菜单在中型及以上设备中左对齐，在中型以下设备右对齐。

上述示例代码运行后，单击"Web 前端开发技术"按钮后会将下拉菜单展开，下拉菜单按钮效果如图 7-11 所示。

（a）在中型以下设备中的页面效果　（b）在中型及以上设备中的页面效果

图 7-11　下拉菜单按钮效果

从图 7-11 可以看出，在中型以下设备中下拉菜单右对齐，而在中型及以上设备中下拉菜单左对齐。

7.4.2　下拉菜单导航栏

下拉菜单导航栏通常由导航栏和下拉菜单两部分组成，创建一个下拉菜单导航栏的基本方法如下：

（1）为导航菜单项添加下拉菜单

确定要为哪个导航菜单项添加下拉菜单，然后在该导航菜单项的 .nav-item 类后添加 .dropdown 类，以便应用下拉菜单的样式。

（2）在导航菜单项中添加下拉菜单切换类和属性

在导航菜单项内的导航链接的 .nav-link 类后添加一个 .dropdown-toggle 类，同时添加 data-bs-toggle 属性，并将其属性值设置为 dropdown。

（3）添加下拉菜单

在导航菜单项内添加一个下拉菜单，具体实现方式参考 7.4.1 小节。

下面通过代码演示如何实现下拉菜单导航栏，示例代码如下：

```
1   <head>
2       <meta name="viewport" content="width=device-width, initial-scale=1.0">
3       <link rel="stylesheet" href="bootstrap/css/bootstrap.min.css">
4   </head>
5   <body>
6       <nav class="navbar navbar-expand-sm bg-danger" data-bs-theme="dark">
7           <div class="container">
8               <a class="navbar-brand" href="#">中红网</a>
9               <div class="navbar-collapse">
10                  <ul class="navbar-nav">
11                      <li class="nav-item">
12                          <a class="nav-link" href="#">思想理论</a>
13                      </li>
14                      <li class="nav-item dropdown">
15                          <a class="nav-link dropdown-toggle" href="#" data-bs-toggle="dropdown">红色记忆</a>
16                          <ul class="dropdown-menu text-bg-danger shadow">
```

```
17                <li><a href="#" class="dropdown-item"> 红色精神 </a></li>
18                <li><a href="#" class="dropdown-item"> 红色文物 </a></li>
19                <li><a href="#" class="dropdown-item"> 红色诗词 </a></li>
20                <li><a href="#" class="dropdown-item"> 红色图库 </a></li>
21              </ul>
22            </li>
23            <li class="nav-item">
24              <a class="nav-link" href="#"> 专题调研 </a>
25            </li>
26            <li class="nav-item">
27              <a class="nav-link" href="#"> 时代先锋 </a>
28            </li>
29            <li class="nav-item">
30              <a class="nav-link" href="#"> 在线视频 </a>
31            </li>
32          </ul>
33        </div>
34      </div>
35    </nav>
36    <script src="bootstrap/js/bootstrap.bundle.min.js"></script>
37  </body>
```

在上述示例代码中，第 14～22 行代码为菜单项"红色记忆"添加下拉菜单，菜单项包括"红色精神""红色文物""红色诗词""红色图库"。

上述示例代码运行后，单击"红色记忆"后会将下拉菜单展开，下拉菜单导航栏效果如图 7-12 所示。

（a）在小型及以上设备中的页面效果

（b）在小型以下设备中的页面效果

图 7-12　下拉菜单导航栏效果

7.5　轮　播　组　件

轮播图是一种常见的网页元素，类似于幻灯片放映效果，它能够循环播放图像或其他内容，主要应用于新闻网站、电子商务平台、博客等各种网络页面中。其作用在于吸引用户的注意力，提供更丰富的信息展示方式。

在 Bootstrap 中，可以使用轮播组件实现轮播图。轮播图通常包括轮播项、指示器、左切换按钮和右切换按钮四部分。其中，轮播项用于展示活动信息；指示器用于控制当前图像的播放顺序；左切换按钮用于切换到上一张图像；右切换按钮用于切换到下一张图像。

基于轮播组件创建轮播图的基本方法如下：

（1）创建轮播容器

创建一个轮播容器以实现过渡和动画效果、自动轮播以及控制轮播的时间间隔，具体实现步骤如下：

① 通常使用 <div> 标签定义轮播容器，并添加 .carousel 类，以便应用轮播容器的样式。

② 设置唯一的 id 属性值，以便后续代码引用。

③ 添加 .slide 类，以实现切换图像时的过渡和动画效果。

④ 添加 .carousel-fade 类，以实现淡入淡出的过渡效果。

⑤ 设置 data-bs-theme 属性，该属性值可以是 light（明亮模式）或 dark（暗黑模式），用于设置轮播项的左右切换按钮、指示器和标题的明亮或暗黑效果。

⑥ 设置 data-bs-ride 属性，并将其属性值设置为 carousel，用于在加载页面时启动轮播。

⑦ 设置 data-bs-interval 属性，其属性值为一个毫秒数，用于设置轮播的时间间隔。

⑧ 设置 data-bs-wrap 属性，其属性值为 false 时表示轮播到最后一个轮播项时停止，并且不再继续循环播放；属性值为 true 时表示轮播项自动循环播放，默认值为 true。

⑨ 设置 data-bs-touch 属性，其属性值为 false 时表示触摸功能被禁用或不可用，默认值为 true。

（2）添加轮播项

在轮播容器中添加轮播项，其中可以包含轮播图像和字幕内容等，具体实现步骤如下：

① 通常使用 <div> 标签定义轮播项容器，并添加 .carousel-inner 类，以便应用轮播项容器的样式。

② 在轮播项容器中，通常使用 <div> 标签定义每个轮播项，并添加 .carousel-item 类，以便应用轮播项的样式。

③ 为轮播项添加 .active 类，以标记当前轮播项为激活状态。

④ 在轮播项中，使用 <img> 标签定义轮播图像，并添加 .d-block 类和 .w-100 类，将图像显示为块级元素并设置图像宽度为 100%。

⑤ 在轮播项中，通常使用 <div> 标签定义字幕内容，并添加 .carousel-caption 类，以便应用字幕内容的样式。

（3）添加指示器

在轮播容器中添加指示器，具体实现步骤如下：

① 通常使用 <div> 标签定义指示器的容器，并添加 .carousel-indicators 类，以便应用指示器容器的样式。

② 在指示器容器中，通常使用 <button> 标签定义每个指示器项，并添加 data-bs-target 属性，其属性值为 #id，其中，id 为轮播容器的 id 属性值；添加 data-bs-slide-to 属性，其属性值为对应轮播项的索引值，索引值从 0 开始，0 表示第 1 个轮播项，1 表示第 2 个轮播项，依此类推。注意：# 不能省略。

③ 为指示器项添加 .active 类，以标记当前指示器项为激活状态。

（4）添加左切换按钮

在轮播容器中添加左切换按钮，具体实现步骤如下：

① 通常使用 <button> 标签定义左切换按钮，并添加 .carousel-control-prev 类，以便应用左切换按钮的样式。

② 设置 data-bs-target 属性，并将其属性值设置为 #id，id 表示轮播容器的 id 属性值，用于指定要触发轮播的轮播项。注意：# 不能省略。

③ 设置 data-bs-slide 属性，并将其属性值设置为 prev，表示单击左切换按钮时滑动到前一个轮播项。

④ 在 <button> 标签内通常使用 <span> 标签定义左切换按钮图标，并添加 .carousel-control-prev-icon 类，以便应用左切换按钮的图标的样式。

（5）添加右切换按钮

在轮播容器中添加右切换按钮，具体实现步骤如下：

① 通常使用 <button> 标签定义右切换按钮，并添加 .carousel-control-next 类，以便应用右切换按钮的样式。

② 设置 data-bs-target 属性，并将其属性值设置为 #id，其中，id 为轮播容器的 id 属性值，用于指定要触发轮播的轮播项。注意：# 不能省略。

③ 设置 data-bs-slide 属性，并将其属性值设置为 next，表示单击右切换按钮时滑动到下一个轮播项。

④ 在 <button> 标签内通常使用 <span> 标签定义右切换按钮图标，并添加 .carousel-control-next-icon 类，以便应用右切换按钮的图标的样式。

下面通过代码演示如何实现轮播图，示例代码如下：

```
1   <head>
2     <meta name="viewport" content="width=device-width, initial-scale=1.0">
3     <link rel="stylesheet" href="bootstrap/css/bootstrap.min.css">
4   </head>
5   <body>
6     <div class="carousel slide carousel-fade" id="carouselSlide">
7       <div class="carousel-inner">
8         <div class="carousel-item active">
9           <img src="images/slide_01.png" class="d-block w-100">
10        </div>
11        <div class="carousel-item">
12          <img src="images/slide_02.png" class="d-block w-100">
13        </div>
14        <div class="carousel-item">
15          <img src="images/slide_03.png" class="d-block w-100">
16        </div>
17      </div>
18      <div class="carousel-indicators">
19        <button class="active" type="button" data-bs-target="#carousel Slide" data-bs-slide-to="0"></button>
20        <button type="button" data-bs-target="#carouselSlide" data-bs-slide-to="1"> </button>
21        <button type="button" data-bs-target="#carouselSlide" data-bs-slide-to="2"> </button>
```

```
22        </div>
23        <button type="button" class="carousel-control-prev" data-bs-target=" #carouse
lSlide" data-bs-slide="prev">
24            <span class="carousel-control-prev-icon"></span>
25        </button>
26        <button type="button" class="carousel-control-next" data-bs-target=
"#carouselSlide" data-bs-slide="next">
27            <span class="carousel-control-next-icon"></span>
28        </button>
29    </div>
30    <script src="bootstrap/js/bootstrap.min.js"></script>
31 </body>
```

在上述示例代码中，第 7～17 行代码用于定义轮播项的结构；第 18～22 行代码用于定义指示器的结构；第 23～25 行代码用于定义左切换按钮的结构；第 26～28 行代码用于定义右切换按钮的结构。

上述示例代码运行后，轮播图效果如图 7-13 所示。

图 7-13 轮播图效果

从图 7-13 可以看出，当前显示的是第一张图像。

7.6 卡 片 组 件

卡片组件是灵活且可扩展的内容容器，支持多种内容类型，包括文本、图像、按钮、链接和列表组等。在 Bootstrap 中，可以使用卡片组件实现基础卡片、图文卡片和背景图卡片等不同类型的卡片，下面将分别进行讲解。

7.6.1 基础卡片

基础卡片是一种简单的卡片类型，通常包含头部、主体和底部区域。基于卡片组件创建基础卡片的基本方法如下：

（1）创建卡片容器

通常使用 \<div\> 标签定义卡片容器，并添加 .card 类，以应用卡片容器的样式。

（2）添加卡片头部

在卡片容器中通常使用 \<div\> 标签定义卡片头部的容器，并添加 .card-header 类，以便应用卡片头部的样式。

（3）添加卡片主体

在卡片容器中添加卡片主体，卡片主体可以包含标题、段落和链接等内容。实现卡片主体的基本实现步骤如下：

① 通常使用 <div> 标签定义卡片主体的容器，并添加 .card-body 类，以应用卡片主体的样式。

② 通常使用 <h1> 到 <h6> 标签设置主标题和副标题，并添加 .card-title 类或 .card-subtitle 类，以分别应用卡片主标题和副标题的样式。

③ 通常使用 <p> 标签设置段落，并添加 .card-text 类，以应用卡片中段落的样式。

④ 通常使用 <a> 标签设置超链接，并添加 .card-link 类，以应用卡片中超链接的样式。

（4）添加卡片底部

在卡片容器中通常使用 <div> 标签定义底部的容器，并添加 .card-footer 类，以应用卡片底部的样式。

下面通过代码演示如何实现个人简介卡片，示例代码如下：

```
1  <head>
2    <meta name="viewport" content="width=device-width, initial-scale=1.0">
3    <link rel="stylesheet" href="bootstrap/css/bootstrap.min.css">
4  </head>
5  <body>
6    <div class="container">
7      <div class="card w-50">
8        <div class="card-header">个人简介</div>
9        <div class="card-body">
10          <p>我具备扎实的专业基础、丰富的实践经验和优秀的团队合作能力。我善于创新思维，能够快速适应新环境和新挑战。在工作中，我注重细节，追求卓越，始终以客户满意为导向。在业余时间，我注重个人成长和充实，不断提升自己的综合素质。</p>
11          <a class="card-link" href="mailto:your-email@example.com">联系我</a>
12        </div>
13        <div class="card-footer">专业扎实，经验丰富，始终追求卓越。</div>
14      </div>
15    </div>
16  </body>
```

在上述示例代码中，第 8 行代码定义卡片的头部内容为"个人简介"；第 9～12 行代码定义卡片的主体内容，包含段落和超链接内容；第 13 行代码定义卡片的底部内容。

上述示例代码运行后，个人简介卡片效果如图 7-14 所示。

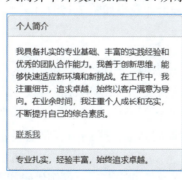

图 7-14　个人简介卡片效果

7.6.2　图文卡片

图文卡片在基础卡片的基础上增加了一个图像，用于展示带有图像的卡片内容。实现图文卡片时，可以根据需要将图像放置在卡片主体的上方或下方，并添加相应的类实现圆角效果，具体介绍如下：

① 当图像位于卡片主体的上方时，可以为 <img> 标签添加 .card-img-top 类，使图像的左上角和右上角呈现圆角效果。

② 当图像位于卡片主体的下方时，可以为 <img> 标签添加 .card-img-bottom 类，使图像的左下角和右下角呈现圆角效果。

此外，还可以为 <img> 标签添加 .card-img 类，使图像的 4 个角都呈现圆角效果。

下面通过代码演示如何实现课程卡片，示例代码如下：

```
1  <head>
2    <meta name="viewport" content="width=device-width, initial-scale=1.0">
3    <link rel="stylesheet" href="bootstrap/css/bootstrap.min.css">
4  </head>
5  <body>
6    <div class="container">
7      <div class="card border-0 shadow rounded-5 py-4" style="width: 18rem;">
8        <img src="images/hm.png" class="card-img-top w-50 mx-auto">
9        <div class="card-body text-center">
10         <h4 class="fw-bolder text-title">鸿蒙应用开发</h4>
11         <p class="card-text">人才热招 未来薪风口</p>
12         <a href="#" class="text-decoration-none bg-gradient text-bg-danger px-4 py-2 rounded-5">课程详情</a>
13       </div>
14     </div>
15   </div>
16 </body>
```

在上述代码中，第 7～14 行代码定义一个卡片，包含了图像和卡片主体。其中，第 8 行代码定义图像，并添加了 .card-img-top 类，为图像的左上角和右上角添加圆角，该图像位于卡片主体的上方；第 9～13 行代码定义卡片主体的内容，包含课程的名称、介绍文字和"课程详情"超链接。

上述示例代码运行后，课程卡片效果如图 7-15 所示。

图 7-15　课程卡片效果

7.6.3　背景图卡片

在图文组合的情况下，如果需要将图像设置为卡片的背景，可以将卡片主体容器的 <div> 标签的 .card-body 类替换为 .card-img-overlay 类。.card-img-overlay 类用于设置覆盖在图像上方的内容的样式，并将图像作为背景展示。需要注意的是，覆盖在图像上方的内容的高度应小于或等于图像的高度，否则内容将会显示在图像的外部，影响卡片的美观。

下面通过代码演示如何实现教学方法卡片，示例代码如下：

```
1  <head>
2    <meta name="viewport" content="width=device-width, initial-scale=1.0">
3    <link rel="stylesheet" href="bootstrap/css/bootstrap.min.css">
4  </head>
```

```
5   <body>
6     <div class="container">
7       <div class="card mt-2 text-white" style="width: 14rem;">
8         <img src="images/bg.jpg" class="card-img">
9         <div class="card-img-overlay">
10          <h5 class="fw-bolder text-title">分层次教学</h5>
11          <hr>
12          <p class="fs-6 card-text mb-0">先"通"后"精"</p>
13          <p class="fs-6 card-text">短时间掌握实用技术</p>
14        </div>
15      </div>
16    </div>
17  </body>
```

在上述示例代码中，第 8 行代码为 <img> 标签添加 .card-img 类，用于设置图像的 4 个角为圆角；第 9 ～ 14 行代码用于设置覆盖在图像上方的内容。

上述示例代码运行后，教学方法卡片效果如图 7-16 所示。

图 7-16　教学方法卡片效果

7.7　阶段项目——精品课程页面

随着互联网的高速发展和智能设备的普及，在线教育成为一种受欢迎的学习方式。某公司计划使用 Bootstrap 为其在线学习平台添加一个精品课程页面，旨在为用户提供精选的高质量课程资源，帮助用户更有效地学习和掌握知识。

精品课程页面效果如图 7-17 所示。

图 7-17　精品课程页面效果

读者可以扫描二维码，查看阶段项目的详细开发步骤。

本章小结

本章主要讲解了 Bootstrap 常用组件的使用方法。首先讲解了组件的概念、Bootstrap 组件的基本使用方法、按钮组件的使用方法；然后讲解了导航栏组件和下拉菜单组件的使用方法；最后讲解了轮播组件和卡片组件的使用方法。通过本章的学习，读者应能够根据实际需要灵活运用组件实现特定的功能。

课后习题

读者可以扫描二维码，查看本章课后习题。

第 8 章

项目实战——图书商城

学习目标

知识目标：

◎ 熟悉项目展示，能够归纳页面的内容；
◎ 熟悉项目目录结构，能够归纳各个目录和文件的作用。

能力目标：

◎ 掌握快捷导航模块的开发，能够完成快捷导航模块的代码编写；
◎ 掌握导航栏模块的开发，能够完成导航栏模块的代码编写；
◎ 掌握轮播图模块的开发，能够完成轮播图模块的代码编写；
◎ 掌握服务模块的开发，能够完成服务模块的代码编写；
◎ 掌握热门分类模块的开发，能够完成热门分类模块的代码编写；
◎ 掌握推荐图书模块的开发，能够完成推荐图书模块的代码编写；
◎ 掌握图书评论模块的开发，能够完成图书评论模块的代码编写；
◎ 掌握版权模块的开发，能够完成版权模块的代码编写。

素质目标：

◎ 对自己编写的代码和开发的网页质量负责，确保用户体验和网站性能达到最佳状态；
◎ 定期对学习成果进行反思和总结，找出不足并制定改进计划；
◎ 具备自学能力和解决问题的能力，能够独立或合作完成新项目的开发工作。

拥有大国自信，我们无惧风雨

通过之前的学习，相信读者已经掌握了移动 Web 开发和 Bootstrap 的核心知识。本章将以项目实战的方式引领读者进一步应用所学内容，完成基于 Bootstrap 的图书商城的响应式页面制作。

8.1 项目介绍

随着社会和科技的不断进步，人们的生活方式也在不断变化。如今，网络购物已经成为主流的消费方式。网络购物对于消费者来说有许多优势，例如，能够节约购物时间、降低购物成本，能够买到丰富多样的商品。对于商家而言，通过网络销售商品可以不受场地限制、降低经营成本。

"图书商城"项目旨在为商家提供一个在线平台来展示和销售图书商品，同时为消费者提供详细的商品信息，从而创造便捷的购物体验。本节将详细讲解图书商城的页面效果和具体的实现思路。

8.1.1 项目展示

本项目首页主要包括快捷导航模块、导航栏模块、轮播图模块、服务模块、热门分类模块、推荐图书模块、图书评论模块和版权模块。首页支持不同类型设备的自适应，读者可以选择任意一种类型的设备查看项目的页面效果。在开发过程中，可以使用 Chrome 浏览器中的开发者工具，测试页面在不同设备中的显示效果。

以下是首页在超大型及以上设备（视口宽度≥1 400 px）中的页面效果的演示，如图 8-1 和图 8-2 所示。

图 8-1　首页在超大型及以上设备中的页面效果（上部分）

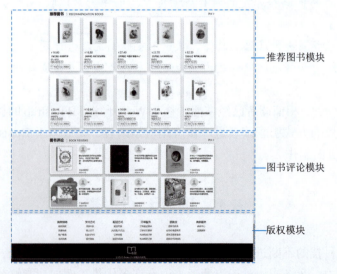

图 8-2　首页在超大型及以上设备中的页面效果（下部分）

8.1.2 项目目录结构

为了方便读者进行项目搭建，本书提供了图书商城项目的初始代码，读者可以在此基础上开发项目。

图书商城项目的目录结构如图 8-3 所示。

图 8-3　图书商城项目的目录结构

在图 8-3 中各个目录和文件的具体说明如下：

① project：项目根目录，项目中所有文件都存放在此目录下。

② bootstrap-icons：字体图标文件目录，用于存放字体图标文件。

③ css：CSS 文件目录，在该目录下有三个文件，分别为 bootstrap.min.css、index.css 和 media.css，这三个文件的说明如下：

- bootstrap.min.css 是 Bootstrap 的核心样式文件。
- index.css 是自定义的样式文件。
- media.css 是自定义的媒体查询样式文件。

④ images：图像文件目录，用于存放图像文件。

⑤ js：JavaScript 文件目录，在该目录下存放了 bootstrap.min.js 文件，该文件是 Bootstrap 的核心 JavaScript 文件。

⑥ index.html：项目的首页文件。

8.2　快捷导航模块

快捷导航模块用于提供用户友好的导航体验，减少用户的操作步骤，帮助用户快速访问所需的内容或功能，提高用户的使用效率和满意度。本节将详细讲解快捷导航模块的实现。

8.2.1　快捷导航栏模块效果展示

快捷导航模块分为左右两部分，具体要求如下：

① 左侧部分包括登录、注册、积分兑换、帮助中心和购物车等导航链接。

② 右侧部分展示商城的联系方式，包括客服电话、在线联系方式等，以便用户快速获得帮助或解决问题。

③ 在中型及以上设备（视口宽度 ≥ 768 px）中，同时展示左右两部分。

④ 在中型以下设备（视口宽度 <768 px）中，出于页面空间的考虑，仅展示左侧导航部分。

快捷导航模块在中型及以上设备中的页面效果如图 8-4 所示。

图 8-4　快捷导航模块在中型及以上设备中的页面效果

快捷导航模块在小型设备中的页面效果如图 8-5 所示。

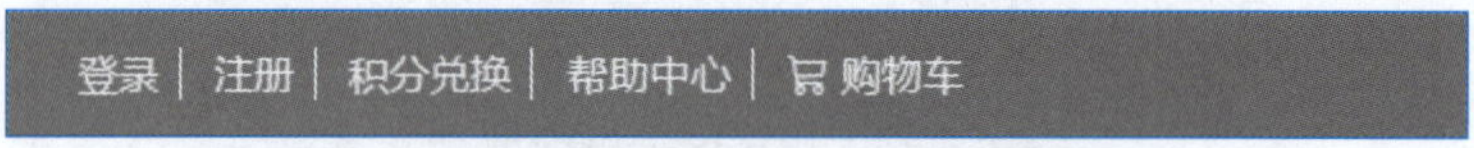

图 8-5　快捷导航模块在小型设备中的页面效果

快捷导航模块在超小型设备中的页面效果如图 8-6 所示。

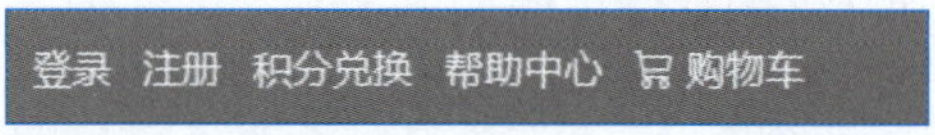

图 8-6　快捷导航模块在超小型设备中的页面效果

8.2.2　快捷导航模块代码实现

读者可以扫描二维码，查看快捷导航模块代码实现。

8.3　导航栏模块

导航栏模块用于展示网页的导航结构和提供网页导航功能。本节将详细讲解导航栏模块的实现。

8.3.1　导航栏模块效果展示

导航栏模块包含 logo 图像、折叠按钮和导航菜单，具体要求如下：

① logo 图像用于展示网站的品牌或产品。

② 在中型及以上设备（视口宽度 ≥ 768 px）中，导航栏内容在一行内显示。

③ 在中型以下设备（视口宽度 <768 px）中会出现一个折叠按钮，单击折叠按钮可以将侧边导航栏从左侧边缘滑入屏幕，侧边导航栏默认不显示。

④ 导航菜单包括首页、热门分类、推荐图书、图书资讯和搜索框。

导航栏模块在中型及以上设备中的页面效果如图 8-7 所示。

图 8-7 导航栏模块在中型及以上设备中的页面效果

导航栏模块在中型以下设备的页面效果如图 8-8 所示。

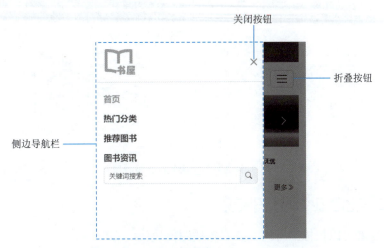

图 8-8 导航栏模块在中型以下设备中的页面效果

8.3.2 导航栏模块代码实现

读者可以扫描二维码,查看导航栏模块代码实现。

8.3.2 导航栏模块代码实现

8.4 轮播图模块

轮播图模块用于在有限的空间内展示多张图像,便高效地传递商品或活动等信息给用户。这种设计方式不仅可以有效吸引用户的注意力,还能激发用户的探索欲望,引导用户进行更深入地互动,从而提升网站的整体效果和用户参与度。本节将详细讲解轮播图模块的实现。

8.4.1 轮播图模块效果展示

轮播图模块包含三张轮播图像、左切换按钮、右切换按钮和指示器,具体要求如下:
① 当鼠标指针移入图像时,图像停止自动切换。
② 当用户单击图像上的左侧按钮时,可以切换到上一张图像。
③ 当用户单击图像上的右侧按钮时,可以切换到下一张图像。
④ 当单击图像上的指示器时,可以切换到对应的图像。
⑤ 当鼠标指针移出图像时,图像开始自动切换。
轮播图模块的页面效果如图 8-9 所示。

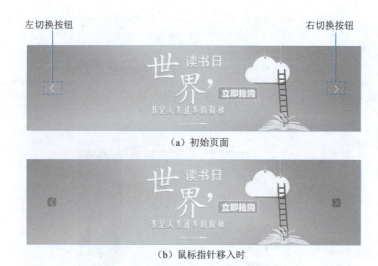

（a）初始页面

（b）鼠标指针移入时

图 8-9 轮播图模块的页面效果

8.4.2 轮播图模块代码实现

读者可以扫描二维码，查看轮播图模块代码实现。

8.4.2 轮播图模块代码实现

8.5 服务模块

服务模块用于展示企业的可信度和信誉，并传递图书商城专业服务的承诺。本节将详细讲解服务模块的实现。

8.5.1 服务模块效果展示

服务模块包含三个列表项，分别为正品保障、次日到达和退换无忧，每个列表项前都有一个合适的图标。

服务模块的页面效果如图 8-10 所示。

图 8-10 服务模块的页面效果

8.5.2 服务模块代码实现

读者可以扫描二维码，查看服务模块代码实现。

8.5.2 服务模块代码实现

8.6 热门分类模块

热门分类模块用于展示各种类型的图书分类，使用户可以根据自己的需求快速查找图书，提升用户的购书体验和效率。本节将详细讲解热门分类模块的实现。

8.6.1 热门分类模块效果展示

热门分类模块分为上下两部分，具体要求如下：

① 上半部分展示热门分类模块的中文标题为"热门分类"，英文标题为"HOT CATEGORIES"和一个"更多"的链接。在超小型设备（视口宽度<576 px）中，应隐藏英文标题。

② 下半部分展示文学、历史、儿童、社会科学等图书分类。在不同设备中的显示要求如下。

- 在大型及以上设备（视口宽度≥992 px）中，应一行显示 3 列内容。
- 在小型设备和中型设备（576 px ≤视口宽度<992 px）中，应一行显示 2 列内容。
- 在超小型设备（视口宽度<576 px）中，应一行显示 1 列内容。

热门分类模块在大型及以上设备中的页面效果如图 8-11 所示。

图 8-11 热门分类模块在大型及以上设备中的页面效果

热门分类模块在小型设备和中型设备中的页面效果如图 8-12 所示。

图 8-12 热门分类模块在小型设备和中型设备中的页面效果

热门分类模块在超小型设备中的页面效果如图 8-13 所示。

图 8-13　热门分类模块在超小型设备中的页面效果

8.6.2　热门分类模块代码实现

8.6.2
热门分类模块
代码实现

读者可以扫描二维码，查看热门分类模块代码实现。

8.7　推荐图书模块

推荐图书模块用于展示不同图书的信息，包括图书的封面、标题、价格、评论数量等。本节将详细讲解推荐图书模块的实现。

8.7.1　推荐图书模块效果展示

推荐图书模块分为上下两部分，具体要求如下：

① 上半部分展示推荐图书模块的中文标题为"推荐图书"，英文标题为"RECOMMENDATION BOOKS"和一个"更多"的链接。在超小型设备（视口宽度 <576 px）中，应隐藏英文标题。

② 下半部分展示图书的封面、价格、评论条数等信息。在不同设备中的显示要求如下。

- 在超大型设备（视口宽度≥1 400）中，应一行显示 5 列内容。
- 在大型设备和特大型设备（992 px ≤视口宽度 <1 400 px）中，应一行显示 4 列内容。
- 在中型设备（768 px ≤视口宽度 <992 px）中，应一行显示 3 列内容。
- 在小型设备（576 px ≤视口宽度 <768 px）中，应一行显示 2 列内容。

- 在超小型设备（视口宽度 <576 px）中，应一行显示 1 列内容。

推荐图书模块在超大型设备中的页面效果如图 8-14 所示。

图 8-14　推荐图书模块在超大型设备中的页面效果

推荐图书模块在大型设备和特大型设备中的页面效果如图 8-15 所示。

图 8-15　推荐图书模块在大型设备和特大型设备中的页面效果

推荐图书模块在中型设备中的页面效果如图 8-16 所示。

推荐图书模块在小型设备中的页面效果如图 8-17 所示。

图 8-16　推荐图书模块在中型设备中的页面效果

图 8-17　推荐图书模块在小型设备中的页面效果

推荐图书模块在超小型设备中的页面效果如图 8-18 所示。

图 8-18　推荐图书模块在超小型设备中的页面效果

8.7.2　推荐图书模块代码实现

读者可以扫描二维码，查看推荐图书模块代码实现。

8.8　图书评论模块

图书评论模块用于展示用户购买商品后的使用心得和评价，影响其他用户的购买决策，并为电商平台提供宣传。本节将详细讲解图书评论模块的实现。

8.8.1 图书评论模块效果展示

图书评论模块分为上下两部分，具体要求如下：

① 上半部分展示图书评论模块的中文标题为"图书评论"，英文标题为"BOOK REVIEWS"和一个"更多"的链接。在超小型设备（视口宽度<576 px）中，应隐藏英文标题。

② 下半部分展示图书的封面、用户头像和昵称、评论内容、日期等信息。在不同设备中的显示要求如下。

- 在大型及以上设备（视口宽度≥992 px）中，应一行显示 3 列内容。
- 在中型设备（768 px ≤视口宽度<992 px）中，应一行显示 2 列内容。
- 在中型以下设备（视口宽度<768 px）中，应一行显示 1 列内容。

图书评论模块在大型及以上设备中的页面效果如图 8-19 所示。

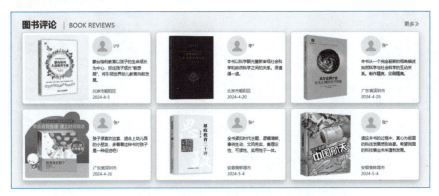

图 8-19 图书评论模块在大型及以上设备中的页面效果

图书评论模块在中型设备中的页面效果如图 8-20 所示。

图 8-20 图书评论模块在中型设备中的页面效果

图书评论模块在小型设备中的页面效果如图 8-21 所示。

图书评论模块在超小型设备中的页面效果如图 8-22 所示。

图 8-21　图书评论模块在小型
设备中的页面效果

图 8-22　图书评论模块在超小型
设备中的页面效果

8.8.2　图书评论模块代码实现

8.8.2
图书评论模块
代码实现

读者可以扫描二维码，查看图书评论模块代码实现。

8.9　版权模块

版权模块用于展示网站的服务信息，明确用户和平台之间的权利和义务，阐述双方在使用平台服务时需要遵守的规定和条款。本节将详细讲解版权模块的实现。

8.9.1　版权模块效果展示

版权评论模块分为上下两部分，具体要求如下：

① 上半部分展示服务条款内容，包括购物指南、支付方式、配送方式、订单服务、退换货和商家服务，并在每项内容下展示不同的列表项，以提供相关的详细信息。在不同设备中的显示要求如下：

- 在大型及以上设备（视口宽度 ≥ 992 px）中，应一行显示 6 列内容。
- 在中型设备（768 px ≤ 视口宽度 <992 px）中，应一行显示 4 列内容。
- 在小型设备（576 px ≤ 视口宽度 <768 px）中，应一行显示 3 列内容。
- 在超小型设备（视口宽度 <576 px）中，应一行显示 2 列内容。

② 下半部分展示版权声明内容，包括网站的 logo 图像和版权声明信息，在所有设备中要求 logo 图像和版权声明信息垂直居中显示。

版权模块在大型及以上设备中的页面效果如图 8-23 所示。

图 8-23 版权模块在大型及以上设备中的页面效果

版权模块在中型设备中的页面效果如图 8-24 所示。

图 8-24 版权模块在中型设备中的页面效果

版权模块在小型设备中的页面效果如图 8-25 所示。
版权模块在超小型设备中的页面效果如图 8-26 所示。

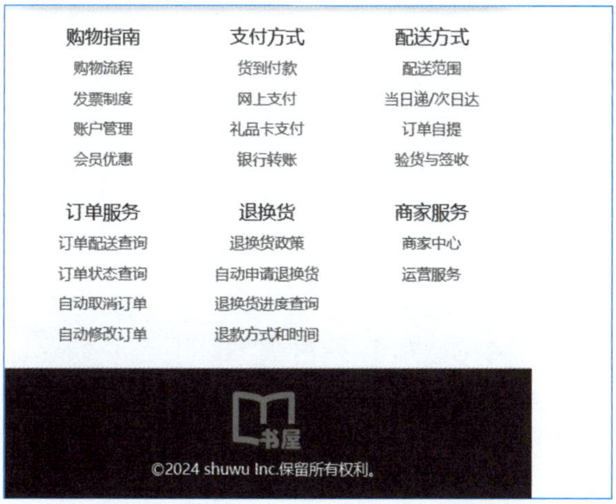

图 8-25 版权模块在小型设备中的页面效果 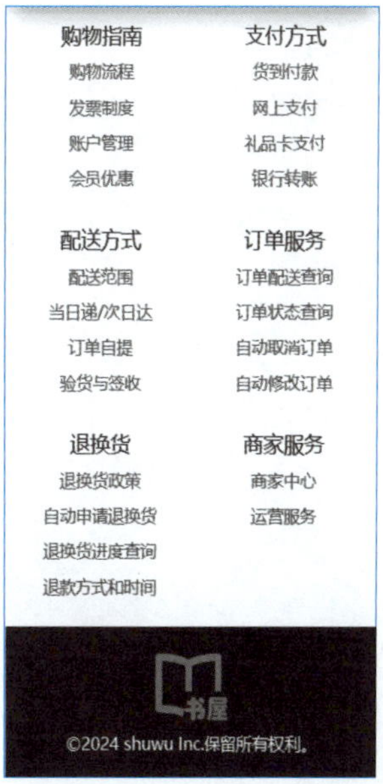　　图 8-26 版权模块在超小型设备中的页面效果

8.9.2 版权模块代码实现

读者可以扫描二维码,查看版权模块代码实现。

以上讲述了图书商城项目的代码实现过程。在学习过程中,可能会面临各种问题和需求。为了应对这些挑战,需要培养灵活的思维和解决问题的能力。通过不断解决问题和改进项目,读者能逐渐提升编程能力,并能够将所学知识应用于实际情境中。

本 章 小 结

本章综合运用了前面章节的知识,完成了图书商城项目首页的响应式页面的制作。通过学习本章项目,读者能够将所学的知识应用到实际项目开发中,并能够灵活运用这些知识设计和开发具有响应式特性的网页。